U0099611

博碩文化

博碩文化

# 人工智慧

## 入門與應用實作

### 全面了解AI技術與ChatGPT的多重應用

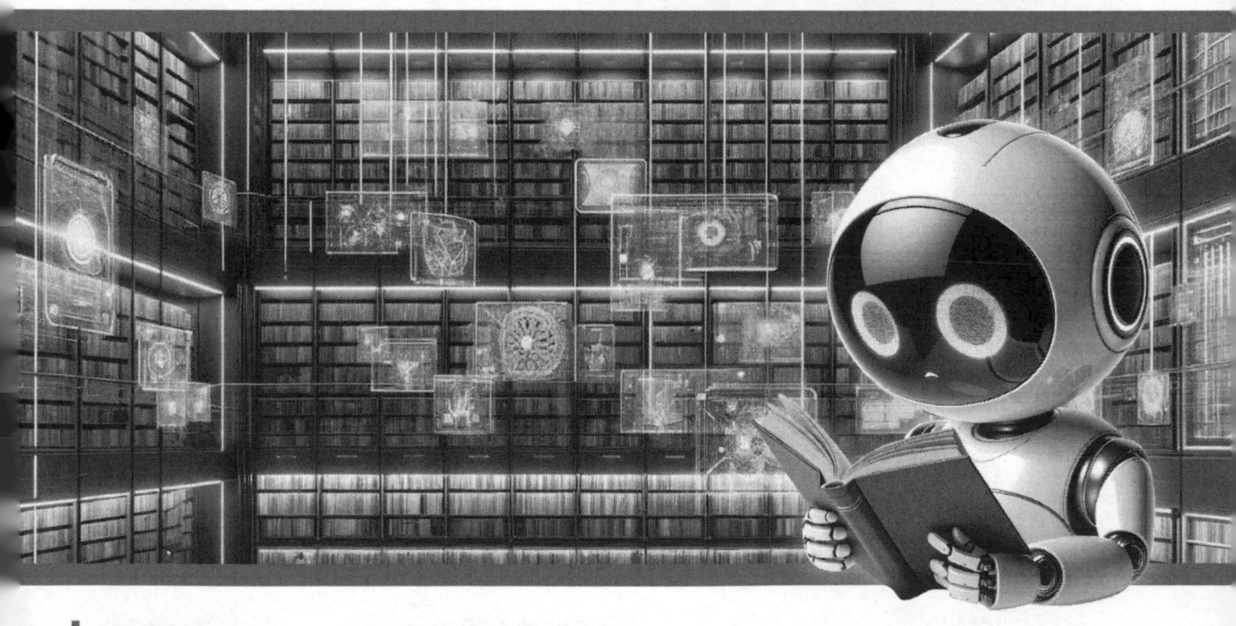

從雲端運算、大數據、機器學習，
到深度學習的關鍵技術

探索ChatGPT在資訊科技的多元領域應用

榮欽科技 著

☑人工智慧 ☑雲端運算 ☑大數據 ☑機器學習 ☑深度學習 ☑AI 提示詞
☑ChatGPT 外掛擴充 ☑Bing Chat ☑AI 錄音 ☑AI 繪圖 ☑AI 影片製作

# 人工智慧

## 入門與應用實作

全面了解AI技術與ChatGPT的多重應用

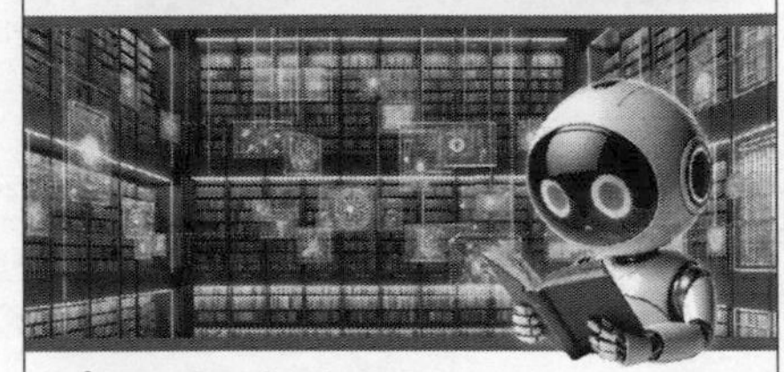

從雲端運算、大數據、機器學習，
到深度學習的關鍵技術

探索ChatGPT在資訊科技的多元領域應用

榮欽科技 著

☑人工智慧 ☑雲端運算 ☑大數據 ☑機器學習 ☑深度學習 ☑AI提示詞
☑ChatGPT外掛擴充 ☑Bing Chat ☑AI錄音 ☑AI繪圖 ☑AI影片製作

作　　者：榮欽科技
責任編輯：黃俊傑

董 事 長：曾梓翔
總 編 輯：陳錦輝

出　　版：博碩文化股份有限公司
地　　址：221 新北市汐止區新台五路一段 112 號 10 樓 A 棟
　　　　　電話 (02) 2696-2869　傳真 (02) 2696-2867

發　　行：博碩文化股份有限公司
郵撥帳號：17484299　戶名：博碩文化股份有限公司
博碩網站：http://www.drmaster.com.tw
讀者服務信箱：dr26962869@gmail.com
訂購服務專線：(02) 2696-2869 分機 238、519
（週一至週五 09:30 ～ 12:00；13:30 ～ 17:00）

版　　次：2024 年 3 月初版一刷
　　　　　2024 年 10 月初版三刷

建議零售價：新台幣 600 元
I S B N：978-626-333-768-8
律師顧問：鳴權法律事務所 陳曉鳴律師

*本書如有破損或裝訂錯誤，請寄回本公司更換*

**國家圖書館出版品預行編目資料**

人工智慧入門與應用實作：全面了解 AI 技術與 ChatGPT 的多重應用 / 榮欽科技著 . -- 初版 . -- 新北市：博碩文化股份有限公司, 2024.03

面；　公分

ISBN 978-626-333-768-8( 平裝 )

1.CST: 人工智慧 2.CST: 機器學習

312.83　　　113001382

Printed in Taiwan

博碩粉絲團

**歡迎團體訂購，另有優惠，請洽服務專線**
(02) 2696-2869 分機 238、519

**商標聲明**

本書中所引用之商標、產品名稱分屬各公司所有，本書引用純屬介紹之用，並無任何侵害之意。

**有限擔保責任聲明**

雖然作者與出版社已全力編輯與製作本書，唯不擔保本書及其所附媒體無任何瑕疵；亦不為使用本書而引起之衍生利益損失或意外損毀之損失擔保責任。即使本公司先前已被告知前述損毀之發生。本公司依本書所負之責任，僅限於台端對本書所付之實際價款。

**著作權聲明**

本書著作權為作者所有，並受國際著作權法保護，未經授權任意拷貝、引用、翻印，均屬違法。

# 序

在這個快速變遷的資訊科技時代，人工智慧（AI）幾乎已成為我們生活中不可或缺的一部分。從我們的手機到電腦，從家居到工作場所，AI 的腳步早已悄悄地遍布每一個角落。

人工智慧不再只是科幻小說裡的概念，它其實已經深入到我們日常生活的每個方面。從手機裡的語音助理，到自動駕駛汽車，再到網路上與我們對話的機器人，這些都是 AI 的應用。然而，人工智慧並不神秘，它背後的原理、技術和應用是所有人都可以學習和理解的。

本書的目的就是希望能夠為你提供一個清晰的路徑，幫助你從初學者成為這一領域的專家。這本書從人工智慧的基礎開始，詳細解釋了 AI 的發展史、種類，並且帶領大家瞭解如雲端運算、物聯網、大數據、機器學習、深度學習等關鍵技術。本書特別注重實用性，透過多個應用案例，如 ChatGPT、Bing Chat、AI 錄音、AI 繪圖藝術、AI 影片製作等，讓讀者實際操作，真正感受到 AI 的魅力。

每一章節的內容，都經過精心的策劃和編排，期許可以讓讀者由淺入深，循序漸進地掌握人工智慧的核心知識。不僅如此，我們還將提供大量的實作案例，幫助你更加具體地了解和應用所學知識。底下為本書各章精彩單元：

- 人工智慧的黃金入門課程
- 雲端運算與物聯網的智慧攻略
- 大數據與 AI 的贏家工作術
- 機器學習的 AI 私房秘技
- 深度學習的 AI 關鍵心法與應用
- ChatGPT 與 Bing Chat 入門的第一步
- AI 提示詞（Prompt）必備的技能與策略

- ChatGPT 升級與優化的外掛擴充功能
- AI 音質革命：追求完美的錄音體驗
- 高 CP 值的生成式 AI 繪圖藝術
- 快速與多樣：AI 影片的製作魔法
- 資訊科技中的 ChatGPT：多面向應用實例

最後，希望這本書能夠成為你 AI 學習之旅的良伴，幫助你掌握這一領域的核心知識，同時也希望能夠激發你的創意和熱情，探索更多 AI 的可能性。本書雖然校稿時力求正確無誤，但仍惶恐有疏漏或不盡理想的地方，誠望各位不吝指教。

# 目錄

## Chapter 01 人工智慧的黃金入門課程



## Chapter 02 雲端運算與物聯網的智慧攻略

## Chapter 03 大數據與 AI 的贏家工作術

## Chapter 04 機器學習的 AI 私房秘技

## Chapter 05　深度學習的 AI 關鍵心法與應用



## Chapter 06　ChatGPT 與 Bing Chat 入門的第一步

## Chapter 07 AI 提示詞（Prompt）必備的技能與策略

## Chapter 08 ChatGPT 升級與優化的外掛擴充功能

## Chapter 09 AI 音質革命：追求完美的錄音體驗



## Chapter 10 高 CP 值的生成式 AI 繪圖藝術

## Chapter 11 快速與多樣：AI 影片的製作魔法



## Chapter 12 資訊科技中的 ChatGPT：多面向應用實例

# 01 Chapter

# 人工智慧的黃金入門課程

電腦對人類生活的影響從來沒有像今天這麼無所不在，從現代人幾乎無時無刻攜帶的智慧型手機，一直到美國國家海洋大氣總署（NOAA）研究人員用來計算與分析出全球海嘯動態的超級電腦（Supercomputer），這些都可以算是電腦的分身。人類自從發明電腦以來，便始終渴望著能讓電腦擁有人類般的智慧，過去電腦只能算是個計算工具，雖然計算能力遠勝過人類，卻仍然還不足以具備人類所擁有的智慧。電腦硬體的世代更替也同時造就了電腦軟體的蓬勃發展，同時使得人工智慧（Artificial Intelligence）漸漸發展成電腦科學領域中的一門顯學。

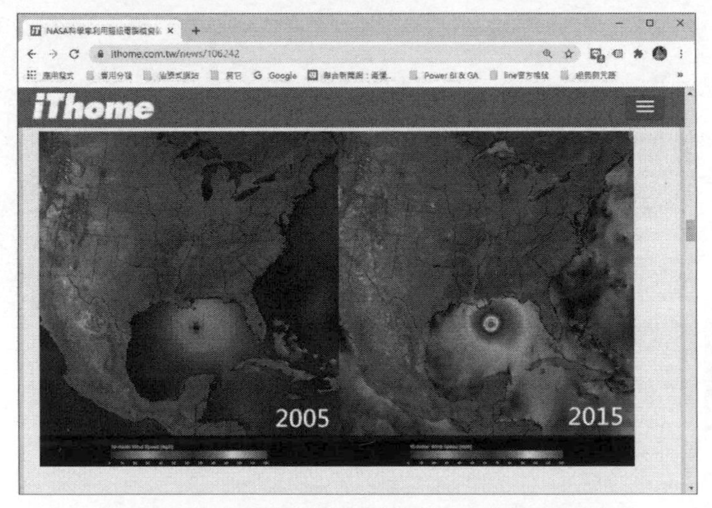


**NOAA 研究人員利用超級電腦模擬海嘯與颶風的路徑**

圖片來源：https://www.ithome.com.tw/news/106242

**TIPS**

超級電腦（Supercomputer）是世界上速度最快，價值最高的電腦，每秒甚至可執行超過數十兆的計算結果。超級電腦的基本結構是將許多微處理器以平行架構的方式組合在一起，其主要使用者為大學研究單位、政府單位、科學研究單位等等。

人工智慧（Artificial Intelligence）主要是要讓電腦能夠具備人類的思考邏輯與行為模式。近十年來人工智慧的應用領域愈來愈廣大，最重要就是電腦硬體技術的高速發展，特別是圖形處理器（Graphics Processing Unit, GPU）等關鍵技術愈趨成熟與普及，運算能力也從傳統的以 CPU 為主導到以 GPU 為主導，這對 AI 有很大變革，使得平行運算的速度更快與成本更低廉。

NVIDIA 的 GPU 在人工智慧運算領域中佔有領導地位

GPU 可說是近年來電腦硬體領域的最大變革，是指以圖形處理單元（GPU）搭配 CPU 的微處理器，GPU 則含有數千個小型且更高效率的 CPU，不但能有效處理平行處理（Parallel Processing），加上 GPU 是以向量和矩陣運算為基礎，大量的矩陣運算可以分配給這些為數眾多的核心同步進行處理，還可以達到高效能運算（ High Performance Computing, HPC）能力，也使得人工智慧領域正式進入實用階段，藉以加速科學、分析、遊戲、消費和人工智慧應用。

**TIPS**

平行處理（Parallel Processing）技術是同時使用多個處理器來執行單一程式，借以縮短運算時間。其過程會將資料以各種方式交給每一顆處理器，為了實現在多核心處理器上程式性能的提升，還必須將應用程式分成多個執行緒來執行。

高效能運算（High Performance Computing, HPC）能力則是透過應用程式平行化機制，就是在短時間內完成複雜、大量運算工作，專門用來解決耗用大量運算資源的問題。

# 1-1 認識人工智慧

人工智慧的概念最早是由美國科學家 John McCarthy 於 1955 年提出，目標為使電腦具有類似人類學習解決複雜問題與展現思考等能力，舉凡模擬人類的聽、說、讀、寫、看、動作等的電腦技術，都被歸類為人工智慧的可能範圍。簡單地說，人工智慧就是由電腦所模擬或執行，具有類似人類智慧或思考的行為，例如推理、規畫、問題解決及學習等能力。

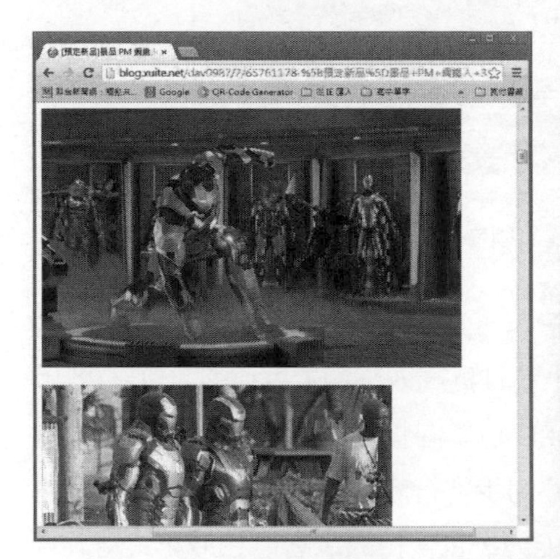

電影中的鋼鐵人與變形金剛未來都可能真實出現在我們身邊

微軟亞洲研究院曾經指出：「未來的電腦必須能夠看、聽、學，並能使用自然語言與人類進行交流。」人工智慧的原理是認定智慧源自於人類理性反應的過程而非結果，即是來自於以經驗為基礎的推理步驟，那麼可以把經驗當作電腦執行推理的規則或事實，並使用電腦可以接受與處理的型式來表達，這樣電腦也可以發展與進行一些近似人類思考模式的推理流程。

## 1-1-1 人工智慧的應用

通常人工智慧是指透過普通電腦程式來呈現人類智慧的技術，AI 與電腦間地完美結合為現代產業帶來創新革命，應用領域不僅展現在機器人、物聯網（IOT）、自駕車、智能服務等，甚至與數位行銷產業息息相關。根據美國最新研究機構的報告，2025 年人工智慧將會在行銷和銷售自動化方面，取得更人性化的表現，有 50 %的消費者強烈希望在日常生活中使用 AI 和語音技術，其他還包括蘋果手機的 Siri、Line 聊天機器人、圾信件自動分類、指紋辨識、自動翻譯、機場出入境的人臉辨識、機器人、智能醫生、健康監控、自動駕駛、自動控制等，都是屬於 AI 與日常生活的經典案例。

AI 改變產業的能力已經相當清楚

指紋辨識系統已經相當普遍

**TIPS**

物聯網（Internet of Things, IOT）的目標是將各種具裝置感測設備的物品，例如 RFID、環境感測器、全球定位系統（GPS）雷射掃描器等種種裝置與網際網路結合起來，在這個龐大且快速成長的網路系統中，物件具備與其他物件彼此直接進行交流，提供了智慧化識別與管理的能力。

AI 功能的身影事實上早已充斥在我們的生活，實際應用於交通、娛樂、醫療等，到處都可見其蹤影，例如聊天機器人（Chatbot）漸漸成為廣泛運用的新科技，利用聊天機器人不僅能夠節省人力資源，還能依照消費者的需要來客製化服務，極有可能會是改變未來銷售及客服模式的利器。

醫學專用達文西手臂

**TIPS**

聊天機器人（Chatbot）是目前許多店家客服的創意新玩法，背後的核心技術即是以自然語言處理（NLP）為主，利用電腦模擬與使用者互動對話。聊天機器人能夠全天候地提供即時服務，與自設不同的流程來達到想要的目的，也能更精準地提供產品資訊與個人化的服務。

AI 在現代人醫療保健方面的應用更為廣泛，甚至於可能取代傳統人工診療，包括電腦斷層掃描儀器為診病醫生提供病人器官的三度空間影像圖，讓診斷能夠更為精確，例如達文西機器手臂融合電腦的精確計算能力來控制機器手臂，使得外科手術達到前所未有的創新與突破，而電腦於醫療教學與研發的應用更是廣泛，包括電腦診斷系統、罕見疾病藥物研發、基因組合等，甚至於 IBM Waston 透過大數據（big data）實踐了精準醫療的非凡成果。

IBM Waston 透過大數據實踐了精準醫療的成果

**TIPS**

大數據（Big Data），由 IBM 於 2010 年提出，其實是巨大資料庫加上處理方法的一個總稱，也就是一套有助於企業組織大量蒐集、分析各種數據資料的解決方案。

## 1-1-2 機器人與工業 4.0

華碩 zenbo 機器人

資料來源：華碩電腦

Sony 的寵物機器狗 aibo

資料來源：Sony 網站

自從上世紀以來，對於創造機器人，人們總是難以忘情，例如機器人（Robot）向來是科幻故事中不可或缺的重要角色，一般人對人工智慧的想像，不外乎是電影中活靈活現的機器人形象，其實智慧機器人的研發與其應用，早已吸引世人的高度重視。

特殊工業用途的機器人

在工商業發達的今日，機器人就是模仿人類造型所製造出來的輔助工具，人工智慧可以和所有類型的機器人整合，支援它們完成各式各樣的任務。我們知道製造業中持續改善與輔助製程是每個企業營運的本能，例如人工智慧驅動的協作型機器人可以在幾小時內設置完成，並且讓機器人具備某種專業智慧。機器人主要目的用於高危險性的工作，如火山探測、深海研究等，也有專為各種特殊工業用途所研發出來的機器人，不但執行精確，而且生產力更較一般常人高出許多。

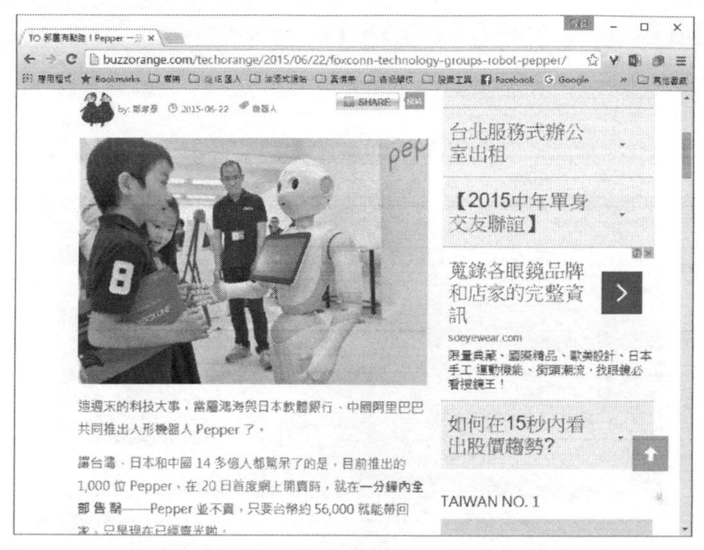


鴻海推出的工業 **4.0** 機器人「**Pepper**」

**TIPS**

德國政府 2011 年提出第四次工業革命（又稱「工業 4.0」）概念，做為「2020 高科技戰略」十大未來計畫之一。工業 4.0 時代是追求產品個性化及人性化的時代，是以智慧製造來推動產品創新，並取代傳統的機械和機器一體化產品；轉變成自動化智能工廠，間接也帶動智慧機器人需求及應用發展，隨著機器人功能越來越多，生產線上大量智慧機器人已經是可能的場景。

# 1-2 人工智慧發展簡史

人工智慧的定義，簡單來說就是：任何讓電腦能夠表現出「類似人類智慧行為」的科技。只不過目前能實現與人類智能同等的技術還不存在，世界上絕大多數的人工智慧還是只能做到解決某個特定問題。人工智慧從 1956 年被正式提出以來到今天，一共經過了以下三個重要發展階段，這股熱潮仍未消退，時至今日仍在延續發展，並隨著各項科技的提升和推廣繼續將人工智慧推上新的高峰。

## 1-2-1 萌芽期（1950~1965）

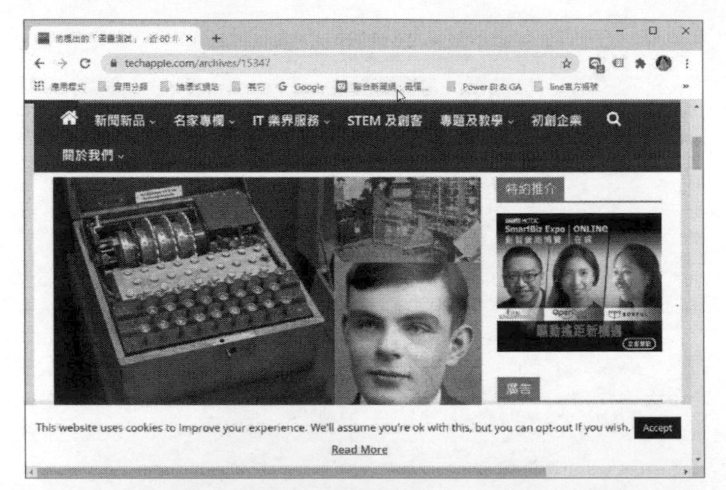


艾倫 · 圖靈（ Alan Turing ）為機器開始設立了是否具有智慧的判斷標準

圖片來源：https://www.techapple.com/archives/15347

自從電腦在 1950 年代被發明後，從科學家到一般大眾都對於電腦充滿無盡的想像，所思考的重點就是如何讓電腦擁有類似人類的智慧。西元 1950 年可以算是 AI 萌芽期的開始，一位英國著名數學家艾倫 · 圖靈（ Alan Turing ）首先提出「圖靈測試」（Turing Test）的說法，他算是第一位認真探討人工智慧標準的人物。圖靈測試的理論是如果一台機器能夠與人類展開對話，而不被看出是出機器的身分時，就算是通過這項測試，便能宣稱該機器擁有智慧。

西元 1956 年可以當成「人工智慧」這個字眼誕生的日子，當年達特矛斯會議（Dartmouth）上 Lisp 語言的發明人約翰 • 麥卡錫（John McCarthy）正式提出人工智慧（Artificial Intelligence）這個術語，許多人視為這一年是人工智慧的創立元年。

**TIPS**

Lisp 為最早的人工智慧語言，這種程式語言的特點之一是程式與資料都使用同一種表示方式，也利用「垃圾收集法」作為記憶體管理方式，依賴遞迴的觀念控制整個資料結構，整個程式是以函數間的呼叫為主，沒有敘述句及上下層級觀念並以串列為主要的資料結構，適合作為字串的處理工作。

雖然當時 AI 的成果已能解開拼圖或簡單的遊戲，不過電腦的計算速度尚未提升、儲存空間也小，執行效能受限於時空背景下的硬體規格，一遇到複雜的問題就會束手無策，使得這一時期人工智慧只能用來解答一些代數題、邏輯程式、數學證明和演算法等，例如知名的搜尋樹、迷宮走訪、河內塔（Tower of Hanoi）和數學證明等等，卻幾乎無法在實際應用上有所突破。

**TIPS**

法國數學家 Lucas 在 1883 年介紹了一個十分經典的河內塔（Tower of Hanoi）智力遊戲，是典型使用遞迴式與堆疊觀念來解決問題的範例，內容是說在古印度神廟，廟中有三根木樁，天神希望和尚們把某些數量大小不同的圓盤，由第一個木樁全部移動到第三個木樁。不過在搬動時還必須遵守下列規則：

1. 直徑較小的套環永遠置於直徑較大的套環上。
2. 套環可任意地由任何一個木樁移到其他的木樁上。
3. 每一次僅能移動一個套環，而且只能從最上面的套環開始移動。

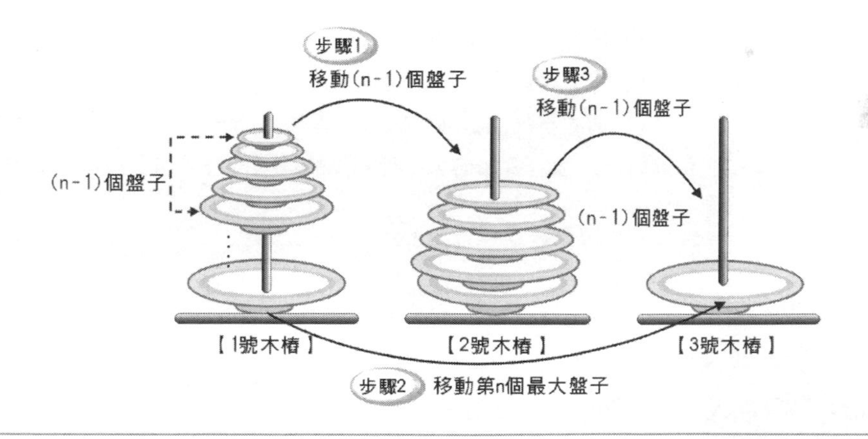


**TIPS**

演算法（Algorithm）是人類利用電腦解決問題的技巧之一，就是一種計劃，每一個指示與步驟都是經過計畫過的，這個計畫裡面包含解決問題的每一個步驟跟指示。在韋氏辭典中將演算法定義為：「在有限步驟內解決數學問題的程式。」如果運用在計算機領域中，我們也可以把演算法定義成：「為瞭解決某一個工作或問題，所需要有限數目的機械性或重覆性指令與計算步驟。」

## 1-2-2 發展期（1980~1999）

在萌芽期過後的二、三十年，因為電腦儲存空間與運算性能的大幅突破，AI 重新回歸以主流技術發展重點，自從貝爾實驗室於 1947 年發明了電晶體（Transistor），改變了電腦的製程；1965 年 Intel 創始人摩爾觀察到半導體晶片上的電晶體每一年都能翻倍成長，電腦的運算能力與儲存能力同時跟著摩爾定律高速增漲。AI 發展期熱潮伴隨著電腦的普及出現在 1980 年代，首先卡內基梅隆大學設計了一套名為 XCON 的「專家系統」，後來許多重要的專家系統陸續被發展出來。

電晶體是一種用來控制電流訊號傳輸通過的微小裝置

**TIPS**

摩爾定律（Moore's law）是由英特爾（Intel）名譽董事長摩爾（Gordon Mores）於 1965 年所提出，表示電子計算相關設備不斷向前快速發展的定律，主要是指一個尺寸相同的 IC 晶片上，所容納的電晶體數量，因為製程技術的不斷提升與進步，造成電腦的普及運用，每隔約十八個月會加倍，執行運算的速度也會加倍，但製造成本卻不會改變。

這時期所進行的研究是以灌輸「專家知識」作為規則，來協助解決特定問題，所謂專家系統（Expert system）是早期人工智慧的一個重要分支，可以看作是一個知識庫（Knowledge-based）程式，有效地運用專家多年積累的有效經驗和專門知識，通過模擬專家的思維過程，解決需要專家才能解決的問題，是一種具有專門知識和經驗的計算機智慧系統。這時人工智慧技術也正式投入到了工業生產和政府應用中，例如醫療、軍事、地質勘探、教學、化工等領域，再次掀起了 AI 研究的投資浪潮。

醫療專家系統幾乎可以做到診病望、聞、問、切的程度

專家系統是儲存了某個領域專家（如醫生、會計師、工程師、證券分析師）相等程度的知識和經驗的數據，並針對預設的問題，事先準備好大量的對應方式，進行推理和判斷，來模擬人類專家的決策過程。例如環境評估系統、醫學診斷系統、地震預測系統等都是大家耳熟能詳的專業系統。儘管不同類型的專家系統的結構會存在一定差異，其中基本結構還是大致相同，專家系統的組成架構，通常有下列五種元件：

- **知識庫（Knowledge Base）**：用來儲存專家解決問題的專業知識（Know-how），一般建立「知識庫」的模式有以下三種：

  1. 規則導向基礎（Rule-Based）
  2. 範例導向基礎（Example-Based）
  3. 數學導向基礎（Math-Based）

- **推理引擎（Inference Engine）**：是用來控制與產生推理知識過程的工具，常見的推理引擎模式有「前向推理」（Forward reasoning）及「後向推理」（Backward reasoning）兩種。

- **使用者交談介面（User Interface）**：因為專家系統所要提供的目的就是一個擬人化的功用。同樣的，也希望給予使用者友善的資訊功能介面。

- **知識獲取介面（Knowledge Acquisition Interface）**：ES 的知識庫與人類的專業知識相比，仍然是不完整的，因此必須是一種開放性系統，並透過「知識獲取介面」不斷充實，改善知識庫內容。

- **工作暫存區（Working Area）**：一個問題的解決往往需要不斷地推理過程，因為可能的解答也許有許多組，所以必須反覆地推理。而「工作暫存區」的功用就是把許多較早得出的結果放在這裡。

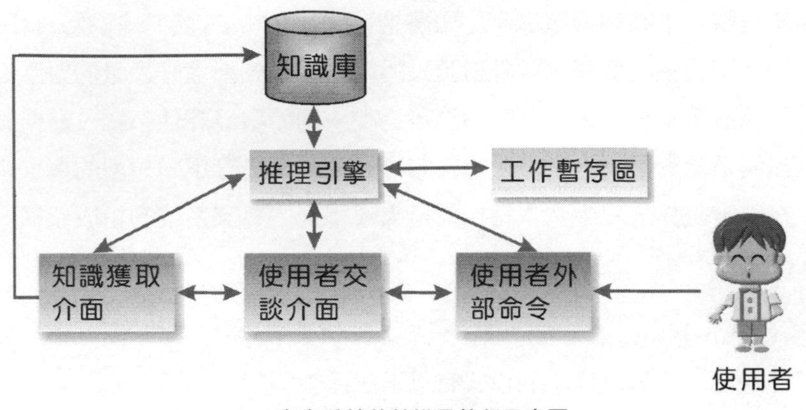


專家系統的結構及執行示意圖

縱使當時有商業應用的實例，應用範疇還是很有限，由於專家系統需要大量的維護成本，只能針對專家預先考慮過的狀況來準備對策，它並沒有自行學習的能力，侷限性仍然不能滿足人類的期望，因此終究無可避免的在 1987 年時，把人工智慧帶到另一個新低點，迎來了第二次人工智慧泡沫化。

### 1-2-3 成長期（2000~2020）

過去 AI 與現代 AI 的比較：被動與主動的天差地別

到了二十世紀末，隨著硬體運算能力也大幅提升，人工智慧領域再度春暖花開，人們對於人工智慧研究的思想轉變。1997 年，IBM 打造的深藍超級電腦（Supercomputer）擊敗了西洋棋世界冠軍卡斯巴羅夫。人工智慧作為 21 世紀最具影響力的技術之一，以超乎我們想像的速度發展。真要探討第三波人工智慧的發展，大約是始於十年前，有科學家想到僅告訴機器如何識字，然後餵給它大量的資料，讓電腦從大量的資料中自動找出規律來「學習」，這樣的方法讓人工智慧進程有了很大的發展，而且不斷進化到可以像人類一樣辨識聲音及影像，或是針對問題做出合適的判斷。如今人工智慧不僅做到了許多我們過往認為電腦做不到的事，而且還做得比人類更好。

深藍（Deep Blue）是 IBM 開發，第一台擊敗人類中最頂尖的下棋高手的電腦

## 1-3 人工智慧的種類

人工智慧可以形容是電腦科學、生物學、心理學、語言學、數學、工程學為基礎的科學，由於記憶容量與高速運算能力的發展，人工智慧未來一定會發展出來各種不可思議的能力。不過各位首先必須了解 AI 本身之間也有程度強弱之別，美國哲學家約翰・瑟爾（John Searle）便提出了「強人工智慧」（Strong A.I.）和「弱人工智慧」（Weak A.I.）的分類，主張兩種應區別開來。

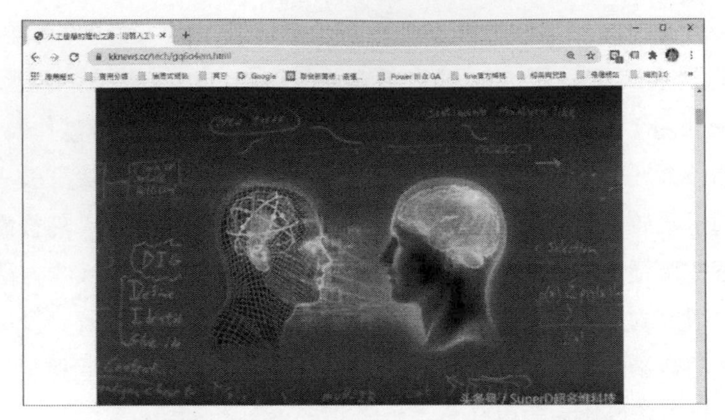

「強人工智慧」與「弱人工智慧」代表機器不同的智慧層次

圖片來源：https://kknews.cc/tech/gq6o4em.html

## 1-3-1 弱人工智慧（Weak AI）

弱人工智慧是只能模仿人類處理特定問題的模式，不能深度進行思考或推理的人工智慧，乍看下似乎有重現人類言行的智慧，但還是與具備近似人類智慧的強AI相差甚遠。因為弱人工智慧只能模擬人類的行為做出判斷和決策。它是以機器來模擬人類部分的「智能」活動，並不具意識、也不理解動作本身的意義，所以嚴格說起來並不能被視為真的「智慧」。

毫無疑問，今天各位平日所看到的絕大部分AI應用，都是弱人工智慧，不過在不斷改良後，還是能有效地解決某些人類的問題，例如先進的工商業機械人、語音識別、圖像識別、人臉辨識或專家系統等。弱人工智慧仍會是近期普遍發展的重點，包括近年來出現的IBM的Watson和谷歌的AlphaGo，這些擅長於單個方面的人工智慧都屬於程度較低的弱AI範圍。

銀行的迎賓機器人也是屬於某一種的弱 AI

## 1-3-2 強人工智慧（Strong AI）

所謂強人工智慧（Strong AI）或通用人工智慧（Artificial General Intelligence）指的是具備與人類同等智慧或超越人類的 AI。以往電影的描繪總是使人習慣於想像，所謂擁有自我意識的人工智慧，就是能夠像人類大腦一樣思考推理與得到結論，並且擁有情感、個性、社交、自我意識、自主行動等等；同時也能思考、計劃、解決問題、快速學習和從經驗中學習等操作，並且和人類一樣得心應手。不過，目前都還只出現在科幻作品中，還沒有成為科學現實。事實上，從弱人工智慧時代邁入強人工智慧時代還需要時間，但絕對是一種無法抗拒的趨勢。人工智慧未來肯定會發展出來各種人類無法想像的能力，雖然現在人類僅僅在弱人工智慧領域有了出色的表現，不過我們相信未來肯定還是會前往強人工智慧的領域邁進。

科幻小說中活靈活現、有情有義的機器人就屬於一種強 AI

# 02 Chapter

# 雲端運算與物聯網的智慧攻略

雲端運算背後隱藏了龐大商機

我們可以這樣形容：「Internet 不是萬能，但在現代生活中，少了 Internet，那可就萬萬不能！」隨著網路技術和頻寬的發展，雲端計算（Cloud Computing）應用已經被視為下一波網路與 AI 科技的重要商機。所謂「雲端」其實就是泛指「網路」，希望以雲深不知處的意境，來表達無窮無際的網路資源，更代表了規模龐大的運算能力。雲端運算（Cloud Computing）就是一種透過網際網路所提供的一種更大規模與方便的運算模式，而不是在自己電腦的硬碟上執行，在不久的將來，把雲端運算跟人工智慧結合起來，可以產生很多不同的應用。

Google 雲端資深副總裁 Diane Greene 曾說：「雲端已經不只是日常拿來儲存的工具，或是當作水電瓦斯般取用的運算能力，而是可以幫助企業獲利的工具。」經濟部統計，雲端產業全球產值將由 2017 年的 539 億美元逐年上升至 2020 年的 930 億美元，預估年成長率達 20.1%。最近幾年人工智慧不斷深入各種領域，當資料上雲端，就是展現人工智慧魔術的時候了，特別是未來人工智慧的發展更與雲端技術的儲存與運算能力息息相關，隨著 5G 商用化的腳步加快，讓醫療、生活、教育、交通、娛樂領域，都將帶來顛覆性創新應用，也將更有助於人工智慧的應用普及。

**TIPS**

5G（Fifth-Generation）指的是行動電話系統第五代，由於大眾對行動數據的需求年年倍增，因此就會需要第五代行動網路技術。5G 未來將可實現 10Gbps 以上的傳輸速率。這樣的傳輸速度下可以在短短 6 秒中，下載 15GB 完整長度的高畫質電影，簡單來説，在 5G 時代，數位化通訊能力大幅提升，並具有「高速度」「低遲延」「多連結」的三大特性。

# 2-1 雲端運算簡介

雲端運算的熱潮不是憑空出現，而是多種技術與商業應用的成熟。Google 是最早提出雲端運算概念的公司，最初 Google 開發雲端運算平台是為了能把大量廉價的伺服器集成起來，以支援自身龐大的搜尋服務，最簡單的雲端運算技術在網路服務中已經隨處可見，例如「搜尋引擎、網路信箱」等，進而共用的軟硬體資源和資訊可以按需求提供給電腦各種終端和其他裝置。Google 執行長施密特（Eric Schmidt）在演說中更大膽的說：雲端運算引發的潮流將比個人電腦的出現影響更為龐大與深遠！

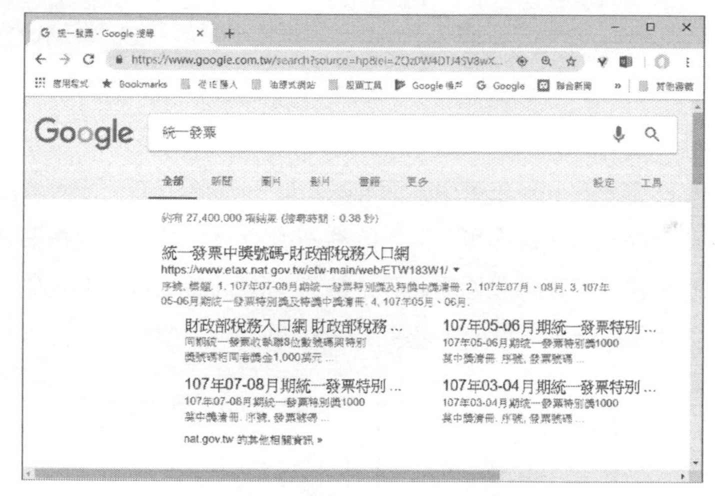


Google 是最早提出雲端運算概念的公司

## 2-1-1 雲端運算與雲端服務

雲端運算實現了讓虛擬化公用程式演進到軟體即時服務的夢想，也就是只要使用者能透過無所不在的網路，由用戶端登入遠端伺服器進行操作，並能快速配置與發布運算資源，就可以稱為雲端運算。簡單來說，雲端運算的功用就是將分散在不同地理位置的電腦共同聯合組織成一個虛擬的超級大電腦，並藉由網路慢慢的將運算能力聚集在伺服端，伺服端也因此擁有更大量的運算能力。

微軟的 Azure 是人工智慧最佳的雲端平台

**TIPS**

微軟建構起全球最大的雲端運算網路，並提供全球顧客更多儲存資料的選擇。Azure 是 Microsoft 開發的雲端平台，微軟投入大量的資源在智慧雲端服務，可以建置分析影像、理解語音、使用資料進行預測，以及模擬其他 AI 行為的解決方案，並為客戶提供了使用這些雲端服務的專屬連結。

雲端運算的目標，就是未來每個人面前的電腦，都將會簡化成一台陽春的終端機，只要具備上網連線功能即可，共用的軟硬體資源和資訊可以按需求提供給各種終端和其他裝置，將終端設備的運算分散到網際網路上眾多的伺服器來幫忙，未來要讓資訊服務如同水電等公共服務一般，隨時都能供應。

雲端運算要讓資訊服務如同家中水電設施一樣方便

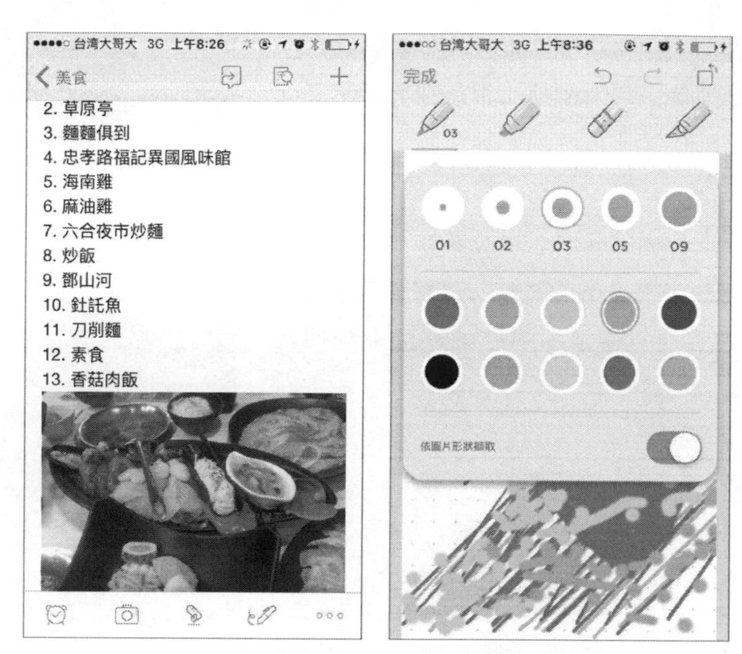


Evernote 雲端筆記本是目前很流行的雲端服務

所謂雲端運算的應用，其實就是「網路應用」。隨著個人行動裝置正以驚人的成長率席捲全球，「雲端服務」成為人們使用科技的主要工具。它能夠不受時空限制，即時的把聲音、影像等多媒體資料直接傳送到電腦、平板行動裝置上。網際網路的力量讓雲端服務的應用達到最高峰的階段。

## 2-2 雲端運算技術簡介

對企業與使用者而言，雲端運就算像是擁有取之不竭的運算資源，只要打開瀏覽器，有網路連線隨時就能使用，雲端運算背後所隱藏的龐大商機，正吸引著 Google、微軟 Microsoft、IBM、蘋果 Apple 等科技龍頭積極投入大量資源。隨著 2020 年全球新冠病毒疫情肆虐全球，更帶動雲端辦公需求的大幅成長，微軟旗下雲端服務使用量暴增七倍以上，而電子商務無疑是此次疫情中最大的受益者。

時至今日，企業營運規模不分大小，普遍都已體會到雲端運算的導入價值。雲端運算並不是憑空誕生，之所以能有今日的雲端運算，其實不是任何單一技術的功勞，包括多核心處理器與虛擬化軟體等先進技術的發展，以及寬頻連線的無所不在。基本上，雲端運算之所以能夠統整運算資源，應付大量運算需求，關鍵就在以下兩種技術。

雲端運算帶動電子商務快速興起，小資族可以輕鬆在雲端開店

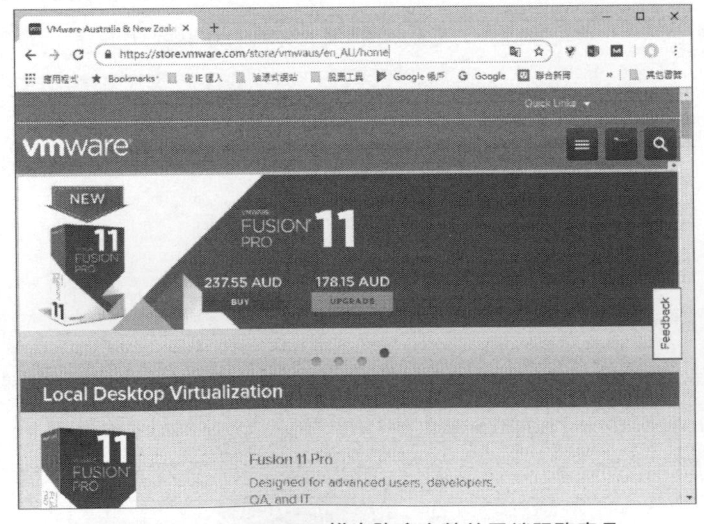


國際知名大廠 **VMware** 推出許多完整的雲端服務產品

## 2-2-1 分散式運算

分散式運算概念的示意圖

圖片來源：https://itw01.com/GQW6EWY.html

雲端運算的基本原理源自於網格運算（Grid Computing），實現了以分散式運算（Distributed Computing）技術來創造龐大的運算資源，不過相較於網格運算（Grid Computing）的重點在整合眾多異構平台，雲端運算更容易協調伺服器間的資訊傳遞，讓分散式處理的整體效能更好。雲端運算主要解決專門針對大型的運算任務，也就是將需要大量運算的工作，分散給很多不同的電腦一起來運算，以完成單一電腦無力勝任的工作。「分散式運算」（Distributed Computing）技術是一種架構在網路之上的系統，也就是讓一些不同的電腦同時去幫你進行某些運算，或者是說將一個大問題分成許多部分，分別交由眾多電腦各自進行運算再彙整結果，強調在本地端資源有限的情況下，利用網路取得遠方的運算資源。

雲端分散式系統架構中，可以藉由網路資源共享的特性，提供給使用者更強大豐富的功能，並藉此提高系統的計算效能。任何遠端的資源，都被作業系統視為本身的資源，而可以直接存取，並且讓使用者感覺起來像在使用一台電腦透過分散式運算架構。這樣的運算需求就可以快速分派給數千、數萬台伺服器來執行，然後再將結果集合起來，充分發揮最高的運算效率。例如 Google 的雲端服務就是利用分散式運算的典型，他們將成千上萬的低價伺服器組合成龐大的分散式運算架構，利用網路將多台電腦連結起來，透過管理機制來協調所有電腦之間的運作，以創造高效率的運算。在雲端運算架構中，只要透過任何連接網際網路的裝置就可以從世界上任何地方進行存取資源。

Google 雲端服務都是使用分散式運算技術

## 2-2-2 虛擬化技術

虛擬機（Virtual Machine）概念最早是出現在 1960 年代，主要的目的是為了提高珍貴的硬體資源，將硬體抽象化，使多重工作負載可共用一組資源。根據切割硬體資源進行與彈性分配的最高原則，可允許一台實體主機同時執行多個作業系統，方法就是在一台實體主機內執行多個虛擬主機，之後由於需求的變化及軟硬體技術的更新，開始演進出許多種不同的應用形態，促使企業對虛擬技術的研究與應用。例如像 CPU 運作的虛擬記憶體的概念，允許執行中的程式不必全部載入主記憶體中，作業系統就能創造出一個多處理程式的假象，因此程式的邏輯地址空間可以大於主記憶體的實體空間，也就是作業系統將目前程式使用的程式段（程式頁）放主記憶體中，其餘則存放在輔助記憶體（如硬碟），程式不再受到實體記憶體可用空間的限制。

所謂雲端運算的虛擬化技術，就是將伺服器、儲存空間等運算資源予以統合，讓原本運行在真實環境上的電腦系統或元件，運行在虛擬的環境中。這個目的主要是為了提高硬體資源充分利用率，最大功用是讓雲端運算可以統合與動態調整運算資源，因而可依據使用者的需求迅速提供運算服務，讓愈來愈強大的硬體資源可以得到更充分的利用，因此虛擬化技術是雲端運算很重要的基礎建設。透過虛擬化技術主要可以解決實體設備異質性資源的問題，虛擬化主要是透過軟體以虛擬形式呈現的過程，例如虛擬的應用程式、伺服器、儲存裝置和網路。

通常在幾分鐘內就可以在雲端建立一台虛擬伺服器，每一台實體伺服器的運算資源都換成了許多虛擬伺服器，而且能在同一台機器上運行多個作業系統，比如同時運行 Windows 和 Linux，方便跨平台開發者，加上這些虛擬的運算後，資源可以統整在一起，充分發揮伺服器的性能，達到雲端運算的彈性調度理想，任意分配運算等級不同的虛擬伺服器。因此即使虛擬伺服器所在的實體機器發生故障，虛擬伺服器亦可快速移到其已設置好虛擬化軟體的硬體上，系統不需要重新安裝與設定，新硬體與舊硬體也不必是相同規格，可以大幅簡化伺服器的管理。

## 2-3 雲端運算服務模式

根據美國國家標準和技術研究院（National Institute of Standards and Technology, NIST）的雲端運算明確定義了三種服務模式：

知名硬體大廠 IBM 也提供三種雲端運算服務

## 2-3-1 軟體即服務（SaaS）

軟體即服務（Software as a service, SaaS）是一種軟體服務供應商透過 Internet 提供應用的模式，意指讓使用者不需下載軟體到本機上、不占用硬體資源的情況下，供應商透過訂閱模式提供軟體與應用程式給使用者，SaaS 常被稱爲「隨選軟體」，用戶只要透過租借基於 Web 的軟體，使用者本身不需要對軟體進行維護，可以利用租賃的方式來取得軟體的服務。

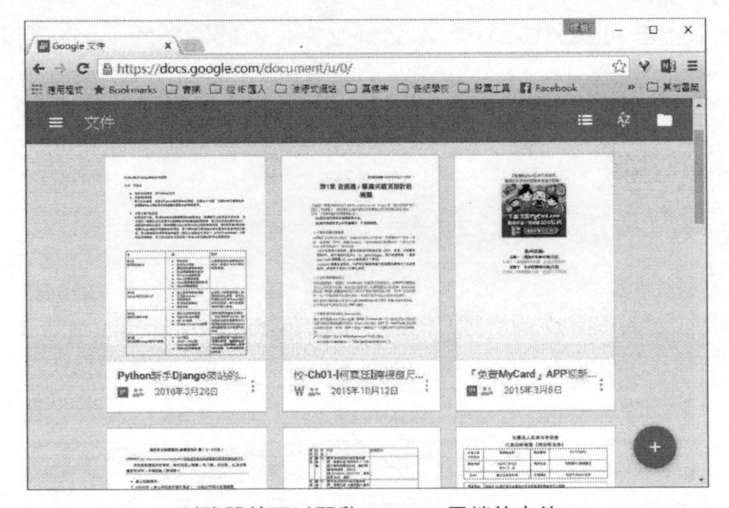


瀏覽器就可以開啟 Google 雲端的文件

**TIPS**

Google 公司所提出的雲端 Office 軟體概念，稱為 Google 文件（Google docs），可以讓使用者以免費的方式，透過瀏覽器及雲端運算編輯文件、試算表及簡報。並且可以在任何設有網路連線和標準瀏覽器的電腦，隨時隨地變更和存取文件，也可以邀請其他人一起共同編輯內容。

## 2-3-2 平台即服務（PaaS）

平台即服務（Platform as a Service, PaaS）是在 SaaS 之後興起的一種新的架構，也是一種將一個開發平台作為服務提供給使用者的服務模式。主要針對軟體開發者提供完整的雲端開發環，公司的研發人員可以編寫自己的程式碼，也可以在其應用程式中建構新功能。由於軟體的開發和運行都是基於同樣的平台，讓開發者只需管所開發的應用程式與服務，能用更低的成本內開發完畢並上線，其他則交由平台供應商協助進行監控和維護管理。

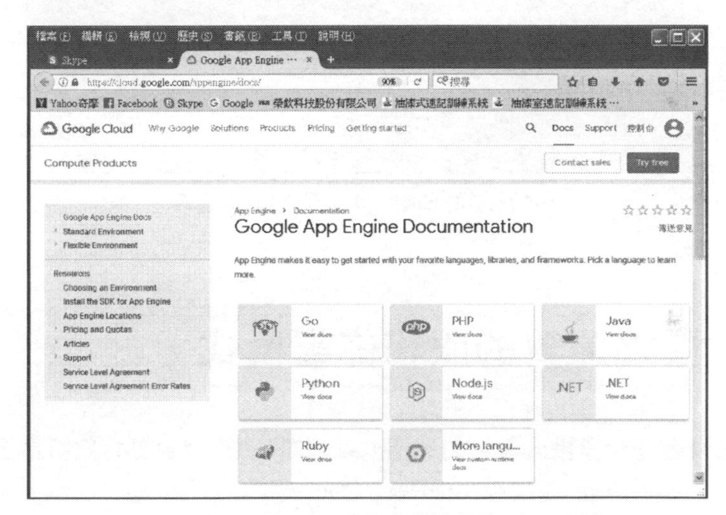


Google App Engine 是全方位管理的 PaaS 平台

## 2-3-3 基礎架構即服務（IaaS）

基礎架構即服務（Infrastructure as a Service, IaaS）是由供應商提供使用者運算資源存取，傳統基礎架構經常與舊式核心應用程式有關，以致無法輕易移轉至雲端典範，消費者可以使用「基礎運算資源」，如 CPU 處理能力、儲存空間、網路元件或仲介軟體，也就是將主機、網路設備租借出去，讓使用者在業務初期可以依據需求租用、不必花大錢建置硬體。例如：Amazon.com 透過主機託管和發展環境，提供 IaaS 的服務項目；又或者是中華電信的 HiCloud 也屬於 IaaS 服務。

中華電信的 HiCloud 即屬於 IaaS 服務

# 2-4 雲端運算的服務佈署模式

現今有越來越多企業投向雲端的懷抱，以求提高 IT 資源更有效符合業務需求，即使是規模較小的企業，也可利用雲端運算的好處，取得不輸大企業的龐大運算資源。雲端運算依照其服務對象的屬性，可區分為大眾、單一組織、多個組織等，而發展成 4 種雲端運算部署模式，分別是公有雲、私有雲、混合雲、社群雲。

## 2-4-1 公用雲（Public Cloud）

公用雲（Public Cloud）是透過網路及第三方服務供應者，也就是由銷售雲端服務的廠商所成立，提供一般公眾或大型產業集體使用的隨選運算服務基礎設施。大多數耳熟能詳的雲端運算服務，絕大多數都屬於公有雲的模式，通常公用雲價格較低廉，並透過網際網路提供給多個租戶共用，任何人都能輕易取得運算資源，其中包括許多免費服務。

Microsoft Azure 成為台灣企業相當喜愛的公有雲

## 2-4-2 私有雲（Private Cloud）

私有雲（Private Cloud）：和公用雲一樣，都能為企業提供彈性的服務，而最大的不同在於私有雲是一種完全為特定組織建構的雲端基礎設施，可將運算資源交由組織專屬運用，並由單一組織負責系統管理可以部署在企業組織內，也可部署在企業外。

宏碁推出的私有雲方案相當受到中小企業歡迎

## 2-4-3 社群雲（Community Cloud）

社群雲（Community Cloud）是由多個組織共同成立，可以由這些組織或第三方廠商來管理，基於有共同的任務或需求（如安全、法律、制度等）的特定社群共享的雲端基礎設施，例如學校、非營利單位、衛生機構等，所有的社群成員共同使用雲端上資料及應用程式。

IBM 所提出的智慧社群雲方案

## 2-4-4 混合雲（Hybrid Cloud）

混合雲（Hybrid Cloud）：結合兩個或多個獨立的雲端運算架構（私有雲、社群雲或公有雲），混合雲是一種較新的概念，讓資料與應用程式擁有可攜性，使用者通常將非企業關鍵資訊直接在公用雲上處理，但關鍵資料則以私有雲的方式來處理。

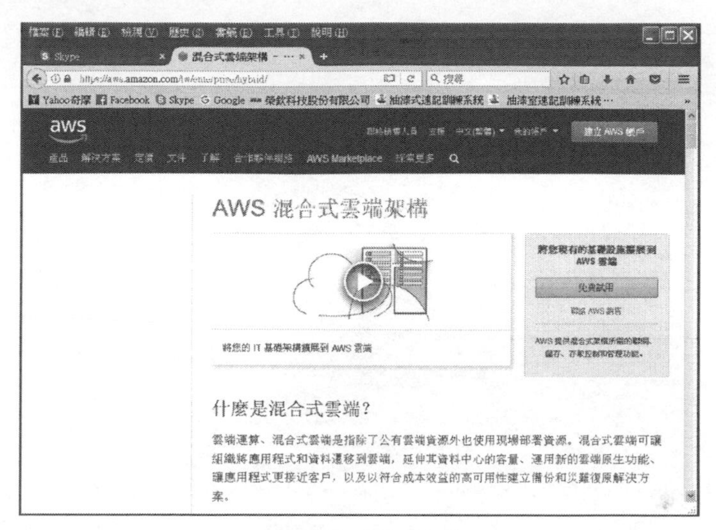


AWS 混合式雲端架構

# 2-5 Google 的 AI 雲端服務

在網路的世界中，Google 的雲端服務平台最為先進與完備，近年來更透過強大的 AI 演算法，提升 Google 在軟體產品服務上的應用功能。Google 雲端服務主要是以個人應用為出發點，在目前最熱門的雲端運算平台所提供的應用軟體非常多樣，例如：Gmail、Google 線上日曆、Google Keep 記事與提醒、Google 文件、雲端硬碟、Google 表單、Google 相簿、Google 地圖、YouTube、Google Play、Google Classroom 等。Google 旗下產品之所以能發揮最大的應用效益，背後靠的就是 AI 演算法的核心關鍵技術。

## 2-5-1 Gmail 與自動過濾垃圾郵件

Google 的電子郵件服務為 Gmail，它除了提供超大量的免費儲存空間外，還可輕易擋下垃圾郵件，而且也將即時訊息整合到電子郵件中，Gmail 的垃圾郵件過濾使用 AI 技術偵測與防堵會冒充正常郵件的垃圾郵件，並在平時就會訓練 Gmail

未來辨識垃圾與正常郵件的能力，盡可能讓每封重要信件都能寄達信箱，而且不會看見不想要的垃圾郵件。

Gmail 過濾垃圾郵件也是利用 AI 功能

## 2-5-2 Google 相簿的智慧編修功能

有智慧的 Google 雲端相簿

圖片來源：https://photos.google.com/apps

數位時代很多東西都已經數位化，年輕人喜歡美而新鮮的事物，尤其是智慧型手機在手，走到哪裡拍到哪裡，特別是用戶可以利用智慧型手機所拍攝下來的相片，透過許多編輯工具能將照片提升亮度、銳利化或調整角度與濾鏡功能，因為拍攝的相片 / 影片越來越多，相機空間總是不夠用，那麼你就需要使用 Google 相簿了。Google 相簿除了可以妥善保管和整理相片外，也可以和他人共享 / 共用相簿，還能進行美化、建立動畫效果、製作美術拼貼等，不管相片是在手機上、電腦上，都可以進行管理，相當方便實用。

Google 相簿除了可以妥善保管和整理相片外，也可以和你的親友閨蜜共享 / 共用相簿

例如 Google 雲端相簿 Google 內建 AI 修圖功能，讓濾鏡來做智慧型調整，包括亮度、陰影、暖色調與飽和度等，對細部物體的調色更亮麗。

甚至透過人工智慧與影像辨識技術能辨識出圖片中的文字，讓你還可以直接輸入文字搜尋到相片。

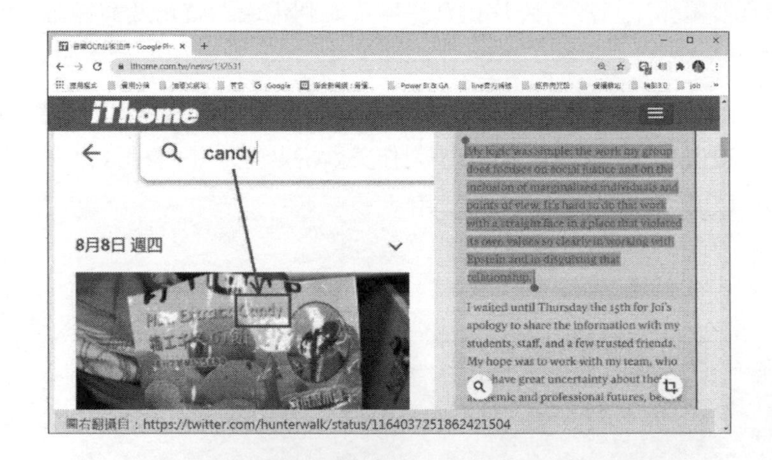


## 2-5-3 雲端硬碟的智慧選檔功能

Google 雲端硬碟（Google Drive）能夠讓各位儲存相片、文件、試算表、簡報、繪圖、影音等各種內容，讓你無論透過智慧型手機、平板電腦或桌機，在任何地方都可以存取雲端硬碟中的檔案。雲端硬碟中的文件、試算表和簡報，也可以邀請他人查看、編輯您指定的檔案、資料夾或加上註解，輕鬆與他人線上進行協同作業。

Google 雲端硬碟可以連結到超過 100 個以上的雲端硬碟應用程式

Google 雲端硬碟也加入稱為 Priority in Drive 的 AI 智慧判斷功能，會根據用戶的日常操作，包括開啟檔案、編輯、更新、分享、評論、頻率、協作者等因素以及重新命名等動作訊號，判斷用戶需要優先存取的高優先級檔案及執行動作，讓用戶能夠越快查詢並取得需要的資訊，並具有「工作區」以幫助您組織文件。

Google 雲端硬碟會判斷用戶需要優先存取的檔案與動作

## 2-5-4 Google 文件的智慧撰寫功能

Google 文件（Google docs）可以讓使用者以免費的方式，透過瀏覽器及雲端運算來編輯文件、試算表及簡報。Google 針對企業用戶（ G Suite），提供智慧撰寫（Smart Compose）功能，利用 AI 預測用戶想要書寫的內容與前後文給予、相關句型建議、自動校正功能等，並根據用戶過往的輸入風格，來給予個人化的提示，幫助使用者更快速便利寫出文件，包括節省重覆輸入時間、減少拼錯字或文法錯誤等。

各位從雲端開啟 Google 文件，就可以進行文件管理和格式設定

# 2-6 邊緣運算與 AI

我們知道傳統的雲端資料處理都是在終端裝置與雲端運算之間，這段距離不僅遙遠，當面臨越來越龐大的資料量時，也會延長所需的傳輸時間，特別是人工智慧運用於日常生活層面時，常因網路頻寬有限、通訊延遲與缺乏網路覆蓋等問題，遭遇極大挑戰，未來 AI 從過去主流的雲端運算模式，必須大量結合邊緣運算（Edge Computing）模式，搭配 AI 與邊緣運算能力的裝置也將成為幾乎所有產業和應用的主導要素。據國內工研院估計，到 2022 年時，將會有高達 75%的資料處理工作不在雲端資料中心完成，而是透過靠近用戶的邊緣運算設備來處理。因為邊緣運算可以減少在遠端伺服器上往返傳輸資料進行處理所造成的延遲及頻寬問題。

雲端運算與邊緣運算架構的比較示意圖

圖片來源：https://www.ithome.com.tw/news/114625

## 2-6-1 認識邊緣運算

邊緣運算（Edge Computing）屬於一種分散式運算架構，可讓企業應用程式更接近本端邊緣伺服器等資料，資料不需要直接上傳到雲端，而是盡可能靠近資料來源以減少延遲和頻寬使用，目的是減少集中遠端位置雲中執行的運算量，並且最大限度地減少異地用戶端和伺服器之間必須發生的通訊量。 邊緣運算因為將運算點與數據生成點兩者距離縮短，而具有了「低延遲（Low latency）」的特性，這樣一來資料就不需要再傳遞到遠端的雲端空間。

音樂類 App 透過邊緣運算，聽歌不會卡卡

例如隨著全球行動裝置快速發展，在智慧型手機普及的今日，各種 App 都在手機上運作，邊緣運算的最大優點是可以拉近資料和處理器之間的物理距離，例如在處理資料的過程中，把資料傳

到在雲端環境裡運行的 App，勢必會慢一點才能拿到答案；如果要降低 App 在執行時出現延遲，就必須傳到鄰近的邊緣伺服器，速度和效率就會令人驚豔，如果開發商想要提供給用戶更好的使用體驗，最好將大部份 App 資料移到邊緣運算中心進行運算。

## 2-6-2 無人機與多人電競遊戲

許多分秒必爭的 AI 運算作業更需要進行邊緣運算，這些龐大作業處理不用將工作上傳到雲端，即時利用本地邊緣人工智慧，便可瞬間做出判斷，像是自動駕駛車、醫療影像設備、擴增實境、虛擬實境、無人機、行動裝置、智慧零售等應用項目，最需要低延遲特點來加快現場即時反應，減少在遠端伺服器上往返傳輸資料進行處理所造成的延遲及頻寬問題。無人機需要 AI 即時影像分析與取景技術，由於即時高畫質影像低延傳輸與運算大量影像資訊，只有透過邊緣運算，資料就不需要再傳遞到遠端的雲端，就可以加快無人機 AI 處理速度，在即將來臨的新時代，AI 邊緣運算象徵了全新契機。

無人機需要即時影像分析，邊緣運算可以加快 AI 處理速度

伴隨著電競行業的火爆態勢，近年來更是風靡全球，帶來全新的娛樂型態，不論是手遊或者桌機上的多人電競遊戲，大型電競比賽以要求高性能、低延遲的運

算速度為口號，還要能通過同時大量傳輸影像的考驗，讓參賽者在公平的基礎下競速對戰。對於錙銖必較的遊戲玩家來說，在瞬息萬變、殺聲震天的遊戲戰場中，只要出現一個操作上的 lag，可能讓你因此錯失攻擊敵人的先機，這時候能夠讓你的遊戲跑得順不順、程式 Run 的快不快，可不是買一支最新的旗艦手機或者價格昂貴的頂級主機能夠解決，也只有邊緣運算能夠提供足夠的速度感滿足玩家的胃口，因為下一次當你要攻擊敵人的時候，可能就贏在這 0.1 秒之間，遊戲業者能提供邊緣運算將直接影響到遊戲的效能，可以確保你在整年都能夠愉快地享受 3A 級的大作。

圖片來源：https://cnews.com.tw/120180424a01/

## 2-7 物聯網的未來發展

當人與人之間隨著網路互動而增加時，萬物互聯的時代已經快速降臨，物聯網（Internet of Things, IOT）就是近年資訊產業中一個非常熱門的議題，台積電董事長張忠謀於 2014 年時出席台灣半導體產業協會年會（TSIA），明確指出：「下一個 big thing 為物聯網，將是未來五到十年內，成長最快速的產業，要好好掌握住機會。」他認為物聯網是個非常大的構想，很多東西都能與物聯網連結。

國內最具競爭力的台積電公司把物聯網視為未來發展重心

## 2-7-1 物聯網簡介

物聯網（Internet of Things, IOT）是近年資訊產業中一個非常熱門的議題，物聯最早的概念是在 1999 年時由學者 Kevin Ashton 所提出，是指將網路與物件相互連接，實際操作上是將各種具裝置感測設備的物品，例如 RFID、藍芽 4.0 環境感測器、全球定位系統（GPS）雷射掃描器等種種裝置與網際網路結合起來而形成的一個巨大網路系統，全球所有的物品都可以透過網路主動交換訊息，越來越多日常物品也會透過網際網路連線到雲端，透過網際網路技術讓各種實體物件、自動化裝置彼此溝通和交換資訊。

**TIPS**

「無線射頻辨識技術」（Radio Frequency IDentification, RFID）是一種自動無線識別數據獲取技術，可以利用射頻訊號以無線方式傳送及接收數據資料。藍牙 4.0 技術主要支援「點對點」（point-to-point）及「點對多點」（point-to-multi points）的連結方式。目前傳輸距離大約有 10 公尺，每秒傳輸速度約為 1Mbps，預估未來可達 12Mbps，很有機會成為物聯網時代的無線通訊標準。

物聯網系統的應用概念圖

圖片來源：www.ithome.com.tw/news/88562

## 2-7-2 物聯網的架構

物聯網的運作機制實際用途來看，在概念上可分成 3 層架構，由底層至上層分別為感知層、網路層與應用層：

- **感知層**：感知層主要是作為識別、感測與控制物聯網末端物體的各種狀態，對不同的場景進行感知與監控，主要可分為感測技術與辨識技術，包括使用各式有線或是無線感測器及如何建構感測網路，然後經由轉換元件將相關信號變為電子訊號，再透過感測網路將資訊蒐集並傳遞至網路層。

- **網路層**：則是如何利用現有無線或是有線網路來有效的傳送收集到的數據傳遞至應用層，特別是網路層不斷擴大的網路頻寬能夠承載更多資訊量，並將感知層收集到的資料傳輸至雲端、邊緣，或者直接採取適當的動作，並建構無線通訊網路。

- **應用層**：為了彼此分享資訊，必須使各元件能夠存取網際網路以及子系統重新整合來滿足物聯網與不同行業間的專業進行技術融合，同時也促成物聯網五花八門的應用服務，涵蓋到應用領域從環境監測、無線感測網路（Wireless

Sensor Network, WSN)、能源管理、醫療照護(Health Care)、智慧照明、智慧電表、家庭控制與自動化與智慧電網(Smart Grid)等等。

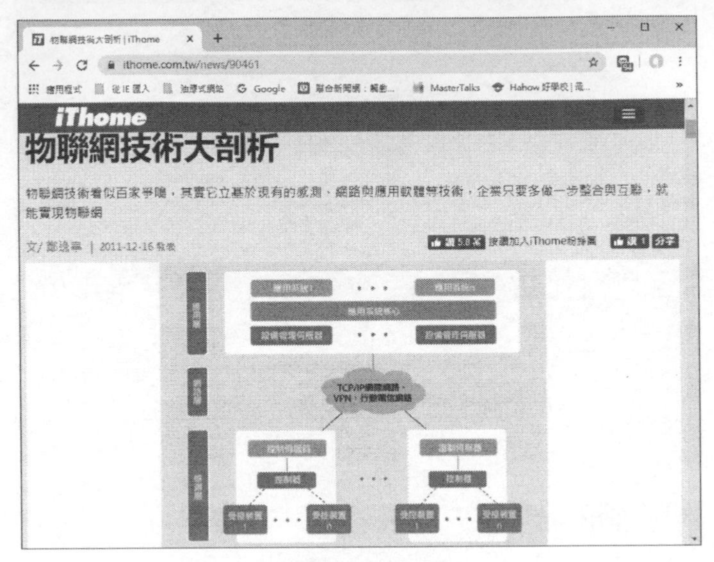


**物聯網的架構式意圖**

圖片來源：https://www.ithome.com.tw/news/90461

## 2-7-3 智慧物聯網(AIoT)

現代人的生活正逐漸進入一個始終連接(Always Connect)網路的世代，物聯網的快速成長，快速帶動不同產業發展，除了資料與數據收集分析外，也可以回饋進行各種控制，這對於未來人類生活的便利性將有極大的影響。AI 結合物聯網(IoT)的智慧物聯網(AIoT)將會是電商產業未來最熱門的趨勢，特別是電子商務為不斷發展的技術帶來了大量商業挑戰和回報率，未來電商可藉由智慧型設備來了解用戶的日常行為，包括輔助消費者進行產品選擇或採購建議等，並將其轉化為真正的客戶商業價值。

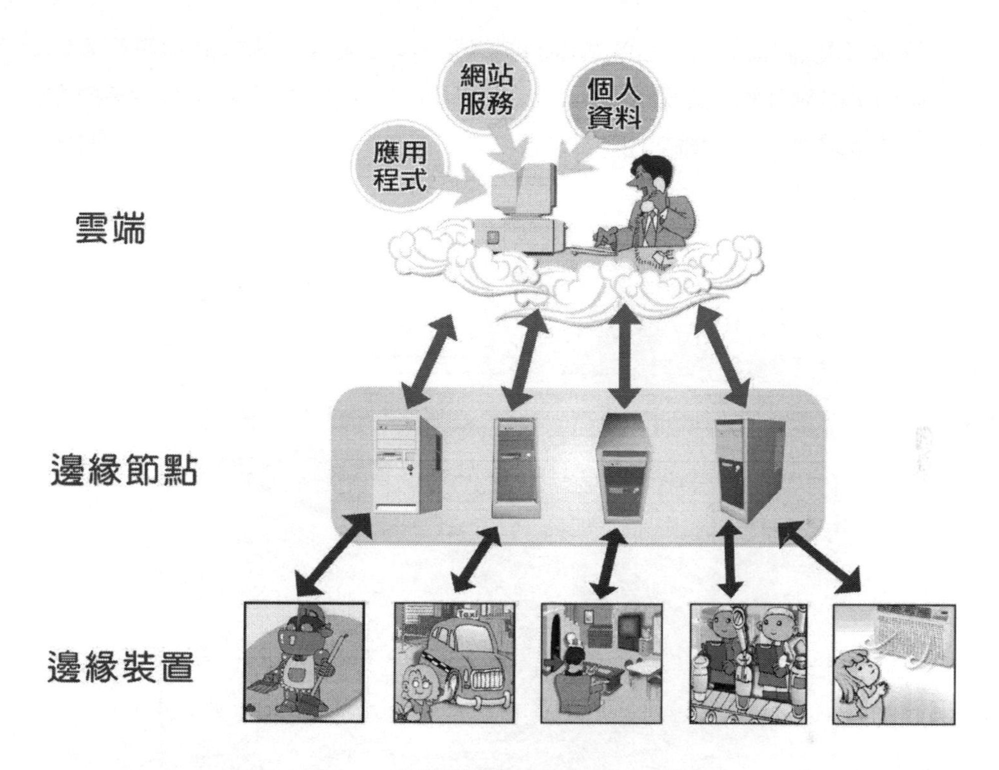


**智慧物聯網的應用**

物聯網的多功能智慧化服務被視為實際驅動電商產業鏈的創新力量，特別是將電商產業發展與消費者生活做了更緊密的結合，因為在物聯網時代，手機、冰箱、桌子、咖啡機、體重計、手錶、冷氣等物體變得「有意識」且善解人意，最終的目標則是要打造一個智慧城市，未來搭載 5G 基礎建設與雲端運算技術，更能加速現代產業轉型。

近年來由於網路頻寬硬體建置普及、行動上網也漸趨便利，加上各種連線方式的普遍，網路也開始從手機、平板的裝置滲透至我們生活的各個角落，資訊科技與家電用品的應用，也是電商產的未來發展趨勢之一。科技不只來自人性，更須適時回應人性，「智慧家電」(Information Appliance）是從電腦、通訊、消費性電子產品 3C 領域匯集而來，也就是電腦與通訊的互相結合，未來將從符合人性智慧化操控，能夠讓智慧家電自主學習，並且結合雲端應用的發展。各位只要在家透過智慧電視就可以上網隨選隨看影視節目，或是登入社交網路即時分享觀看的電視節目和心得。

**透過手機就可以遠端搖控家中的智慧家電**

圖片來源：http://3c.appledaily.com.tw/article/household/20151117/733918

在智慧化與數位化之外，許多品牌已從體驗行銷的角度紛紛跟進，例如智慧家庭（Smart Home）堪稱是利用網際網路、物聯網、雲端運算、人工智慧終端裝置等新一代技術，所有家電都會整合在智慧型家庭網路內，可以利用智慧手機 APP，提供更為個人化的操控，甚至更進一步做到能源管理。例如聲寶公司首款智能冰箱，就具備食材管理、App 下載等多樣智慧功能。使用者只要輸入每樣食材的保鮮日期，當食材快過期時，會自動發出提醒警示，未來若能透過網路連線，適時推播相關行銷訊息，使用者能直接下單採買食材。

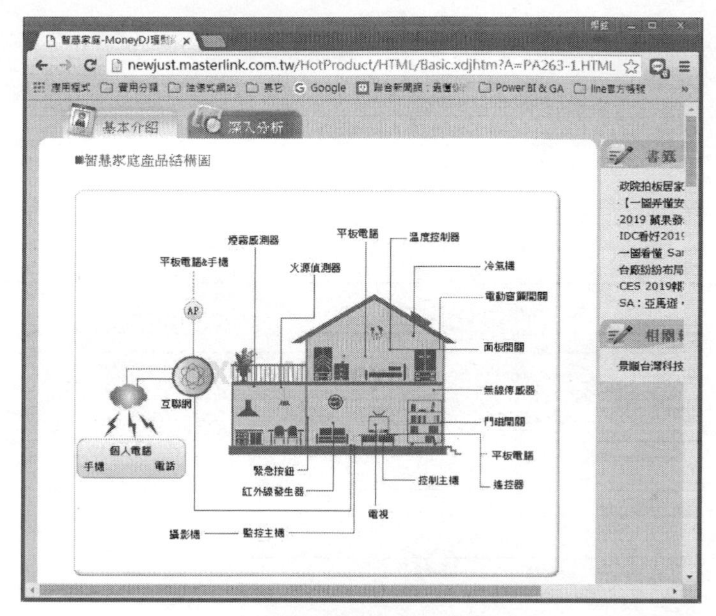


智慧家庭產品相關示意圖

圖片來源：http://newjust.masterlink.com.tw/HotProduct/HTML/Basic.xdjhtm?A=PA262-1.HTML

## *Note*

# 03 Chapter

# 大數據與 AI 的贏家工作術

大數據時代的到來，徹底翻轉了現代人們的生活方式，繼雲端運算（Cloud Computing）之後，儼然成為學術界科技業中最熱門的顯學，自從 2010 年開始全球資料量已進入 ZB（zettabyte）時代，並且每年以 60%~70% 的速度向上攀升，面對不斷擴張的巨大資料量，正以驚人速度不斷被創造出來的大數據，為各種產業的營運模式帶來新契機。特別是在行動裝置蓬勃發展、全球用戶使用行動裝置的人口數已經開始超越桌機，一支智慧型手機的背後就代表著一份獨一無二的個人數據！大數據應用已經不知不覺在我們生活週遭發生與流行，例如透過即時蒐集用戶的位置和速度，經過大數據分析，Google Map 就能快速又準確地提供用戶即時交通資訊；

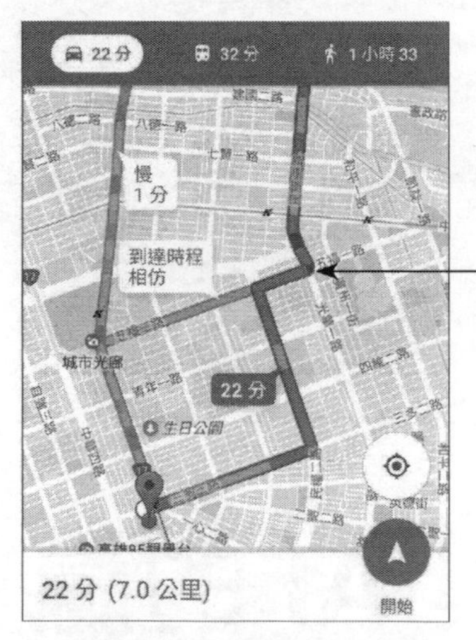


透過大數據分析就能提供用戶最佳路線建議

**TIPS**

為了讓各位實際了解大數據資料量到底有多大，我們整理了大數據資料單位如下表，提供給各位作為參考：

1 Terabyte=1000 Gigabytes=$1000^{9}$Kilobytes

1 Petabyte=1000 Terabytes=$1000^{12}$Kilobytes

1 Exabyte=1000 Petabytes=$1000^{15}$Kilobytes

1 Zettabyte=1000 Exabytes=$1000^{18}$ Kilobytes

# 3-1 大數據簡介

大數據議題越來越火熱的時代背景下，要發揮資料價值，不能光談大數據，AI 之所以能快速發展所取得的大部分成就都和大數據密切相關，因為可供學習的數據量越大，AI 就越能進行有意義的推理。簡單來說，AI 下一個真正重要的命題，仍然離不開數據！大數據就像 AI 的養分，是絕對不該忽略，誰掌握了大數據，未來 AI 的半邊天就手到擒來。特別是人工智慧為這個時代的經濟發展提供了一種全新的能量，當然幕後功臣離不開大數據的支援，我們可以這樣形容：大數據是海量資料儲存與分析的平台，而 AI 是對這些資料做加值分析的最佳工具與手段。

## 3-1-1 資料科學與大數據

大數據議題的崛起，不斷地推動著這個世界往前邁進，「資料」在未來只會變得越來越重要，涉入我們生活的程度越來越深，也帶動了資料科學應用的需求。所謂資料科學（Data Science）實際上其涉獵的領域是多個截然不同的專業領域，也就是在模擬決策模型。資料科學可為企業組織解析大數據當中所蘊含的規律，就是研究從大量的結構性與非結構性資料中，透過資料科學分析其行為模式與關鍵影響因素，來發掘隱藏在大數據背後的商機。

資料的價值是得靠一連串的處理與分析轉換成有用的知識，最早將資料科學應用延伸至實體場域是前世紀在 90 年代初，全球零售業的巨頭沃爾瑪（Walmart）超市就選擇把店內的尿布跟啤酒擺在一起，透過帳單分析，找出尿片與啤酒產品間的關聯性，尿布賣得好的店櫃位附近啤酒也意外賣得很好，進而調整櫃位擺設及推出啤酒和尿布共同銷售的促銷手段，成功帶動相關營收成長，開啟了數據資料分析的序幕。

沃爾瑪啤酒和尿布的研究開啟了大數據分析的序幕

大數據現在不只是資料處理工具，更形成一種現代企業的思維和商業模式，大數據揭示的是一種「資料經濟」的精神，可能埋藏著前所未見的知識跟商機等著被我們挖掘發現。長期以來企業經營往往仰仗人的決策方式，而導致決策結果不如預期，日本野村高級研究員城田真琴曾經指出，「與其相信一人的判斷，不如相信數千萬人提供的資料」，她的談話就一語道出了大數據分析所帶來商業決策上的價值，因為採用大數據可以更加精準的掌握資料的本質與訊息。

Facebook 廣告背後隱藏了大數據技術

例如大數據技術將推動數位行銷產業朝向更精細化發展，從資料分析中獲取更新的商業資訊，特別是大數據技術徹徹底底改變了數位行銷的玩法，除了能創造高流量，還可以將顧客行為數據化，非常精準在對的時間、地點、管道接觸目標客戶，企業可以更準確地判斷消費者需求與瞭解客戶行為，制定出更具市場競爭力的行銷方案。

## 3-1-2 大數據的特性

大數據的來源種類包羅萬象格式也越來越複雜，如果一定要把資料分類的話，最簡單的方法是分成結構化與資料非結構化資料。那麼到底哪些是屬於大數據？坦白說，沒有人能夠告訴你，超過哪一項標準的資料量才叫大數據，不過如果資料量不大，可以使用電腦及常用的工具軟體處理，就用不到大數據資料的專業技術，也就是說，只有當資料量巨大且有時效性的要求，就適合應用大數據技術來進行相關處理。

**TIPS**

結構化資料（Structured data）則是目標明確，有一定規則可循，每筆資料都有固定的欄位與格式，偏向一些日常且有重覆性的工作，例如會計作業、員工出勤記錄、進出貨倉管記錄等。非結構化資料（Unstructured Data）是指那些目標不明確，不能數量化或定型化的非固定性工作、讓人無從打理起的資料格式，例如社交網路的互動資料、網際網路上的文件、影音圖片、網路搜尋索引、Cookie 紀錄、醫學記錄等資料。

大數據涵蓋的範圍太廣泛，許多專家對大數據的解釋又各自不同，在維基百科的定義，大數據是指無法使用一般常用軟體在可容忍時間內進行擷取、管理及分析的大量資料，我們可以這麼簡單解釋：大數據其實是巨大資料庫加上處理方法的一個總稱，是一套有助於企業組織大量蒐集、分析各種數據資料的解決方案，並包含以下四種基本特性：

- **巨量性（Volume）**：現代社會每分每秒都正在生成龐大的數據量，堪稱是以過去的技術無法管理的巨大資料量，資料量的單位可從 TB（terabyte，一兆位元組）到 PB（petabyte，千兆位元組）。

- **速度性（Velocity）**：隨著使用者每秒都在產生大量的數據回饋，更新速度也非常快，資料的時效性也是另一個重要的課題，反應這些資料的速度也成為他們最大的挑戰。大數據產業應用成功的關鍵在於速度，往往取得資料時，必須在最短時間內反應，許多資料要能即時得到結果才能發揮最大的價值，否則將會錯失商機。

- **多樣性（Variety）**：大數據技術徹底解決了企業無法處理的非結構化資料，例如存於網頁的文字、影像、網站使用者動態與網路行為、客服中心的通話紀錄，資料來源多元及種類繁多。通常我們在分析資料時，不會單獨去看一種資料，大數據課題真正困難的問題在於分析多樣化的資料，彼此間能進行交互分析與尋找關聯性，包括企業的銷售、庫存資料、網站的使用者動態、客服中心的通話紀錄；社交媒體上的文字影像等。

不過近年來隨著大數據的大量應用與儲存資料的成本下降，大數據的定義又從最早的 3V 變成了 4V，其中第四個 V 代表 資料真實性（Veracity）。

- **真實性（Veracity）**：企業在今日變動快速又充滿競爭的經營環境中，取得正確的資料是相當重要的，因為要用大數據創造價值，所謂「垃圾進，垃圾出」（GIGO），這些資料本身是否可靠是一大疑問，不得不注意數據的真實性。大數據資料收集的時候必須分析並過濾資料有偏差、偽造、異常的部分，資料的真實性是數據分析的基礎，防止這些錯誤資料損害到資料系統的完整跟正確性，就成為一大挑戰。

大數據全新的四項特性

## 3-1-3 資料倉儲

「資料科學」底下有非常多針對數據研究及統計的方法，例如資料倉儲（Data Warehouse）與資料探勘（Data mining），其主要都是研究資料的儲存方案與關聯性。大數據的熱浪來襲，隨著企業中累積相關資料量的大增，由於資料量太龐大，流動速度太快，促使我們不斷研發出新一代的資料儲存設備及科技，如果沒有適當的管理技術，將會造成資料大量氾濫。許多企業為了有效的管理運用這些資訊，紛紛建立資料倉儲（Data Warehouse）模式來收集資訊以支援管理決策。

資料倉儲於 1990 年由資料倉儲 Bill Inmon 首次提出，是以分析與查詢為目的所建置的系統，目的是希望整合企業的內部資料，並綜合各種外部資料，經由適當的安排來建立一個資料儲存庫，使作業性的資料能夠以現有的格式進行分析處理，讓企業的管理者能有系統的組織已收集的資料。

資料倉儲對於企業而言，是一種整合性資料的儲存體，且經常包含大量的歷史記錄資料，能夠適當的組合及管理不同來源的資料的技術，兼具效率與彈性的資訊提供管道，可讓您在集中位置彙總不同資料來源以支援商業分析和報告。資料倉儲與一般資料庫雖然都可以存放資料，但是儲存架構有所不同，雖然大數據和資料倉儲的都是存儲大量的數據 ，傳統上資料倉儲以「資料集中儲存」為概念，不過在雲端大數據時代則強調「分散運用」，必須有能力處理和存儲鬆散的非結構化數據面對資料科學運用的壓力，兩者的整合或交叉運用，勢必不可避免。

資料倉儲更能夠利用注入 AI 的混合式資料基礎，深入洞察客戶決策和組織運作，例如企業或店家建立顧客忠誠度必須先建立長期的顧客關係，而維繫顧客關係的方法即是要建置一個顧客資料倉儲，是作為支援決策服務的分析型資料庫，運用大量平行處理技術，將來自不同系統來源的營運資料作適當的組合彙總分析，通常可使用線上分析處理技術（OLAP）建立多維資料庫（Multi Dimensional Database），這有點像試算表的方式，整合各種資料類型，日後可以設法從大量歷史資料中統計、挖掘出有價值的資訊，能夠有效的管理及組織資料，進而幫助決策的建立。

**TIPS**

線上分析處理（Online Analytical Processing, OLAP）可被視為是多維度資料分析工具的集合，使用者在線上即能完成的關聯性或多維度的資料庫（例如資料倉儲）的資料分析作業並能即時快速地提供整合性決策，主要是提供整合資訊，以作為決策支援為主要目的。

IBM 提供相當完整的資料倉儲解決方案

## 3-1-4 資料探勘

每個人的生活裡，都充斥著各式各樣的數據，從生日、性別、學歷、經歷、居住地等基本資料，再到薪資收入、帳單、消費收據、有興趣的品牌等等，這些數據堆積如山，就像一座等待開墾的金礦。資料探勘（Data Mining）就是一種資料分析技術，也稱為資料採礦，可視為資料庫中知識發掘的一種工具，資料必須經過處理、分析及開發才會成為最終有價值的產品，簡單來說，資料探勘像是一種在大數據中挖掘金礦的相關技術。

在數位化時代裡，氾濫的大量資料卻未必馬上有用，資料若沒有經過妥善的「加工處理」和「萃取分析」，本身的價值是尚未被開發與決定的。資料探勘可以從一個大型資料庫所儲存的資料中萃取出隱藏於其中的有著特殊關聯性（association rule learning）的資訊，主要利用自動化或半自動化的方法，從大量的資料中探勘、分析發掘出有意義的模型以及規則：也就是從一個大型資料庫所儲存的大量資料中萃取出用的知識，將資料轉化為知識的過程。資料探勘技術係廣泛應用於各行各業中，現代商業及科學領域都有許多相關的應用，最終的目的是從資料中挖掘出你想要的或者意外收穫的資訊。

例如資料探勘是整個 CRM 系統的核心，可以分析來自資料倉儲內所收集的顧客行為資料，資料探勘技術常會搭配其他工具使用，例如利用統計、人工智慧或其他分析技術，嘗試在現有資料庫的大量資料中進行更深層分析，發掘出隱藏在龐大資料中的可用資訊，找出消費者行為模式，並且利用這些模式進行區隔市場之行銷。

**TIPS**

「顧客關係管理」（Customer Relationship Management, CRM）的定義是指企業運用完整的資源，以客戶為中心的目標，讓企業具備更完善的客戶交流能力，透過所有管道與顧客互動，並提供優質服務給顧客，CRM 不僅僅是一個概念，更是一種以客戶為導向的運營策略。

國內外許多的研究都存在著許許多多資料探勘成功的案例，例如零售業者可以更快速有效的決定進貨量或庫存量。資料倉儲與資料探勘的共同結合可幫助建立決策支援系統，以便快速有效的從大量資料中，分析出有價值的資訊，幫助建構商業智慧與決策制定。

**TIPS**

商業智慧（Business Intelligence, BI）是企業決策者決策的重要依據，屬於資料管理技術的一個領域。BI 一詞最早是在 1989 年由美國加特那（Gartner Group）分析師 Howard Dresner 提出，主要是利用線上分析工具（如 OLAP）與資料探勘（Data Mining）技術來淬取、整合及分析企業內部與外部各資訊系統的資料，將各個獨立系統的資訊可以緊密整合在同一套分析平台，並進而轉化為有效的知識。

# 3-2 大數據相關技術 - Hadoop 與 Sparks

大數據是目前相當具有研究價值的未來議題，也是一國競爭力的象徵。大數據資料涉及的技術層面很廣，它所談的重點不僅限於資料的分析，還必須包括資料的儲存與備份，與將取得的資料進行有效的處理，否則就無法利用這些資料進行社群網路行為作分析，也無法提供廠商作為客戶分析。身處大數據時代，隨著資料不斷增長，使得大型網路公司的用戶數量，呈現爆炸性成長，企業對資料分析和存儲能力的需求必然大幅上升，這些知名網路技術公司紛紛投入大數據技術，使得大數據成為頂尖技術的指標，洞見未來趨勢浪潮，獲取源源不斷的大數據創新養分，瞬間成了搶手的當紅炸子雞。

## 3-2-1 Hadoop

隨著分析技術不斷的進步，許多網路行銷、零售業、半導體產業也開始使用大數據分析工具，現在只要提到大數據就絕對不能漏掉關鍵技術 Hadoop 技術，主要因為傳統的檔案系統無法負荷網際網路快速爆炸成長的大量數據。Hadoop 是源自 Apache 軟體基金會（Apache Software Foundation）底下的開放原始碼計劃（Open source project），為了因應雲端運算與大數據發展所開發出來的技術，是一款處理平行化應用程式的軟體，它以 MapReduce 模型與分散式檔案系統為基礎。

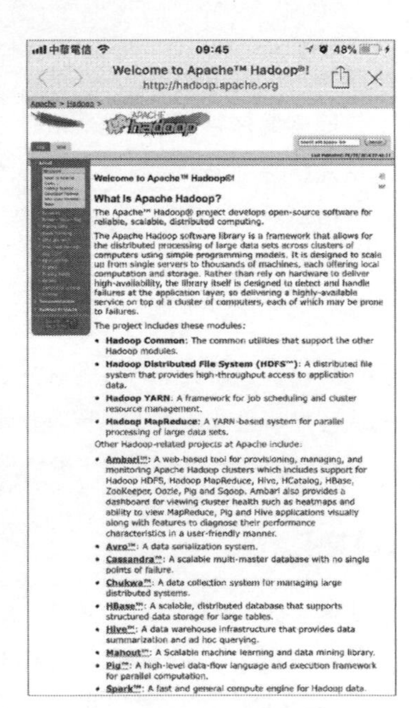


Hadoop 技術的官方網頁

Hadoop 使用 Java 撰寫並免費開放原始碼，用來儲存、處理、分析大數據的技術，兼具低成本、靈活擴展性、程式部署快速和容錯能力等特點，為企業帶來了新的資料存儲和處理方式，同時能有效地分散系統的負荷，讓企業可以快速儲存大量結構化或非結構化資料的資料，遠遠大於今日關連式資料庫管理系統（RDBMS）所能處理的量，具有高可用性、高擴充性、高效率、高容錯性等優點。Hadoop 提供為大家所共識的 HDFS（Hadoop Distributed File System, HDFS）分佈式數據儲存功能，可以自動存儲多份副本，能夠自動將失敗的任務重新分配，還提供了叫做 MapReduce 的平行運算處理架構功能，因此 Hadoop 一躍成為大數據科技領域最炙手可熱的話題，發展十分迅速，儼然成為非結構資料處理的標準，徹底顛覆整個產業的面貌。

基於 Hadoop 處理大數據資料的種種優勢，例如 Facebook、Google、X（舊稱：Twitter）、Yahoo 等科技龍頭企業，都選擇 Hadoop 技術來處理自家內部大量資料的分析，連全球最大連鎖超市業者 Wal-Mart 與跨國性拍賣網站 eBay 都是採用 Hadoop 來分析顧客搜尋商品的行為，並發掘出更多的商機。

## 3-2-2 Spark

最近快速竄紅的 Apache Spark，是由加州大學柏克萊分校的 AMPLab 所開發，是目前大數據領域最受矚目的開放原始碼（BSD 授權條款）計畫，Spark 相當容易上手使用，可以快速建置演算法及大數據資料模型，目前許多企業也轉而採用 Spark 做為更進階的分析工具，也是目前相當看好的新一代大數據串流運算平台。

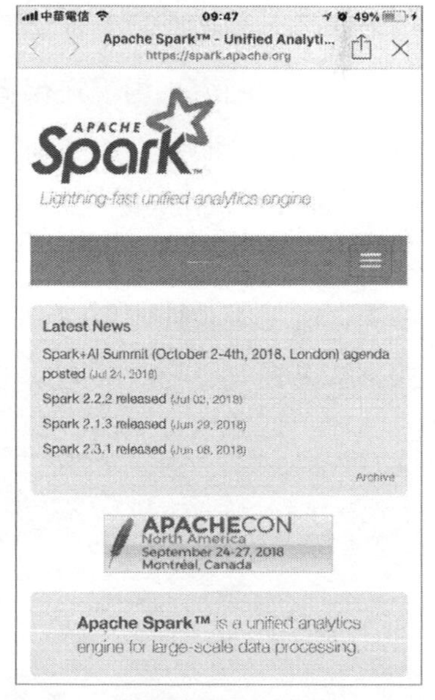

Spark 官網提供軟體下載及許多相關資源

我們知道速度在大數據資料的處理上非常重要，為了能夠處理 PB 級以上的數據，Hadoop 的 MapReduce 計算平臺獲得了廣泛採用，不過還是有許多可以改進的地方。例如 Hadoop 在做運算時需要將中間產生的數據存在硬碟中，因此會有讀寫資料的延遲問題，Spark 使用了「記憶體內運算技術」(In-Memory Computing)，大量減少了資料的移動，能在資料尚未寫入硬碟時即在記憶體內分析運算，能讓原本使用 Hadoop 來處理及分析資料的系統快上 100 倍。

由於 Spark 是一套和 Hadoop 相容的解決方案，繼承了 Hadoop MapReduce 的優點，但是 Spark 提供的功能更為完整，可以更有效地支持多種類型的計算。IBM 將 Spark 視為未來主流大數據分析技術，不但因為 Spark 會比 MapReduce 快上很多，更提供了彈性「分佈式文件管理系統」(resilient distributed datasets, RDDs)，可以駐留在記憶體中，然後直接讀取記憶體中的數據。Spark 擁有相當豐富的 API，提供 Hadoop Storage API，可以支援 Hadoop 的 HDFS 儲存系統，更支援了 Hadoop（包括 HDFS）所包括的儲存系統，使用的語言是 Scala，並支持 Java、Python 和 Spark SQL，各位可以直接用 Scala（原生語言）或者可以視應用環境來決定使用哪種語言來開發 Spark 應用程式。

## 3-3 從大數據到人工智慧

阿里巴巴創辦人馬雲在德國 CeBIT 開幕式上如此宣告：「未來的世界，將不再由石油驅動，而是由數據來驅動！」在國內外許多擁有大量顧客資料的企業，例如 Facebook、Google、X、Yahoo 等科技龍頭企業，都紛紛感受到這股如海嘯般來襲的大數據浪潮。我們可以這樣形容大數據就如同資料金流，掌握大數據就是掌握金流。大數據應用相當廣泛，我們的生活中也有許多重要的事需要利用大數據來解決。

## 3-3-1 智慧叫車服務

台灣大車隊是全台規模最大的小黃車隊，透過 GPS 衛星定位與智慧載客平台全天候掌握車輛狀況，並充分利用大數據與 AI 技術，將即時的乘車需求提供給司機，讓司機更能掌握乘車需求，將有助降低空車率且提高成交率。並運用大數據資料庫，透過分析當天的天候時空情境和外部事件，精準推薦司機優先去哪個載客熱點載客。這是經由 AI 分析計程車乘客之歷史乘車時間與地點的大數據，預測未來特定時間、特定地點的乘車需求，進而優化與洞察出乘客最真正迫切的需求，也讓乘客叫車更加便捷，提供最適當的產品和服務。

台灣大車隊利用大數據提供更貼心的叫車服務

## 3-3-2 智慧精準行銷

大數據是智慧零售不可忽視的需求，當大數據結合了精準行銷，將成為最具革命性的數位行銷大趨勢，顧客不僅變成了現代真正的主人，企業主導市場的時光已經一去不復返了，行銷人員可以藉由大數據分析，將網友意見化為改善產品或設計行銷活動的參考，深化品牌忠誠，甚至挖掘潛在需求。在大數據的幫助下，消費者輪廓將變得更加全面和立體，包括使用行為、地理位置、商品傾向、消費習慣都能記錄分析，就可以更清楚地描繪出客戶樣貌，更可以協助擬定最源頭的行銷策略，進而更精準的找到潛在消費者，行銷人員將可以更加全面的認識消費者，從傳統亂槍打鳥式的行銷手法進入精準化個人行銷，洞察出消費者最真正迫切的需求，深入了解顧客，以及顧客真正想要什麼。

美國最大的線上影音出租服務的網站 NETFLIX 長期對節目的進行分析，透過對觀眾收看習慣的了解，對客戶的行動裝置行為做大數據分析，透過大數據與 AI 分析的推薦引擎，不需要把影片內容先放出去後才知道觀眾喜好程度，只要透過個人化推薦，將不同但更適合的內容推送到個別用戶眼前，結果證明使用者有 70% 以上的機率會選擇 NETFLIX 曾經推薦的影片，不但可以使 NETFLIX 節省不少行銷成本，更能開發出多元與長尾效應的內容，這才是 AI 時代最重要的顛覆力量。

NETFLIX 借助大數據技術成功推薦影給消費者喜歡的影片

**TIPS**

由於網路科技帶動下的全球化的效應，克裡斯 · 安德森（Chris Anderson）於 2004 年首先提出長尾效應（The Long Tail）的現象，也顛覆了傳統以暢銷品為主流的觀念。過去一向不被重視，在統計圖上像尾巴一樣的小眾商品，因為全球化市場的來臨，即眾多小市場匯聚成可與主流大市場相匹敵的市場能量，可能就會成為具備意想不到的大商機，足可與最暢銷的熱賣品匹敵。

行動化時代讓消費者與店家間的互動行為更加頻繁，同時也讓消費者購物過程中愈來愈沒耐性，為了提供更優質的個人化購物體驗，Amazon 對於消費者使用行為的追蹤更是不遺餘力，利用超過 20 億用戶的大數據，盡可能地追蹤消費者在網站以及 App 上的一切行為，藉著分析大數據推薦給消費者他們真正想要買的商品，用以確保對顧客做個人化的推薦、價格的優化與鎖定目標客群等。

如果各位曾經有在 Amazon 購物的經驗，一開始就會看到一些沒來由的推薦名單，因為 Amazon 商城會根據客戶瀏覽的商品，從已建構的大數據資料庫中整理出曾經瀏覽該商品的所有人，然後會給這位新客戶一份建議清單，建議清單中會列出曾瀏覽這項商品的人也會同時瀏覽過哪些商品？由這份建議清單，新客戶可以快速作出購買的決定，讓他們與顧客之間的關係更加緊密。

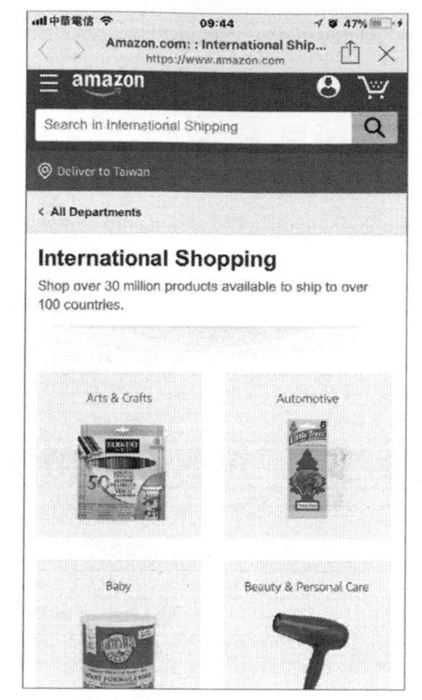


Amazon 應用大數據提供更優質購物體驗

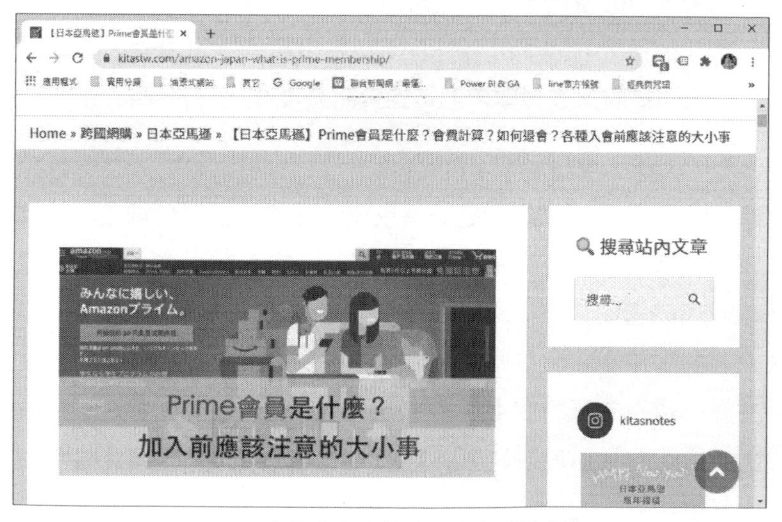


Prime 會員享有大數據的快速到貨成果

圖片來源：https://kitastw.com/amazon-japan-what-is-prime-membership/

Amazon 甚至於推出了所謂 Prime 的 VIP 訂閱服務，不但加入 Prime 後即可享有亞馬遜會員專屬的好處，最直接且有感的就屬免費快速到貨（境內），讓 Prime 的 VIP 用戶都可以在兩天內收到在網路上下訂的貨品（美國境內），靠著大數據與 AI，事先分析出各州用戶在平台上購物的喜好與頻率，當在你網路下單後，立即就在你附近的倉庫出貨到你家，如果你不是 Prime 的會員，而急著想要拿到商品，那麼就得要付較貴的運費。因為在大數據時代為個別用戶帶來最大價值，可能才是 AI 時代最重要的顛覆力量。

## 3-3-3 英雄聯盟遊戲

遊戲產業的發展越來越受到矚目，在這個快速競爭的產業，不論是線上遊戲或手遊，遊戲上架後數周內，如果你的遊戲沒有擠上排行榜前 10 名，那大概就沒救了。遊戲開發者不可能再像傳統一樣憑感覺與個人喜好去設計遊戲，他們需要更多、更精準的數字來告訴他們玩家要什麼。數字就不僅是數字，背後靠的正是收集以玩家喜好為核心的大數據，大數據的好處是讓開發者可以知道玩家的使用習慣，因為玩家進行的每一筆搜尋、動作、交易，或者敲打鍵盤、點擊滑鼠的每一個步驟都是大數據中的一部份，時時刻刻蒐集每個玩家所產生的細部數據所堆疊而成，再從已建構的大數據庫中把這些資訊整理起來分析排行。

目前相當夯的遊戲「英雄聯盟」（League of Legends, LOL），是一款免費多人線上遊戲，遊戲開發商 Riot Games 就非常重視大數據分析，目標是希望成為世界上最了解玩家的遊戲公司，背後靠的正是收集以玩家喜好為核心的大數據，掌握了全世界各地區所設置的伺服器裏遠超過每天產生超過 5000 億筆以上的各式玩家資料，透過連線對於全球所有比賽都玩家進行的每一筆搜尋、動作、交易，或者敲打鍵盤、點擊滑鼠的每一個步驟進，可以即時監測所有玩家的動作與產出大數據資料分析，並了解玩家最喜歡的英雄，再從已建構的大數據資料庫中把這些資訊整理起來分析排行。

英雄聯盟的遊戲畫面場景

遊戲市場的特點就是飢渴的玩家和激烈的割喉競爭，數據的解讀特別是電競戰中非常重要的一環，電競產業內的設計人員正努力擴增大數據的使用範圍，數字就不僅是數字，這些「英雄」設定分別都有一些不同的數據屬性，玩家偏好各有不同，你必須了解玩家心中的優先順序，只要發現某一個英雄出現太強或太弱的情況，就能即時調整相關數據的遊戲平衡性，用數據來擊殺玩家的心，進一步提高玩家參與的程度。

英雄聯盟的遊戲戰鬥畫面

不同的英雄會搭配各種數據平衡，研發人員希望讓每場遊戲盡可能地接近公平，因此根據玩家所認定英雄的重要程度來排序，創造雙方勢均力敵的競賽環境，然後再集中精力去設計最受歡迎的英雄角色，找到那些沒有滿足玩家需求的英雄種類，是創造新英雄的第一步，這樣做法真正提供了遊戲基本公平又精彩的比賽條件。Riot Games 懂得利用大數據來隨時調整遊戲情境與平衡度，確實創造出能滿足大部分玩家需要的英雄們，這也是英雄聯盟能成為目前最受歡迎遊戲的重要因素。

## 3-3-4 提升消費者購物體驗

面對消費市場的競爭日益激烈，品牌種類越來越多，大數據資料分析是企業成功迎向零售 4.0 的關鍵，行動思維轉移意味著行動裝置現在成了消費體驗的中心，大數據分析已經不只是對數據進行分析，而是要從資訊中找出企業未來行動行銷的契機，這些大量且多樣性的數據，一旦經過分析，運用在客戶關係管理上，針對顧客需要的意見，來全面提升消費者購物體驗。

汽車業利用大數據來進行預先維修的服務

大數據對汽車產業將是不可或缺的要素，未來在物聯網的支援下，也順應了精準維修的潮流，例如應用大數據資料分析協助預防性維修，以後我們每半年車子就得進廠維修的規定，每台車可以依據車主的使用狀況，預先預測潛在的故障，並另可偵測保固維修時點，提供專屬適合的進廠維修時間，大大提升了顧客的使用者經驗。

全球連鎖咖啡星巴克在美國乃至全世界有數千個接觸點，早已將大數據應用到營運的各個環節，包括從新店選址、換季菜單、產品組合到提供限量特殊品項的依據，都可見到大數據的分析痕跡。星巴克對任何行動體驗的耕耘很深，深知唯有與顧客良好的互動，才是成功的關鍵，例如推出手機 APP 蒐集顧客行的購買數據，運用長年累積的用戶數據瞭解消費者，甚至於透過會員的消費記錄星巴克完全清楚顧客的喜好、消費品項、地點等，就能省去輸入一長串的點單過程，加上配合貼心驚喜活動創造附加價值感，從中找到最有價值的潛在客戶，終極目標是希望每兩杯咖啡，就有一杯是來自熟客所購買，這項目標成功的背後靠的就是收集以會員為核心的行動大數據。

星巴克咖啡利用大數據將顧客找出最忠誠的顧客

**Note**

# 04 Chapter

# 機器學習的 AI 私房秘技

自古以來，人們總是持續不斷地創造工具與機器來簡化工作，減少完成各種不同工作所需的整體勞力與成本，現代大數據的海量學習資料更帶來了 AI 的蓬勃發展。我們知道 AI 最大的優勢在於「化繁為簡」，將複雜的大數據加以解析，AI 改變產業的能力已經是相當清楚，而且可以應用的範圍相當廣泛。由於近幾年人工智慧的應用領域愈來愈廣泛，特別是機器學習（Machine Learning, ML）在人工智慧領域出現了令人難以置信的突破，就是一種機器透過演算法來分析數據，目的在於模擬人類的分類和預測能力。

人臉辯識系統就是機器學習的常見應用

過去人工智慧發展面臨的最大問題是，AI 是由人類撰寫出來，當人類無法回答問題時，AI 同樣也不能解決人類無法回答的問題。直到機器學習的出現，完全解決了這種困境。近年來於 Google 旗下的 Deep Mind 公司所發明的 Deep Q learning（DQN）演算法甚至都能讓機器學習如何打電玩，包括 AI 玩家如何探索環境，並透過與環境互動得到的回饋。

DQN 是會學習打電玩遊戲的 AI

這些 AI 玩家自行透過觀察及經驗學習遊戲規則，只需要看人類玩家做過一次，就可能自己學習出最高分的最高解，而且在大多數遊戲中都能達到與人類相同程度的表現，學習的機器人得分甚至比人類專家的得分還要高，在持續的訓練與自我學習過程之後，機器人最終就會超越常人。

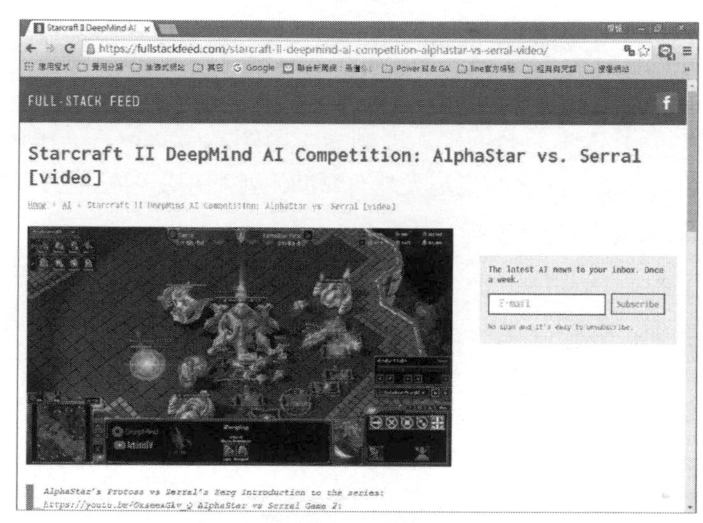


Deepmind 的「AlphaStar」完勝星海爭霸職業電競玩家

## 4-1 機器學習簡介

機器學習（Machine Learning, ML）是大數據發展的下一個進程，也是大數據與 AI 發展相當重要的一環，內容涉及機率、統計、數值分析等學科，可以發掘多資料元變動因素之間的關聯性，進而自動學習並且做出預測。機器學習主要是透過演算法給予電腦大量累積的歷史「訓練資料」(Training Data)，從資料中萃取規律，以對未知的資料進行預測，這些訓練資料多半是過去資料，可能是文字檔、資料庫、或其他來源，然後從訓練資料中擷取出資料的特徵（Features），再透過演算法將收集到的資料進行分類或預測模型訓練，幫助我們判讀出目標。

機器也能一連串模仿人類學習過程

## 4-1-1 機器學習的定義

機器學習，顧名思義就是讓機器（電腦）具備自己學習、分析並最終進行輸出的能力，主要的作法就是針對所要分析的資料進行「分類」（Classification），有了這些分類才可以進一步分析與判斷資料的特性，最終的目的就是希望讓機器（電腦）像人類一樣具有學習能力的話。機器學習和人類學習的方式十分相似，要讓機器更有「智慧」，無不浸透著無數的數據彙集而成的分析與反饋，因為最重要的關鍵就在於大量資料的匯入與訓練，例如光要教會 AI 辨識一個物件，三十萬張圖片算是基本，資料量越大越有幫助，並利用學習模型對未知數據進行預測，進而達到預測效果不斷提升的過程。

## 4-1-2 機器「看」貓

我們知道當將一個複雜問題分解之後，常常能發現小問題中有共有的屬性以及相似之處，這些屬性就稱為「模式」（Pattern）。所謂「模式識別」（Pattern Recognition），就是指在一堆資料中找出特徵（Feature）或問題中的相似之處，用來將資料進行辨識與分類，並找出規律性，才能做為快速決策判斷。例如各位今天想要畫一隻貓，首先要就會想到通常貓咪會有那些特徵？例如眼睛、尾巴、毛髮、叫聲、鬍鬚等。因為當各位知道大部分的貓都有這些特徵後，當想要畫貓的時候便可將這些共有的特徵加入，就可以快速地畫出很多五花八門的貓了。

知名的 Google 大腦（Google Brain）是 Google 的 AI 專案團隊，能夠利用 AI 技術從 YouTube 的影片中取出 1,000 萬張圖片，自行辨識出貓臉跟人臉的不同，無需我們事先告訴機器「貓咪應該長成什麼模樣」，這跟過去的識別系統有很大不同，往往是先由研究人員輸入貓的形狀、特徵等細節，電腦即可達到「識別」的目的，然而 Google 大腦原理就是把所有照片中貓的「特徵」取出來，從訓練資料中擷取出資料的特徵（Features）幫助我們判讀出目標，同時自己進行「模式」分類，才能夠模擬複雜的非線性關係，來獲得更好辨識能力。

Google Brain 能從龐大圖片資料庫，自動學會分辨貓臉

## 4-2 機器學習的種類

「機器學習」最終的目的就是希望透過資料的訓練讓機器（電腦）像人類一樣具有學習能力的話。機器學習的技術很多，不過都能隨著訓練數據量的增加而提高能力，主要分成四種學習方式：監督式學習（Supervised learning）、非監督式學習（Un-supervised learning）、半監督式學習（Semi-supervised learning）及強化學習（Reinforcement learning）。

機器學習理論在機器人領域有很關鍵的影響

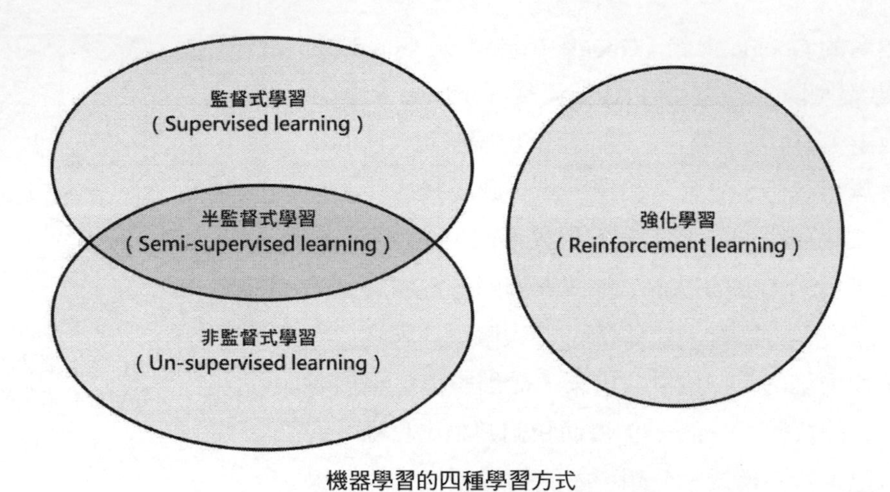


機器學習的四種學習方式

## 4-2-1 監督式學習

監督式學習（Supervised learning）是利用機器從標籤化（labeled）的資料中分析模式後做出預測的學習方式，類似於動物和人類的認知感知中的「概念學習」（Concept learning），這種學習方式必須要事前透過人工作業，將所有可能的特徵標記起來。因為在訓練的過程中，所有的資料都是有「標籤」的資料，學習的過程中必須給予輸入樣本以及輸出樣本資訊，再從訓練資料中擷取出資料的特徵（Features）幫助我們判讀出目標。

例如今天我們要讓機器學會如何分辨一張照片上的動物是雞還是鴨，首先必須準備很多雞和鴨的照片，並標示出哪一張是雞哪一張是鴨，例如我們先選出 1000 張的雞鴨圖片，並且每一張都有明確註明哪個是雞哪個是鴨，讓機器可以藉由標籤來分類與偵測雞和鴨的特徵，只要詢問機器中的任何一張照片中是雞還是鴨，機器依照特徵就能辨識出雞和鴨並進行預測。

由於標籤是需要人工再另外標記，因此需要很大量的標記資料庫，才能發揮作用，標記過的資料就好比標準答案，感覺就好像有裁判在一旁指導學習，這種方法為人工分類，對電腦來說最簡單，對人類來說最辛苦。因此只要機器依照標註的圖片去將所偵測雞鴨特徵取出來，然後機器在學習的過程透過對比誤差，就好像學生考試時有分標準答案，機器判斷的準確性自然會比較高，不過在實際應用中，將大量的資料進行標籤是極為耗費人工與成本的工作，這也是使用監督式學習模式必須要考慮到的重要因素。

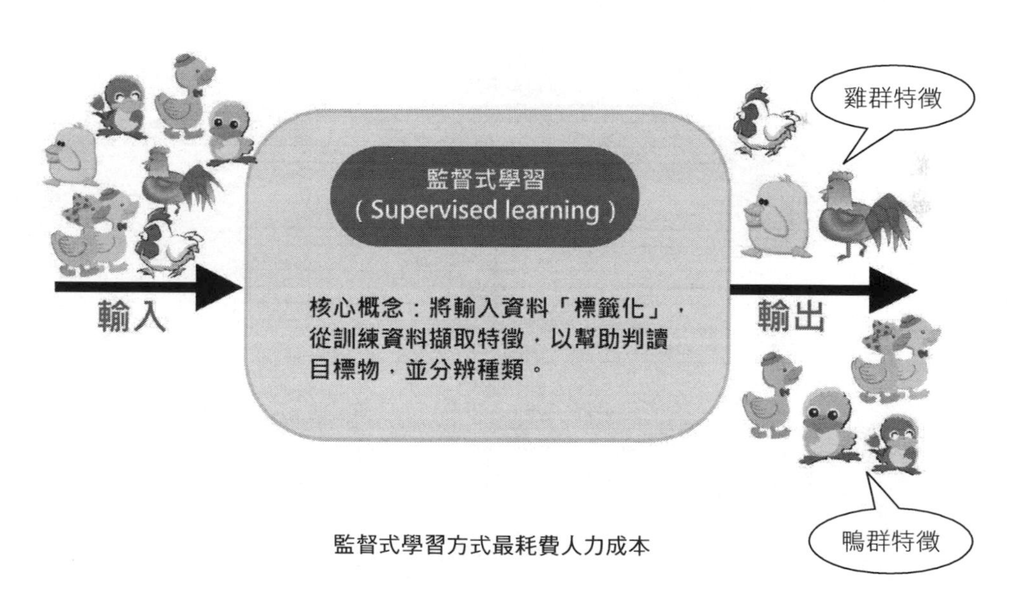


監督式學習方式最耗費人力成本

## 4-2-2 半監督式學習

半監督式學習（Semi-supervised learning）只會針對所有資料中的少部分資料進行「標籤化」的動作，機器會先針對這些已經被「標籤化」的資料去發覺該資料的特徵，機器只要透過有標籤的資料找出特徵並對其它的資料進行分類。舉例來說，我們有 2000 位不同國籍人士的相片，我們可以將其中的 50 張相片進行「標籤化」(Label)，並將這些相片進行分類，機器再透過這已學習到的 50 張照片的特徵，再去比對剩下的 1950 張照片，並進行辨識及分類，就能找出那些是爸爸或媽媽的相片，由於這種半監督式機器學習的方式已有相片特徵作為辨識的依據，因此預測出來的結果通常會比非監督式學習成果較佳，算是一種較常見的機器學習的方式。

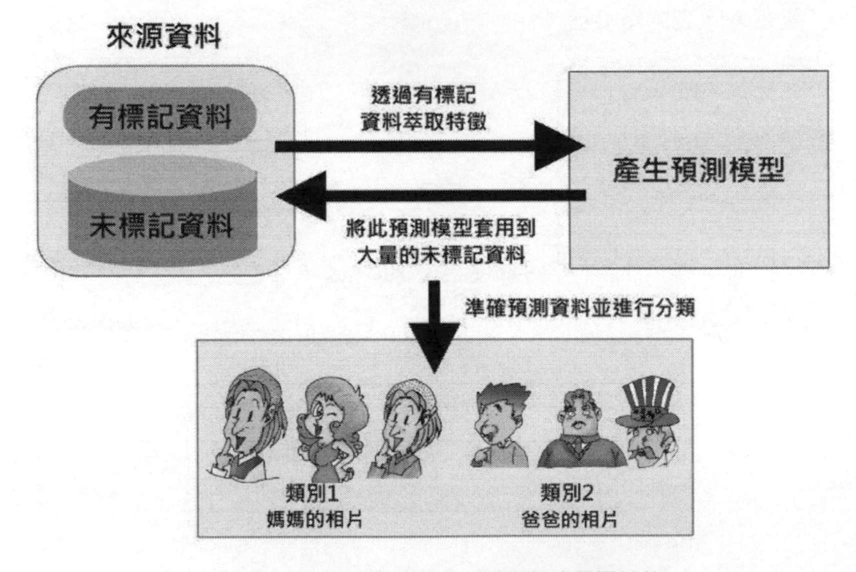


半監督式學習預測結果會比非監督式學習較佳

接下來再看一個半監督式學習種類的例子，我們可以利用少量標記的英文大小寫字母資料集進行模型訓練，通常有標籤的資料數量會遠少於沒有標籤資料，再透過這些少數有標籤的資料進行特徵擷取工作，然後再對其他資料進行預測與分類。

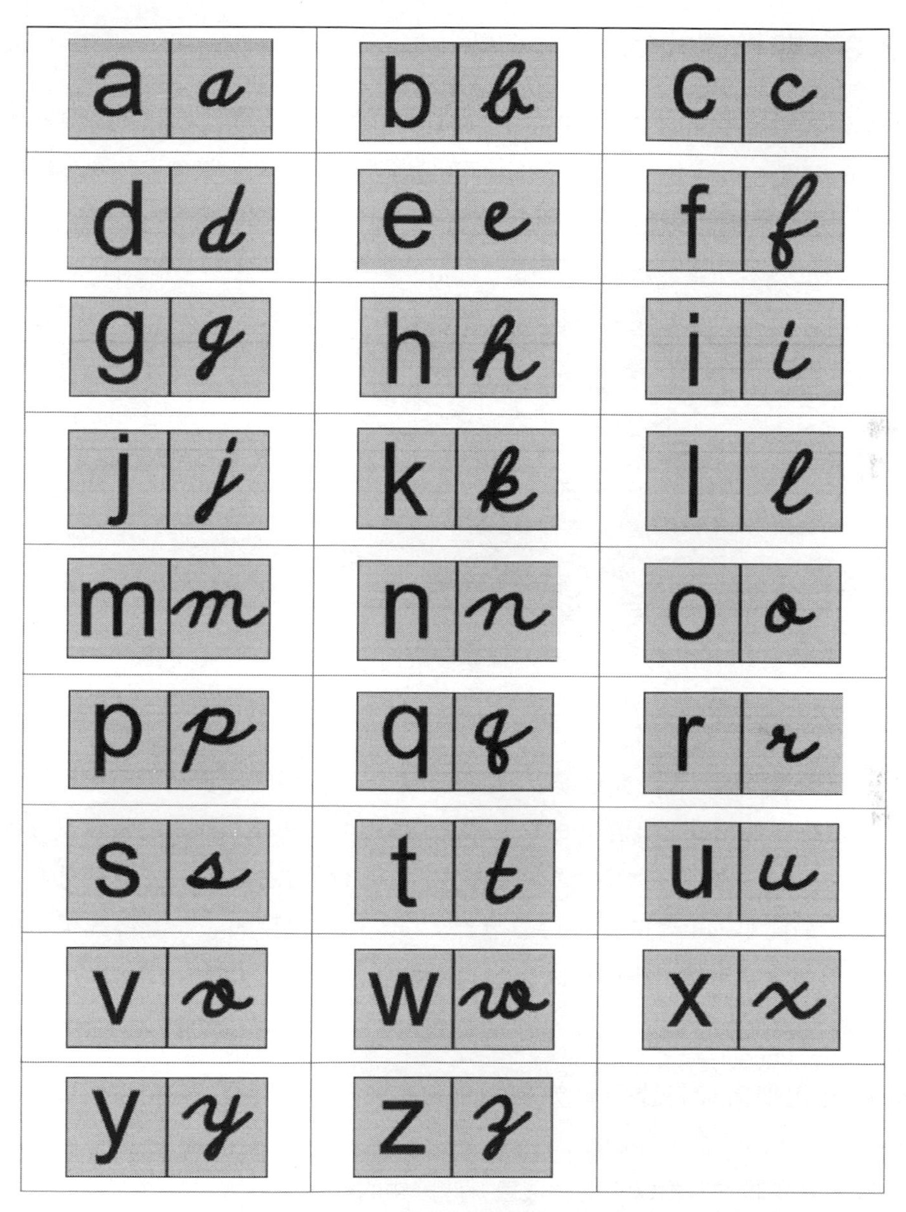


透過少量標籤的資料擷取特徵，然後再對大量未知資料進行預測

## 4-2-3 非監督式學習

非監督式學習（Un-supervised learning）中所有資料都沒有標註，機器透過尋找資料的特徵，自己進行分類，因此不需要事先以人力處理標籤，直接讓機器自行摸索與尋找資料的特徵與學習進行分類（classification）與分群（Clustering）。所謂分類是對未知訊息歸納為已知的資訊，例如把資料分到老師指定的幾個類別，貓與狗是屬於哺乳類，蛇和鱷魚是爬蟲類，分群則是資料中沒有明確的分類，而必須透過特徵值來做劃分。

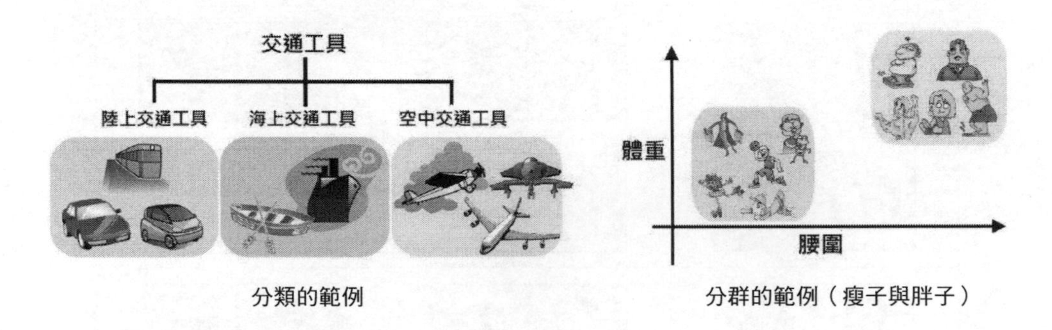


分類的範例　　分群的範例（瘦子與胖子）

非監督式學習可以大幅減低繁瑣的人力工作，由於所訓練資料沒有標準答案，訓練時讓機器自行摸索出資料的潛在規則，再根據這些被萃取出的特徵其關係，來將物件分類，並透過這些資料去訓練模型，這種方法不用人工進行分類，對人類來說最簡單，但對機器來說最辛苦，誤差也會比較大。非監督式學習中讓機器從訓練資料中找出規則，大致會有兩種形式：分群（Clustering）以及生成（Generation）。

分群能夠把數據根據距離或相似度分開，主要運用如聚類分析（Cluster analysis），聚類分析（Cluster analysis）是建構在統計學習的一種資料分析的技術，聚類就是將許多相似的物件透過一些分類的標準來將這些物件分成不同的類或簇，就是一種「物以類聚」的概念，只要被分在同一組別的物件成員，就會有相似的一些屬性等。而生成則是能夠透過隨機數據，生成我們想要的圖片或資料，主要運用如生成式對抗網路（GAN）等。

**TIPS**

生成式對抗網路（Generative Adversarial Network, GAN）是 2014 年蒙特婁大學博士生 Ian Goodfellow 提出，在 GAN 架構下，這裡面有兩個需要被訓練的模型（model）：生成模型（Generator Model, G）和判別模型（Discriminator Model），互相對抗激勵而越來越強。訓練過程反覆進行，判別模型會不斷學習增強自己真實資料的辨識能力，以便對抗生產模型產生的欺騙，而且最後會收斂到一個平衡點，我們訓練出了一個能夠模擬真正資料分布的模型（model）。

例如我們使用非監督式學習辨識蘋果及柳丁，你不需要蘋果和柳丁的標記資料，只需要有蘋果和柳丁的圖片，當所提供的訓練資料夠大時，機器會自行判斷提供的圖片裡有哪些特徵的是蘋果、哪些特徵的是柳丁並同時進行分類，例如從質地、顏色（沒有柳丁是紅色的）、大小等，找出比較相似的資料聚集在一起，形成分群（Cluster）；例如把照片分成兩群，分得夠好的話，一群大部分是蘋果，一群大部分是柳丁。

下圖中相似程度較高的柳丁或蘋果會被歸納為同一分類，基本上從水果外觀或顏色來區分，相似性的依據是採用「距離」，相對距離愈近、相似程度越高，被歸類至同一群組。例如在下圖中也有一些邊界點（在柳丁區域的邊界有些較類似蘋果的圖片），這種情況下就要採用特定的標準來決定所屬的分群（Cluster）。因為非監督式學習沒有標籤（Label）來確認，而只是判斷特徵（Feature）來分群，機器在學習時並不知道其分類結果是否正確，導致需要以人工再自行調整，不然很可能會做出莫名其妙的結果。

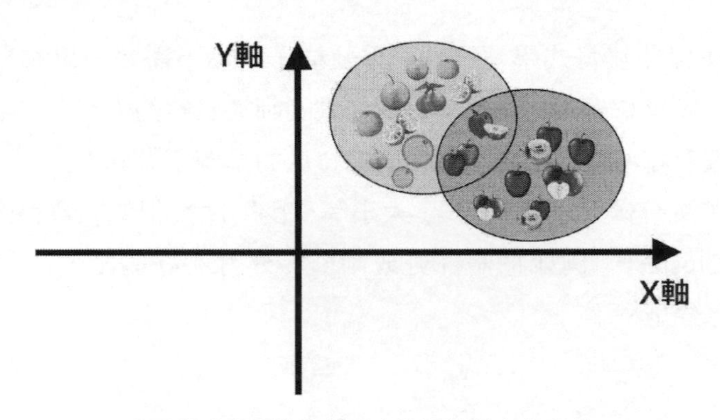


非監督式學習會根據元素的相似程度來分群

例如聚類分析（cluster analysis）中有一個最經典的演算法：K- 平均演算法（k-means clustering）是一種非監督式學習演算法，主要起源於訊號處理中的一種向量量化方法，屬於分群的方法，k 設定為分群的群數，目的就是把 n 個觀察樣本資料點劃分到 k 個聚類中，然後隨機將每個資料點設為距離最近的中心，使得每個點都屬於離他最近的均值所對應的聚類，然後重新計算每個分群的中心點，這個距離可以使用畢氏定理計算，僅一般加減乘除就好，不需複雜的計算公式，接著拿這個標準作為是否為同一聚類的判斷原則，接著再用每個樣本的座標來計算每群樣本的新中心點，最後我們會將這些樣本劃分到離他們最接近的中心點。

我們就以「圖形識別」為例，聚類分析的作法就是將具有共同特徵的物件歸類為同一組別，有可能是不同動物的分類或是不同海洋生物之間的分類，而這些靜態的分類方法，能將所輸入的資料適當的分群，例如下圖海洋生物識別中圖形的左側窗口是未經聚類分析分群的原始資料，右側窗口則是未經聚類分析劃分的分群類別，下圖中經分群結果，可以找出四種類型的海洋生物：

原始未聚類的資料

經聚類分析後的分群類別

## 4-2-4 增強式學習

增強式學習（Reinforcement learning）算是機器學習一個相當具有潛力的演算法，核心精神就是跟人類一樣，藉由不斷嘗試錯誤，從失敗與成功中，所得到回饋再進入另一個的狀態，希望透過這些不斷嘗試錯誤與修正，也就是如何在環境給予的獎懲刺激下，一步步形成對於這些刺激的預期，強調的是透過環境而行動，並會隨時根據輸入的資料逐步修正，取得反饋後重新評估先前決策並調整，最終期望可以得到最佳的學習成果或超越人類的智慧。

電玩遊戲能讓人樂此不疲，就是具備某些回饋機制

簡單來說，例如我們在打電玩遊戲時，新手每達到一個進程或目標，就會給予一個正向反饋（Positive Reward），都能得到獎勵或往下一個關卡邁進，如果是卡關或被怪物擊敗，就會死亡，這就是負向反饋（Negative Reward），也就是增強學習的基

本核心精神。增強式學習並不需要出現正確的「輸入 / 輸出」，可以通過每一次的錯誤來學習，是由代理人（Agent）、行動（Action）、狀態（State）/ 回饋（Reward）、環境（Environment）所組成，並藉由從使用過程取得回饋以學習行為模式。

增強式學習會隨時根據輸入的資料逐步修正

首先會先建立代理人（Agent），每次代理人所要採取的行動，會根據目前「環境」的「狀態」（State）執行「動作」（Action），然後得到環境給我們的回饋（Reward），接著下一步要執行的動作也會去改變與修正，這會使得「環境」又進入到一個新的「狀態」，透過與環境的互動從中學習，藉以提升代理人的決策能力，並評估每一個行動之後所到的回饋是正向或負向來決定下一次行動。

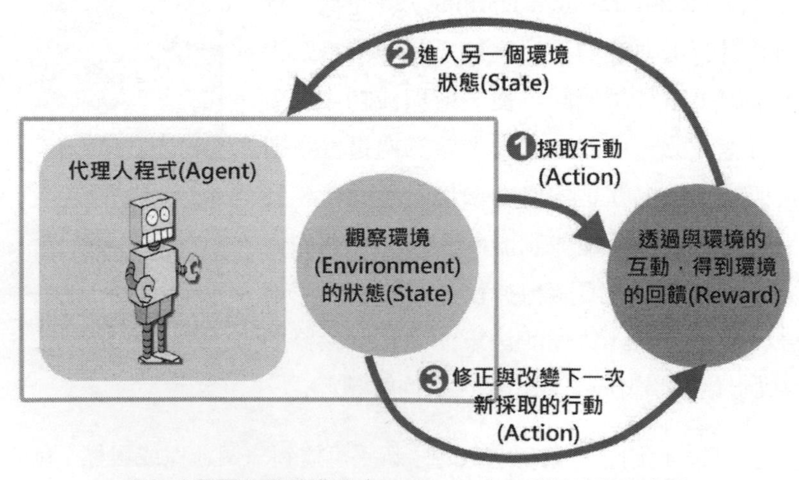


增加式學習的嘗試錯誤（try & error）的訓練流程示意圖

增強式學習強調如何基於環境而行動，然後基於環境的回饋（或稱作報酬或得分），根據回饋的好壞，機器自行逐步修正，以試圖極大化自己的的預期利益，達到分析和優化代理（agent）行為的目的，希望讓機器，或者稱為「代理人」（Agent），模仿人類的這一系列行為，最終得到正確的結果。

目前大家都寄望增強式學習能為人工智慧帶來質變與新的希望。學習的目的就是透過環境反饋不斷提升自我的機器學習模式，嘗試找到一個最好的策略，可以讓回饋最多，所有的相關演算法都有一個共同的特色，就是「邊看邊學」，機器會根據不同情況，獲得的經驗只需要不斷的獲得環境的反饋即可。這就有點像是一種類似人類學習的方式，好比家中小孩學腳踏車一樣，一開始學的時候會一直跌倒，每一次摔倒了，就會接受到了「負回饋」，然後經過幾次的失敗後，逐步開始越騎越不會摔倒，就有種挑戰成功的感覺（正回饋），就可以上手也不會跌倒了。

增強式學習就是一種「熟能生巧」的訓練過程

總而言之，一個好的增強學習演算法，會使用代理人並加以訓練，代理人有能力主動做出決策並從結果中學習。要「代理人」學得好，代理人可依據環境考慮後續可能的狀態，以做出決策，並會隨時根據新進來的資料逐步修正，按照演算法公式不斷地更新，最大原則要能夠適當的平衡探索的成本與取得最大的報酬。

## 4-3 機器學習的步驟

機器學習是包含在人工智慧裡的架構，目標就就是電腦從大量數據中學習出規律和模型，以備未來應用在新數據上做預測的任務，為了建立一個成功的機器學習模型，從訓練、測試、驗證到預測，機器學習在建立一個完整的模型時，通常需要經過以下幾個必要步驟。

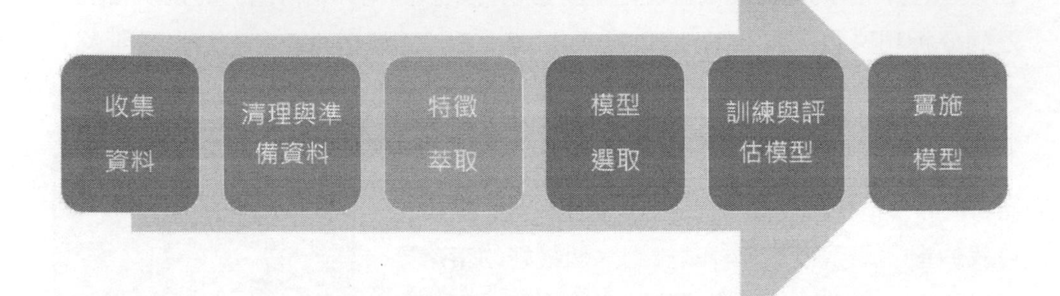


機器學習的六大步驟示意圖

## 4-3-1 收集資料

各位要訓練機器判斷與學習，首先當然要先準備訓練資料給機器，收集資料（Gathering data）是構建機器學習模型流程中的第一步，而且收集數據的品質和數量將會直接決定預測模型的優劣，通常收集到數量越多與越多元的資料，所能得到的資訊就越多，就越有可能訓練出越厲害的機器。

## 4-3-2 清理與準備資料

在機器學習的過程中，我們可以說最重要的部分就是資料。但是在現實生活中，乾淨且結構化的資料不是那麼容易取得。當各位完成數據收集後，下一步就是要評估資料狀態，因為除了數量之外，資料本身的品質也會影響到訓練的品質，正如各位耳熟能詳的「垃圾進，垃圾出」（Garbage in, garbage out, GIGO），如果所收集的資料是錯誤或無意義的數據，訓練出來機器學習模型的預測結果一定也是錯誤或不具參考價值。機器學習對資料品質的要求特

清理資料就像洗衣服一樣，越乾淨越好

別高，例如資料是否為結構化資料與去除重複或不相關內容等，因為機器既然得從大量資料中挖掘出規律，「乾淨」的數據在分析時便非常地關鍵，最好所有的資料都是「結構化」資料，讓電腦能更容易讀懂資料。

所以訓練預測模型之前，最好先進行清理資料的動作，為了有利於後續建立模型時有更好的績效，使其更易於探索、理解與建立模型，這時就必須進「資料清理（Data Cleaning）」的動作，包括過濾、刪除和修正資料，例如檢查拼寫錯誤、多餘空白字元、異常值或不一致的格式。

## 4-3-3 特徵萃取

接下來的步驟就是要幫機器挑選出用來判斷的「特徵」（features），所謂特徵萃取（Feature Extraction）就是將原始數據轉化為特徵，並決定什麼樣的特徵對訓練是有效，就是從最初的特徵中選擇最有效的特徵，捨棄那些沒有利用價值的資料，這是也是機器學習工作流程中非常關鍵的部分，好的特徵才會使機器學習模型發揮效用。

我們必須選擇用於預測目標標籤有關的特徵

## 4-3-4 模型選取

在機器學習模型的開發過程中，當準備好資料與特徵之後，接下來，就要選擇合適的模型來訓練機器，因為不同的目標與問題，往往會影響該使用哪些模型，模型的型態也有很多種。由於建立機器學習模型的方法非常多，通常會根據需要被解決的問題及擁有的資料類型，來進行衡量評估，因為處理不同的資料、問題會使用到不同的機器學習模型，而且就算是相同的問題，也可以選擇不同的模型或演算法，根據定義目標選擇要使用的模型，不過，模型選取（Choosing model）並沒有一定的標準。

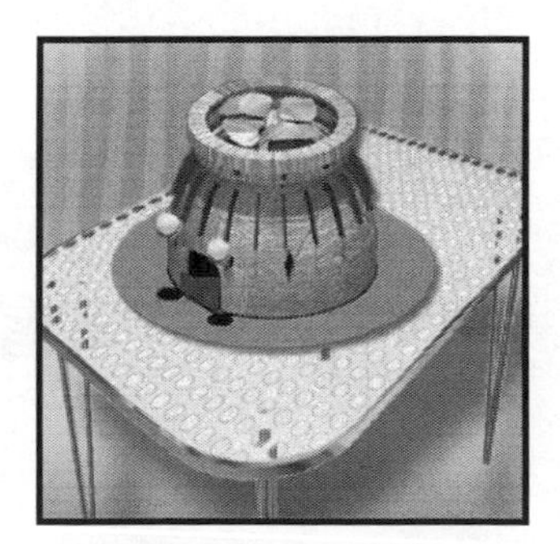

模型選取並沒有一定的標準

### 4-3-5 訓練與評估模型

機器學習模型還必須不斷進行評估與微調

我們可以透過演算法來訓練機器，並找到最合適的權重 / 參數，再將測試資料放進訓練好的模型中。對於一個「訓練有素」的機器來說，預測模型仍可能因為品質差的資料而影響到成效，當然這個誤差應該是越小越好，也就是期待預測模型能夠更精確的判斷出結果。評估時則允許我們根據從未用於訓練的數據（testing data）來測試我們的模型，看看機器是不是真的可以面對沒有見過的未知狀況，而不是只會處理看過的訓練資料，如果訓練結果跟預期不同，還必須進行微調，在機器學習的世界裡，微調是非常重要的環節，必須將參數進行調整與重新訓練。經過多次的訓練後，我們就可以統計並分析訓練結果，以提高模型預測的準確性。

### 4-3-6 實施模型

機器學習是以建立預測性模型為基礎，也各位可以把模型看成是一種有參數的函數，也就是要用機器去建立一個函數學習模型來學習這個函數，主要是利用資料來回答與解決問題，這就體會機器學習的最重要步驟。機器從訓練資料學習到的內容會套用到這個模型上，一旦訓練完成，通常可以容忍預測模型裡有一些微小的資料品質問題，最後一步則是將您的模型實際運作。

## 4-4 機器學習的相關應用

機器學習的成果早已潛移默化地來到了我們的四周，隨著行動時代而來的是數之不進的海量資料，這些資料不僅精確，更是相當多元，如此龐雜與多維的資料，最適合利用機器學習解決這類問題。機器學習不但能像人類一樣解決特定專業問題，更加速了自動化的進程，更進一步導入了智慧化的創新元素，其中機器學習更是整個 AI 領域中為商業產出貢獻最大價值的技術，不僅提升效率，更帶來商業模式與業務流程的創新，機器學習的應用範圍相當廣泛，從健康監控、自動駕駛、自動控制、醫療成像診斷工具、電腦視覺、工廠控制系統、機器人到網路行銷領域。

**透過機器學習，機器人也會跳芭蕾舞**

圖片來源：https://twgreatdaily.com/hbzR9XYBuNNrjOWzwl32.html

## 4-4-1 TensorFlow

TensorFlow 是 Google 於 2015 年由 Google Brain 團隊所發展的開放原始碼機器學習函式庫，可以讓許多矩陣運算達到最好的效能，支援各式不同的機器學習演算法與各種應用，函式庫更能讓使用者建立計算圖（Computational Graph）來套用不同功能，並且支持不少針對行動端訓練和優化好的模型，即使 ML 初學者也可以接觸強大的函式庫，免於從零開始建立自己的 AI 模型，是目前最受歡迎的機器學習框架與開源專案。

TensorFlow 靈活的架構可以部署在一個或多個 CPU、GPU 的伺服器中，不但充分利用硬體資源能，可同時在數百台機器上執行訓練程式，以建立各種機器學習模型，還能夠讓你輕鬆建立適用於桌上型電腦、行動裝置、網路和雲端的機器學習模型，也能配合多種程式語言使用。Google 和哈佛大學的研究人員利用 TensorFlow 開發一個非常先進的機器學習模型，甚至可以還能準確預測餘震位置。

TensorFlow 是目前最受歡迎的機器學習框架與開源專案

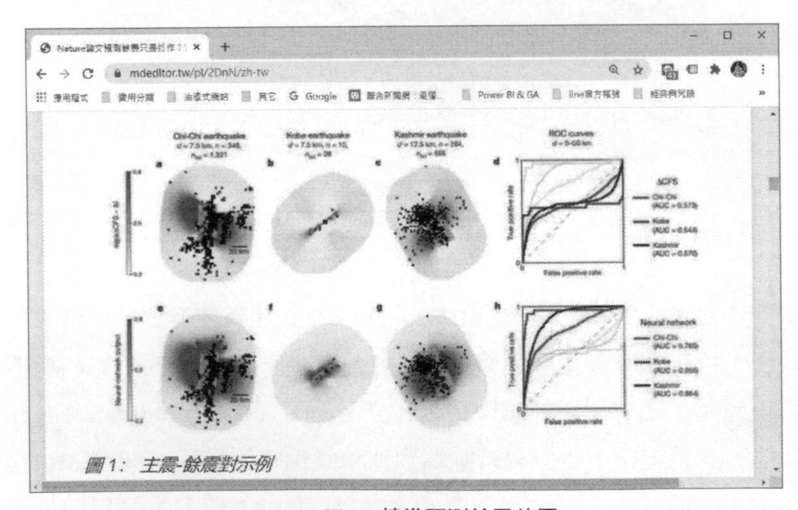


TensorFlow 精準預測餘震位置

圖片來源：https://www.mdeditor.tw/pl/2DnN/zh-tw

TensorFlow 之所能以席捲全球，除了因為是免費外，主要就是容易使用與擴充性高，以往機器學習是先進的研究室才能接觸到的學問，現在透過 TensorFlow 已經演化成一個相當完整的軟體開放平臺，有別於其他機器學習的框架，TensorFlow 能夠以更貼近人類學習方式來學會新的知識。

各位應該都有在 YouTube 觀看影片的經驗，YouTube 致力於提供使用者個人化的服務體驗，包括改善電腦及行動網頁的內容，近年來更導入了 TensorFlow 機器學習技術，來打造 YouTube 影片推薦系統，特別是 YouTube 平台加入了不少個人化變項，過濾出觀賞者可能感興趣的影片，並顯示在「推薦影片」中。

YouTube 透過 TensorFlow 技術過濾出受眾感興趣的影片

YouTube 上每分鐘超過數以百萬小時影片上傳，無論是想找樂子或學習新技能，AI 演算法的主要工作就是幫用戶在海量內容中找到他們內心期待想看的影片，事實證明全球 YouTube 超過 7 成用戶會觀看來自自動推薦影片，為了能推薦精準影片，用戶顯性與隱性的使用回饋，不論是喜歡以及不喜歡的影音檔案都要納入機器學習的訓練資料。

當用戶觀看的影片數量越多，YouTube 容易從過去的瀏覽影片歷史、搜尋軌跡、觀看時間、地理位置、鍵詞搜尋記錄、當地語言、影片風格、使用裝置以及相關的用戶統計訊息，將 YouTube 的影音資料庫中的數百萬個影音資料篩選出數百個以上和使用者相關的影音系列，然後以權重評分找出和使用者有關的訊號，並基於這些訊號來加以對幾百個候選影片進行排序，最後根據紀錄這些使用者觀看經驗，產生數十個以上影片推薦給使用者，希望能列出更符合觀眾喜好的影片。

目前 YouTube 平均每日向使用者推薦 2 億支影片，涵蓋 80 種不同語言，隨著使用者行為的改變，近年來越來越多品牌選擇和 YouTube 合作，因為 YouTube 以內部數據為基礎洞察用戶行為，能夠根據消費者在 YouTube 的多元使用習慣擬定合適的媒體和品牌創新廣告投放方案，讓品牌從流量與內容分進合擊，精準制定行銷策略與有效觸及潛在的目標消費族群，讓品牌從流量與內容分進合擊，透過機器學習不斷優化，再追蹤評估廣告效益進行再行銷，進而達成廣告投放的目標來觸及觀眾，更能將轉換率（Conversion Rate）成效極大化。

> **TIPS**
>
> 轉換率（Conversion Rate）就是網路流量轉換成實際訂單的比率，訂單成交次數除以同個時間範圍內帶來訂單的廣告點擊總數。

## 4-4-2 電腦視覺

隨著雲端應用與大數據的高速發展，對於資料取得與保存成本大幅降低，特別是益於電腦運算能力的高速發達，我們對圖形、影像、聲音的處理能力大增，從日常生活應用的策略面來看，最普遍應用機器學習的領域之一就是電腦視覺（Computer Version, CV）。人類因為有雙眼，所以可以看見世界，CV 是一種研究如何利用攝影機和電腦代替人眼對目標進行辨識、跟蹤、測量、圖像處理與人員識別的技術，甚至能追蹤物品的移動等功能，讓機器具備與人類相同的視覺，並且建立具有真正智慧的視覺系統。

電腦視覺技術可為門禁管制提供臉部辨識功能

圖片來源：https://www.eettaiwan.com/20191227nt41-computer-vision/

由於視覺是人類最重要的知覺，電腦視覺就是要讓電腦具有像人一樣的視覺能力。電腦在「看」任何一張圖的模式是由大量不同顏色像素（0 與 1 ）組合，接著透過機器來找出各種圖形中的「數位特徵」，然後識別出其中物件的意義。近幾年來，在相機、手機、監視器、行車紀錄器等設備無所不在的今天，電腦視覺領域和許多新興科技領域相似，因為機器學的高度發展，透過智慧型手機，全景圖拍攝已經是基本功能，甚至於可衍生如街景分析、圖像辨識、人臉辨識、物件偵測、無人機、瑕疵偵測，圖像風格轉換、車輛追蹤等生活應用，這也正式宣告電腦視覺在未來有比人類更精準的時代來臨。

Google Map 能準確辨識街道上路名、街牌與車牌號碼

## 4-4-3 圖像辨識

圖像辨識（Image Recognition）系統是目前最流行的電腦視覺應用，顧名思義就是機器可以辨別圖片，也就是透過電腦自動對所取得的影像進行分析和辨識出圖像中的物件，包括社群媒體上與智慧相簿的臉部辨識，更神奇的是不但能辨認出照片中的人物，還能進一步判別照片裡的人物是在做哪種動作？

臉書也能自動找出圖片中的人物

Facebook 與 Instagram 用戶每天上傳難以估算的圖片與影片，除了觀看者的主動檢舉外，實在很難以對這些被上傳的圖片進行把關。為了提升圖片搜尋及加強過濾有害及其他不當資訊，臉書開發大規模機器學習系統 Rosetta，就是為了增強圖像中文字解讀能力，利用 35 億張用戶在 Instagram 分享的照片和標籤做訓練素材，目前每天從 Facebook 與 Instagram 上讀取與過濾數億張圖片，包括篩選和清理恐怖主義宣傳、色情、暴力、仇恨對立言論、垃圾訊息等內容。此外，透過圖像辨識，臉書也能自動找出圖片中的人物，並在照片上作文字標記，並為弱視人士提供文字描述或語音說明的功能。

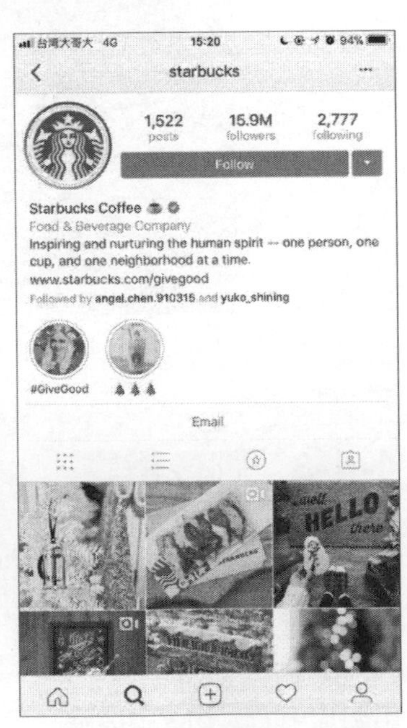


Rosetta 系統能過濾圖片中有暴力內容的文字

此外，手機也是目前最適合用來發展 AI 的硬體裝置了，智慧型手機拍照功能也應用了大量的圖像辨識技術，許多大廠都以「AI 拍照」宣傳，讓手機能辨識數千種拍照場景，還原景物原有的細節紋理，使畫面品質得到整體提升，簡單來說，就是讓機器自己去學習如何才能拍得更好。

**手機 AI 替代人類進行專業攝影**

圖片來源：https://www.sohu.com/a/227545815_116132

許多 AI 手機還能針對不同的場景作優化以及微調，每一種拍攝模式也會根據拍攝的視角、主題的色彩等因素進行自動調節，例如偵測畫面中的對比以及光源高低，或者自動去背讓我們可以快速地合成照片，甚至於建議最佳化的濾鏡效果，使用者能夠輕易拍出別出心裁的亮麗照片。

## 4-4-4 人臉辨識

人臉辨識（Facial Recognition）技術也是屬於電腦視覺的範疇，通常要識別一個人的身分，通常我們會透過表情、聲音、動作，其中又以臉部表情的區隔性最具代表，人臉辨識系統是一種非接觸型且具有高速辨識能力的系統，人臉辨識技術的出現，使人們的生活方式大幅改變。隨著智慧型手機與社群網路的崛起，再度為臉部辨識的應用推波助瀾，例如 iPhone X 的發售，引入了人臉辨識技術（Face ID），讓 iPhone 可以透過人臉就能立即解鎖。許多國際機場也陸續採用臉部辨識，提供旅客自動快速通關的服務，還可以透過人臉辨識於火車票驗票上，而無須使用門票或智慧型手機，甚至用支付寶付款只要露個臉微笑即可完成轉帳，大量掀起了業界對人臉辨識相關應用的關注。

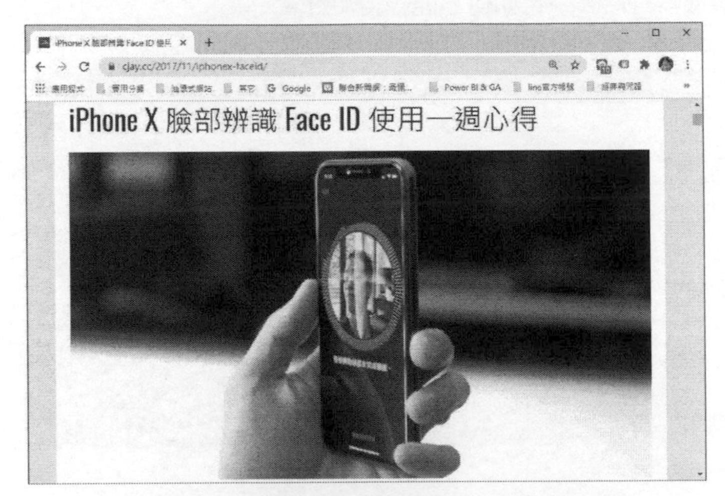


iPhoneX 臉部辨識完美結合 3D 影像感測技術

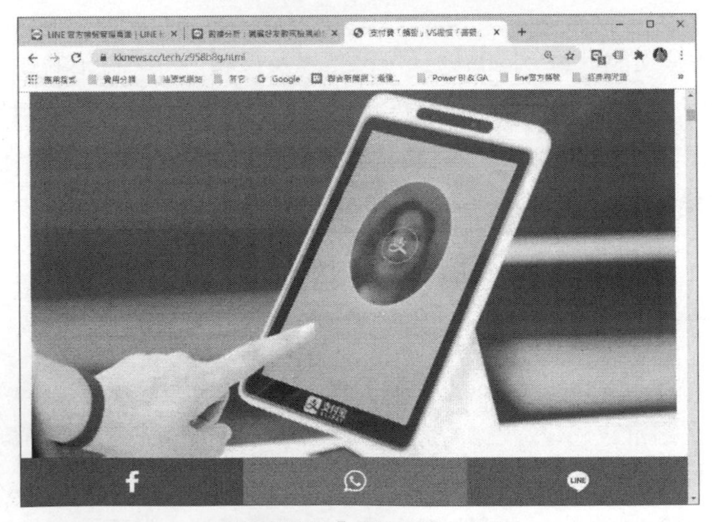


支付寶推出「刷臉支付」功能

圖片來源：https://kknews.cc/tech/z958b8g.html

國外許多大都市的街頭紛紛出現了一種具備 AI 功能的數位電子看板，會追蹤路過行人的舉動來與看板中的數位廣告產生互動效果，透過人臉辨識來分析臉部各種不同的點與眾人臉上的表情，並追蹤這些點之間的關係來偵測情緒，不但能衡量與品牌或廣告活動相關的觀眾情緒，還能幫助新產品測試，最後由 AI 來動態修正調整看板廣告所呈現的內容，即時把最能吸引大眾的廣告模式呈現給觀眾，並展現更有說服力的創意效果，提供「最適性」與「最佳化行銷內容」的廣告體驗。

透過臉部辨識來找出數位看板廣告最佳組合

## 4-4-5 智慧美妝

美妝產業是為一個跟隨時尚且變化快速的行業，由於愛美是人類的天性，隨著 AI 技術的不斷發展，著實為美妝相關技術的進步和完善提供了強大的動力，傳統美容產業的發展路徑勢必重新校正，藉由 3D 臉部追蹤辨識來判別臉部特徵的各種參數，面部特徵偵測與機器學習技術提升了虛擬試妝的準確度與效率，更帶來智慧美妝產業的蓬勃發展，包括虛擬試妝、膚質檢測、新產品推薦等功能。

透過 App 的智慧美妝鏡，素顏可以瞬間改變成神仙顏值

例如玩美移動公司推出的美妝 App，透過自動掃描臉部輪廓，檢測出人臉圖像的關鍵點，協助品牌消費者各項臉部特質，可根據消費者個人的臉部特徵與喜好來建議最適合的妝容與對應的產品，供使用者自由選擇，再與擴增實境（AR）結合，就能用手機鏡頭玩出不凡的美妝效果，同時收集消費者的大數據，包括臉型、膚色、皺紋等，期望透過預測使用者的偏好，建立商品推薦系統，同時收集消費者的大數據，包括臉型、膚色、皺紋等，再透過消費者所建立的數據，提供符合需求且個人化的美妝消費體驗與專屬的產品建議。

**TIPS**

擴增實境（Augmented Reality, AR）就是一種將虛擬影像與現實空間互動的技術，能夠把虛擬內容疊加在實體世界上，並讓兩者即時互動，也就是透過攝影機影像的位置及角度計算，在螢幕上讓真實環境中加入虛擬畫面，強調的不是要取代現實空間，而是在現實空間中添加一個虛擬物件，並且能夠即時產生互動。

精靈寶可夢就是結合智慧手機、GPS 及 AR 的熱門抓寶遊戲

## 4-4-6 智慧醫療

智慧醫療（Smart Healthcare 或 eHealth）的定義就是導入如物聯網、雲端預算、機器學習等技術到涉入醫療流程的一個趨勢，可以幫助解決各種醫療領域的診斷和預後問題，用於分析臨床參數及其組合對預後的重要性，透過醫療科技的演進，病患有機會透過物聯網與各種穿戴式裝置，擁有更多個人健康數據與良好的醫療品質。

醫療影像將是未來智慧醫療領域最熱門的應用

**TIPS**

由於電腦設備的核心技術不斷往輕薄短小與美觀流行等方向發展，其中穿戴式裝置（Wearables）更因健康風潮的盛行，而備受矚目。穿戴式裝置講求的是便利性，其中又以腕帶、運動手錶、智慧手錶為大宗，主要以健康資訊蒐集為主，如記錄消耗卡路里、步行或跑步距離、血壓、血糖、心率、記錄睡眠狀態等。

智慧醫療在醫療領域的應用廣泛，且其功能越來越多元，知名市場研究機構「Global Market Insights」預測至 2024 年智慧醫療應用市場規模將達 110 億美元，打造未來智慧醫療已然成為發展趨勢。在未來可以預見醫療產業將會持續導入更多數位科技以在降低成本的同時提高醫療成效，實踐維持健康與預防疾病的願景。

透過機器學習，也能更快速解讀各種醫療影像

事實上，真正推動智慧醫療發展的最大功臣，還是來自於近年來機器學習技術逐漸成熟，AI 的歸納統整與辨識能力已經逐漸可以取代人類，例如醫療影像一直是解析人體內部結構與組成的方法，資料量占醫學資訊量 80%，包括了 X 光攝影、超音波影像、電腦斷層掃描（Computed Tomography, CT）、核磁共振造影（Magnetic Resonance Imaging, MRI）、心血管造影等。過去傳統上要診斷疾病，

可能就要牽扯醫療圖像的判讀，過去這些工作都要交由醫生來處理，不過醫療影像判讀因為機器學習技術的出現而有驚人的進展，而且精確度和專業醫生相去不遠，更大幅改善醫療效率。

## 4-4-7 智慧零售

2020 年 AI 時代下的零售業，已經進入智慧零售的進程，所謂智慧零售就是以消費者體驗為中心的零售型態，幾乎是現代企業的營運重點，因為傳統零售如果及時引進機器學習（ML），將可更準確預測個別用戶偏好，未來勢必將面臨改革與智慧轉型，機器學習必須與零售商會員體系結合，要做到即時智能決策，代表的是必須對客戶行為有高程度的理解，都是為了打造新的購物環境體驗。

台中大遠百裝置 Beacon，提供消費者優惠推播

機器學習的應用也可以透過賣場中具備主動推播特性的 Beacon 裝置，商家只要在店內部署多個 Beacon 裝置，利用機器學習技術來對消費者進行觀察，賣場不只是提供產品，更應該領先與消費者互動，一旦顧客進入訊號區域時，就能夠透過手機上 App，對不同顧客進行精準的「個人化習慣」分眾行銷，提供「最適性」服務的體驗。

**TIPS**

Beacon 是種低功耗藍牙技術（Bluetooth Low Energy, BLE），藉由室內定位技術應用，可作為物聯網和大數據平台的小型串接裝置，具有主動推播行銷應用特性，比 GPS 有更精準的微定位功能，是連結店家與消費者的重要環節，只要手機安裝特定 App ，透過藍芽接收到代碼便可觸發 App 做出對應動作，可以包括在室內導航、行動支付、百貨導覽、人流分析，及物品追蹤等近接感知應用。

例如在偵測顧客的網路消費軌跡後，AI 智慧零售進而分析其商品偏好，並針對過去購買與瀏覽網頁的相關紀錄，即時運算出最適合的商品組合與優惠促銷專案，發送簡訊到其行動裝置，甚至還可對於賣場配置、設計與存貨提供更精緻與個人化管理，不但能優化門市銷售，還可以提供更貼身的低成本行銷服務。

在大數據的幫助下，現在可以透過多種跨螢幕裝置等科技產品，把消費者的消費模式、瀏覽紀錄、個人資料、商品銷售統計、庫存與購買行為網路使用行為、購物習性、商品好壞等，通通一手掌握。並且將機器學習運用在顧客關係管理（CRM）上，進行綜合分析將可使其從以往管理顧客關係層次，進一步提升到服務顧客的個人化行銷。行銷人員將可以更加全面的認識消費者，從傳統亂槍打鳥式的行銷手法進入精準化個人行銷，洞察出消費者最真正迫切的需求，深入了解顧客，以及顧客真正想要什麼。

# 05 Chapter

# 深度學習的 AI 關鍵心法與應用

幾年前筆者曾經看過一部非常知名的美國影集，片名是《疑犯追蹤》(Person Of Interest)，除了充滿懸疑外，曲折的劇情中還加入了極強的 AI 科技因素，內容陳述一名億萬富翁發明了一台能自我思考與學習的人工智慧機器（The Machine），這是一台全天候監視每個人的「機器」，透過 AI 來預測「有計畫或預謀策劃犯罪」的可能人物，如果發現有任何犯罪意圖或是發現有人將受到傷害，機器就會吐出這個嫌疑人的社會安全號碼，接下來這位億萬富翁和他身手不凡的夥伴就會聯手去搭救或阻止這個嫌疑人。劇中那樣能夠讓機器做到深度感知和行為預測，還能深度解讀紐約每個角落的影像和語音訊息，進而發現潛在風險的「天眼」般機器，所運用的人工智慧技術正是本章中要開始介紹的深度學習（Deep Learning）演算法。

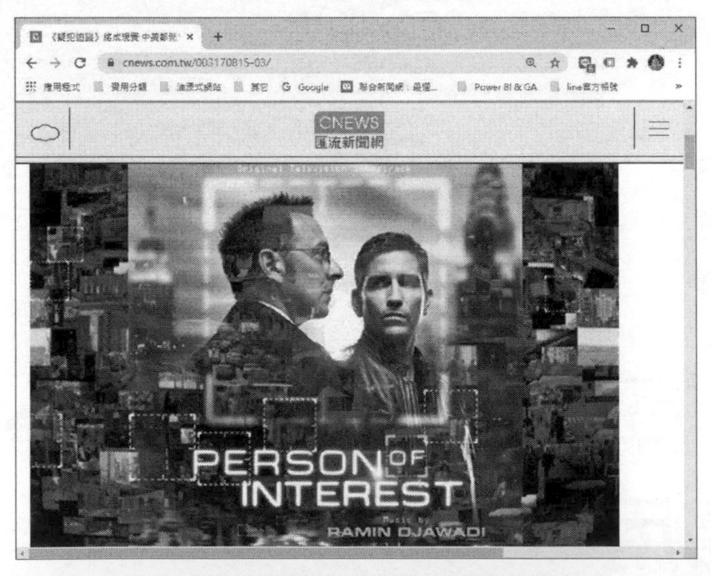

疑犯追蹤內容講述的就是有關深度學習的故事

# 5-1 認識深度學習

隨著越來越強大的電腦運算功能，近年來更帶動炙手可熱的深度學習（Deep Learning）技術的研究，讓電腦開始學會自行思考，聽起來似乎是是好萊塢科幻電影中常見的幻想，許多科學家開始採用模擬人類複雜神經架構來實現過去難以想像的目標，也就是讓電腦具備與人類相同的聽覺、視覺、理解與思考的能力。無庸置疑，人工智慧、機器學習以及深度學習已變成 21 世紀最熱門的科技話題之一。

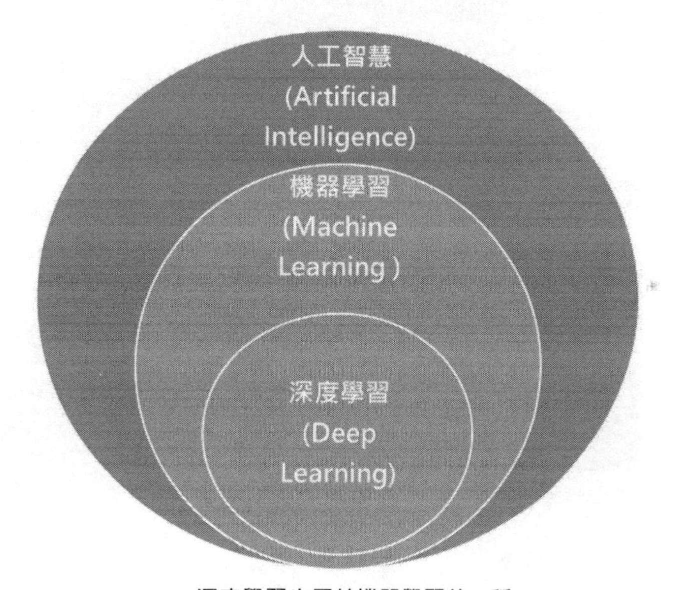


深度學習也屬於機器學習的一種

深度學習也算是 AI 的一個分支，也可以看成是具有更多層次的機器學習演算法法，深度學習蓬勃發展的原因之一，無疑就是持續累積的大數據。深度學習並不是研究者們憑空創造出來的運算技術，從早期 1950 年代左右的形式神經元（Formal Neuron）與感知器（Perceptron），到目前源自於類神經網路（Artificial Neural Network）模型，並且結合了神經網路架構與大量的運算資源，目的在於讓機器建立與模擬人腦進行學習的神經網路，利用比機器學習更多層的神經網路來分析數據，並從中找出模式。

深度學習完全不需要特別經過特徵提取的步驟，反而會「自動化」辨別與萃取各項特徵，這樣的做法和人類大腦十分相似，透過層層非線性函數組成的神經網路，並做出正確的預測，以解釋大數據中圖像、聲音和文字等多元資料。因此，深度學習是能夠將模型處理得更為複雜，並且使模型對資料的理解更加深入與透徹。

近年來最為人津津樂道的深度學習應用，當屬 Google DeepMind 開發的 AI 圍棋程式 AlphaGo 接連大敗歐洲和南韓圍棋棋王。我們知道圍棋是中國抽象的對戰遊戲，其複雜度即使連西洋棋、象棋都遠遠不及，大部分人士都認為電腦至少還需要十年以上的時間才有可能精通圍棋。

**AlphaGo 讓電腦自己學習下棋**

圖片來源：https://case.ntu.edu.tw/blog/?p=26522

AlphaGo 就是透過深度學習學會圍棋對弈，設計上是先輸入大量的棋譜資料，棋譜內有對應的棋局問題與著手答案，以學習基本落子、規則、棋譜、策略，電腦內會以類似人類腦神經元的深度學習運算模型，引入大量的棋局問題與正確著手來自我學習，讓 AlphaGo 學習下圍棋的方法，根據實際對弈資料自我訓練，接著就能判斷棋盤上的各種狀況，並且不斷反覆跟自己比賽來調整，後來創下連勝 60 局的佳績，才讓人驚覺深度學習的威力確實強大。

AlphaGo 接連大敗歐洲和南韓棋王

## 5-1-1 類神經網路簡介

深度學習的概念好像人類在學東西一樣，經過不斷的訓練與學習，最後形成記憶，當要判斷新事物時，參考過去所學習到的經驗與記憶來推論。由於類神經網路（Neural Network, NN）傳統上被認為是模仿大腦中的神經活動的簡化模型，目的在於模擬大腦的某些機制，所以我們先來透過了解大腦神經系統，以加快認識類神經網路。

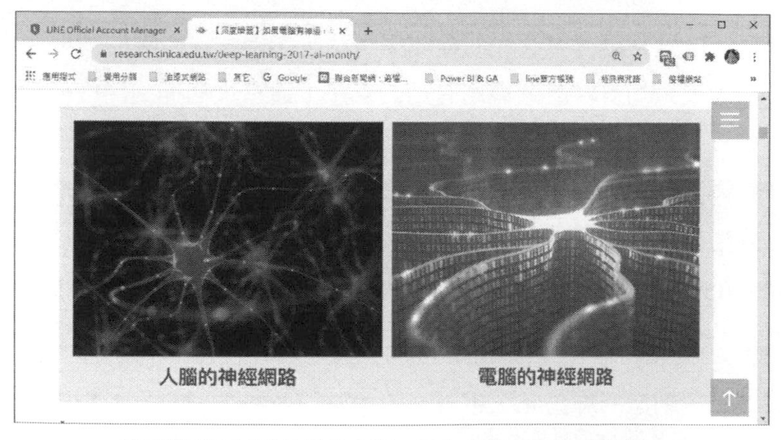


深度學習可以說是模仿大腦，具有多層次的機器學習法

圖片來源：https://research.sinica.edu.tw/deep-learning-2017-ai-month/

類神經網路（Artificial Neural Network）架構就是模仿生物神經網路的數學模式，取材於人類大腦結構，基本組成單位就是神經元，神經元的構造方式完全類比了人類大腦神經細胞。類神經網路透過設計函數模組，使用大量簡單相連的人工神經元（Neuron），並模擬生物神經細胞受特定程度刺激來反應刺激的研究。權重值是類神經網路中的學習重點，各個神經運算單元之間的連線會搭配不同權重（weight），各自執行不同任務，就像神經元動作時的電位一樣，一個神經元的輸出可以變成下一個類神經網路的輸入脈衝，類神經網路的學習功能就是比對每次的結果，然後不斷地調整連線上的權重值，只要訓練的歷程愈扎實，這個被電腦系統所預測的最終結果，接近事實真相的機率就會愈大。

由於類神經網路具有高速運算、記憶、學習與容錯等能力，近年來配合電腦運算速度的大幅躍進，使得類神經網路的功能更為強大，運用層面也更為廣泛，如果類神經網路能正確的運作，必須透過訓練的方式，可以利用一組範例，讓電腦藉由餵養大量訓練資料，透過神經網路模型建立出系統模型，讓類神經網路反覆學習，歸納出背後的規則，經過一段時間的經驗值，做出最適合的判斷，便可以推估、預測、決策、診斷的相關應用。

## 5-1-2 類神經網路架構

深度學習可以說是具有層次性的機器學習法，透過一層一層的處理工作，可以將原先所輸入大量的資料漸漸轉為有用的資訊，通常人們提到深度學習，指的就是「深度神經網路」（Deep Neural Network）演算法。類神經網架構就是模擬人類大腦神經網路架構，各個神經元以節點的方式連結各個節點，並產生欲計算的結果，這個架構蘊含三個最基本的層次，每一層各有為數不同的神經元組成，包含輸入層（Input layer）、隱藏層（Hidden layer）、輸出層（Output layer），各層說明如下：

- **輸入層**：接受刺激的神經元，也就是接收資料並輸入訊息之一方。就像人類神經系統的樹突（接受器）一樣，不同輸入會激活不同的神經元，但不對輸入信號（值）執行任何運算。

- **隱藏層**：不參與輸入或輸出，隱藏於內部，負責運算的神經元。隱藏層的神經元透過不同方式轉換輸入資料，主要的功能是對所接收到的資料進行處理，再將所得到的資料傳遞到輸出層。隱藏層可以有一層以上或多個隱藏層，只要增加神經網路的複雜性，辨識率都隨著神經元數目的增加而成長，來獲得更好學習能力。

**TIPS**

神經網路如果是以隱藏層的多寡個數來分類，大概可以區分為「淺神經網路」與「深度神經網路」兩種類型。當隱藏層只有一層通常被稱為「淺神經網路」；當隱藏層有一層以上（或稱有複數層隱藏層）則被稱為「深度神經網路」，在相同數目的神經元時，深度神經網路的表現總是比較好。

- **輸出層**：提供資料輸出的一方，接收來自最後一個隱藏層的輸入。輸出層的神經元數目等於每個輸入對應的輸出數，透過它我們可以得到合理範圍內的理想數值，挑選最適當的選項再輸出。

## 5-1-3 手寫數字辨識系統

接下來，我們利用手寫數字辨識系統為例，來簡單說明類神經網架構。首先讓電腦根據所輸入的資料，結合深度學習演算法，不斷根據所接收的資料，自行調整演算法中各種參數的權重來提高機器本身的預測能力。權重表徵不同神經元之間連接的強度，權重決定着輸入對輸出的影響力，進而精準辨識出所要呈現的數字。

在電腦看來，這些圖片只是一群排成二維矩陣、帶有位置編號的像素，電腦其實並不如人類有視覺與能夠感知的大腦，而他們靠的兩項主要的數據就是：像素的座標與顏色值。在尚未正式說明之前，我們先來簡單介紹像素（pixel）代表的意義，所謂像素，就是螢幕畫面上最基本的構成粒子，每一個像素都記錄著一種顏色。電腦螢幕的顯像是由一堆像素（pixel）所構成。所謂的像素，簡單的說就是螢幕上的點。當我們在對影像作處理或是影像作辨識時，都需要從每個像素中去取得這張圖的特徵，除了考慮到每個像素的值之外，還需要考慮像素和像素之間的關連。當我們在對影像作處理或是影像作辨識時，都需要從每個像素中去取得這張圖的特徵，除了考慮到每個像素的值之外，還需要考慮像素和像素之間的關連。

為了幫助大家理解機器自我學習的流程，各位不妨想像「隱藏層」就是一種數學函數概念，主要就是負責數字識別的處理工作。在手寫數字中最後的輸出結果數字只有 0 到 9 共 10 種可能性，若要判斷手寫文字為 0~9 哪一個時，可以設定輸出曾有 10 個值，只要透過「隱藏層」中一層又一層函數處理，可以逐步計算出最後「輸出層」中 10 個人工神經元的像素灰度值（或稱明暗度），其中每個小方格代表一個 8 位元像素所顯示的灰度值，範圍一般從 0 到 255，白色為 255，黑色為 0，共有 256 個不同層次深淺的灰色變化，然後再從其中選擇灰度值最接近 1 的數字，作為程式最終作出正確數字的辨識。如下圖所示：

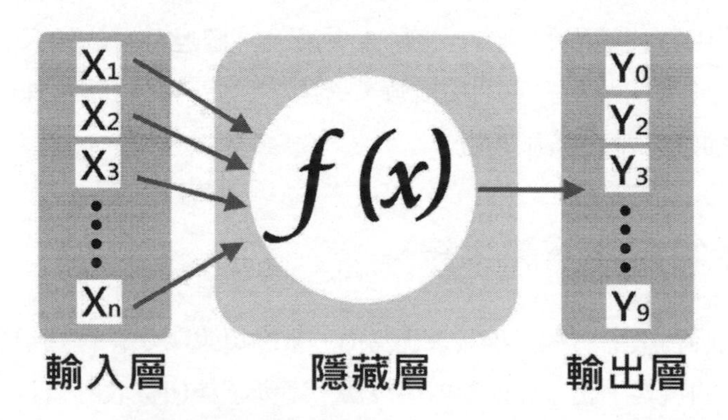


手寫數字辨識系統即便只有單一隱藏層，也能達到 97% 以上的準確率

第一步假設我們將手寫數字以長 28 像素、寬 28 像素來儲存代表該手寫數字在各像素點的灰度值，總共 28*28=784 像素。其中的每一個像素就如同是一個模擬的人工神經元，這個人工神經元儲存 0~1 之間的數值，該數值就稱為激活函數（Activation Function）。激活值數值的大小代表該像素的明暗程度，數字越大代表該像素點的亮度越高，數字越小代表該像素點的亮度越低。舉例來說，如果一個手寫數字 7，將這個數字以 28*28=784 個像素值的示意圖如右。

如果將每個點所儲存的像素明亮度分別轉換成一維矩陣，則可以分別表示成 $X_1$、$X_2$、$X_3$…..$X_{784}$，每一個人工神經元分別儲存 0~1 之間的數值代表該像素的明暗程度。不考慮中間隱藏層的實際計算過程，我們直接將隱藏層用函數去表示，下圖的輸出層中代表數字 7 的神經元的灰度值為 0.98，是所有 10 個輸出層神經元所記錄的灰度值亮度最高，最接近數值 1，因此可以辨識出這個手寫數字最有可能的答案是數字 7，而完成精準的手寫數字的辨識工作。手寫數字 7 的深度學習的示意圖如下：

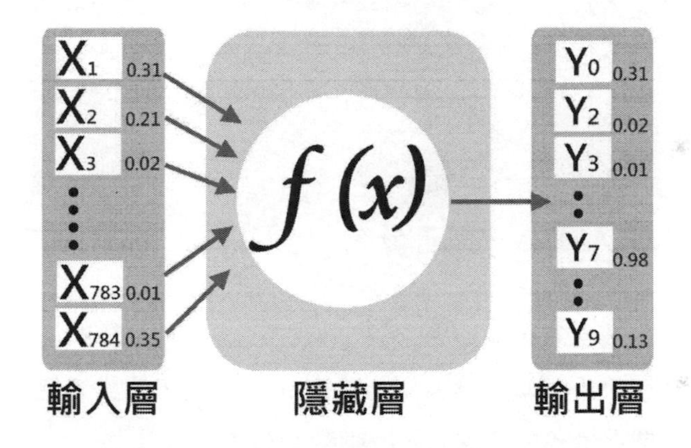


我們以前面的手寫數字辨識為例，這個神經網路包含三層神經元，除了輸入和輸出層外，中間有一層隱藏層主要負責資料的計算處理與傳遞工作，隱藏層則是隱藏於內部不會實際參與輸入與輸出工作，較簡單的模型為只有一層隱藏層，又被稱為淺神經網路，如下圖所示：

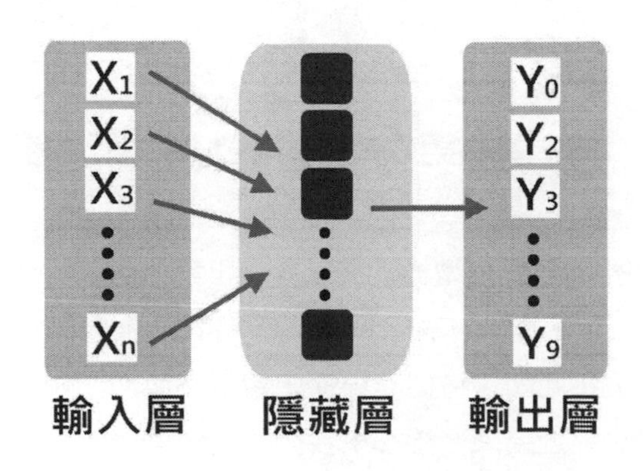

例如，下圖就是一種包含 2 層隱藏層的深度神經網路示意圖。輸入層的資料輸入後，會經過第 1 層隱藏層的函數計算工作，並求得第 1 層隱藏層各神經元中所儲存的數值；接著再以此層的神經元資料為基礎，進行第 2 層隱藏層的函數計算工作，並求得第 2 層隱藏層各神經元中所儲存的數值；最後再以第 2 層隱藏層的神經元資料為基礎經過函數計算工作後，求得輸入層各神經元的數值。

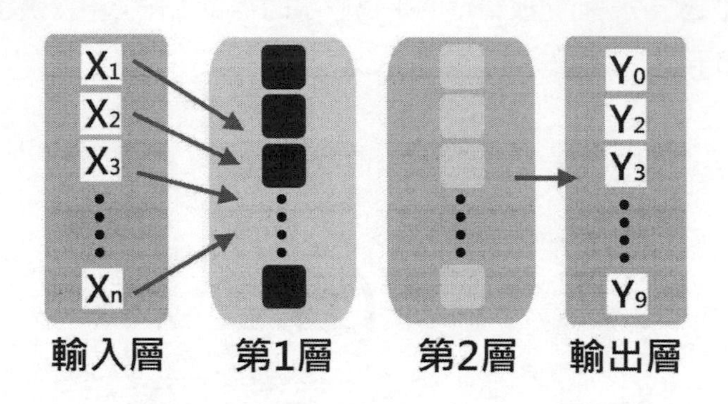


也許只有兩個隱藏層看起並沒有很深，但在實務上神經網路可以高達數十層至數百層或者更多層，下圖為包含 k 層隱藏層的示意度，假設 k 值高達數十層至數百層，這樣的模型就是名符其實的深度神經網路。

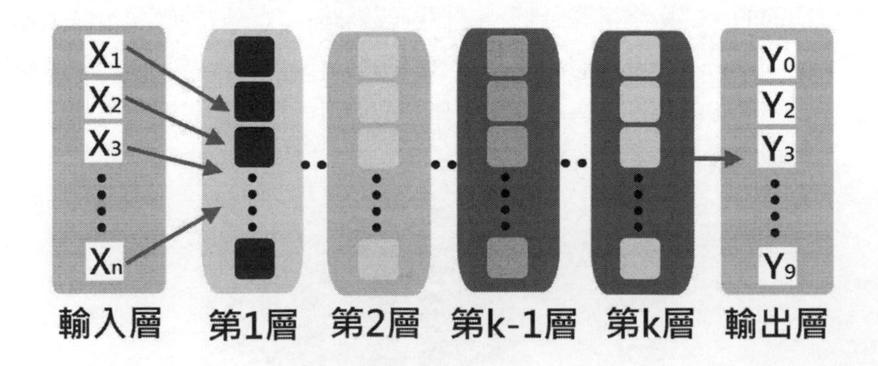


有了深度神經網路的各種模型概念之後，接下我們會使用到激活值（激活函數或活化函數），因為上層節點的輸出和下層節點的輸入之間具有一個函數關係，並把值壓縮到一個更小範圍，這個非線性函數稱為激活函數，透過這樣的非線性函數會讓神經網路更逼近結果。接下來我們以剛才舉的手寫數字 7 為例，將中間

隱藏層的函數實際以 k 層隱藏層為例，當激活值數值為 0 代表亮度最低的黑色，數字為 1 代表亮度最高的白色，因此任何一個手寫數字都能以紀錄 784 個像素灰度值的方式來表示。有了這些「輸入層」資料，再結合演算法機動調整各「輸入層」的人工神經元與下一個「隱藏層」的人工神經元連線上的權重，來決定「第 1 層隱藏層」的人工神經元的灰度值。也就是說，每一層的人工神經元的灰度值必須由上一層的人工神經元的值與各連線間的權重來決定，再透過演算法的計算，來決定下一層各個人工神經元所儲存的灰度值。

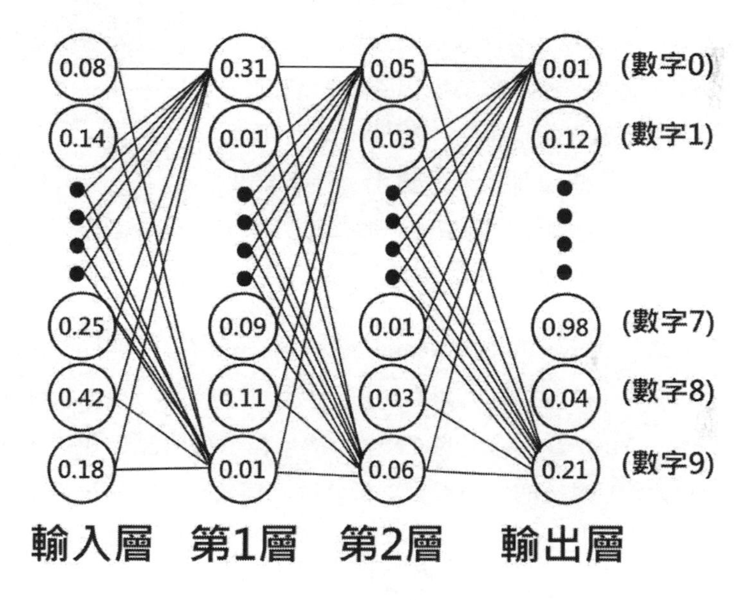


我們看到數字 7 的機率最高 0.98

為了方便問題的描述，「第 1 層隱藏層」的人工神經元的數值和上一層輸入層有高度關連性，我們再利用「第 1 層隱藏層」的人工神經元儲存的灰度值及各連線上的權重去決定「第 2 層隱藏層」中人工神經元所儲存的灰度值，也就是說，「第 2 層隱藏層」的人工神經元的數值和上一層「第 1 個隱藏層」有高度關連性。接著我們再利用「第 2 個隱藏層」的人工神經元儲存的灰度值及各連線上的權重去決定「輸出層」中人工神經元所儲存的灰度值。從輸出層來看，灰度值越高（數值越接近 1），代表亮度越高，越符合我們所預測的圖像。

# 5-2 卷積神經網路（CNN）

深度學習就像是一條生產線，每個過程負責不同工作

由於深度學習是一種模擬人類神經網路的運作方式，過程會把問題模組化，也就是拆解成許多小塊，就像是一條生產線，上面有很多站，訊號來到每一個站，都只會做一個簡單的判斷，但把這些簡單判斷的結果集合起來，就能讓機器完成複雜的事情。深度學習是人工智慧中，成長最快的領域，在深度學習十分火熱的今天，經常會湧現出各種新型的人工神經網路，儘管這些架構都各不相同，都有可能許多應用人工智慧的想法都能逐一實現。接下來我們要介紹包含擅長處理圖像的卷積神經網路（CNN）及擁有記憶能力的遞迴神經網路（RNN）。

卷積神經網路（Convolutional Neural Networks, CNN）是目前深度神經網路（deep neural network）領域的發展主力，也是最適合圖形辨識的神經網路。1989 年由 LeCun Yuan 等人提出的 CNN 架構，在手寫辨識分類或人臉辨識方面都有不錯的準確度，擅長把一種素材剖析分解，每當 CNN 分辨一張新圖片時，在不知道特徵的情況下，會先比對圖片中的圖片裡的各個局部，這些局部被稱為特徵（feature），這些特徵會捕捉圖片中的共通要素，在這個過程中可以獲得各種特徵量，藉由在相似的位置上比對大略特徵，然後擴大檢視所有範圍來分析所有特徵，以解決影像辨識的問題。

CNN 是一種非全連接的神經網路結構，這套機制背後的數學原理被稱為卷積（convolution），與傳統的多層次神經網路最大的差異在於多了卷積層（Convolution Layer）還有池化層（Pooling Layer）這兩層。因為有了這兩層，讓 CNN 比起傳統的多層次神經網路更具備能夠掌握圖像或語音資料的細節，而不像其它神經網路只是單純的提取資料進行運算。正因為這樣的原因，CNN 非常擅長圖像或影音辨識的工作，除了能夠維持形狀資訊並且避免參數大幅增加，還能保留圖像的空間排列並取得局部圖像作為輸入特徵，加快系統運作的效果，我們先以下面的示意圖說明卷積神經網路（CNN）的運作原理：

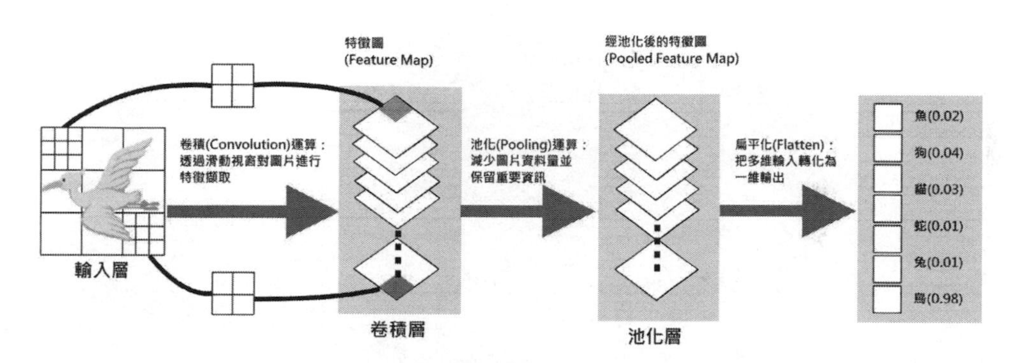


卷積神經網路（CNN）示意圖

上圖只是單層的卷積層的示意圖，在上圖中最後輸出層的一維陣列的數值，就足以作出這次圖片辨識結果的判斷。簡單來說，CNN 會比較兩張圖相似位置局部範圍的大略特徵，來做為分辨兩張圖片是否相同的依據，這樣會比直接比較兩張完整圖片來得容易判斷且快速。

卷積神經網路系統在訓練的過程中，會根據輸入的圖形，自動幫忙找出各種圖像包含的特徵，以辨識鳥類動物為例，卷積層的每一個平面都抽取了前一層某一個方面的特徵，只要再往下加幾層卷積層，我們就可以陸續找出圖片中的各種特徵，這些特徵可能包括鳥的腳、嘴巴、鼻子、翅膀、羽毛等，直到最後找個圖片整個輪廓了，就可以精準判斷所辨識的圖片是否為鳥。

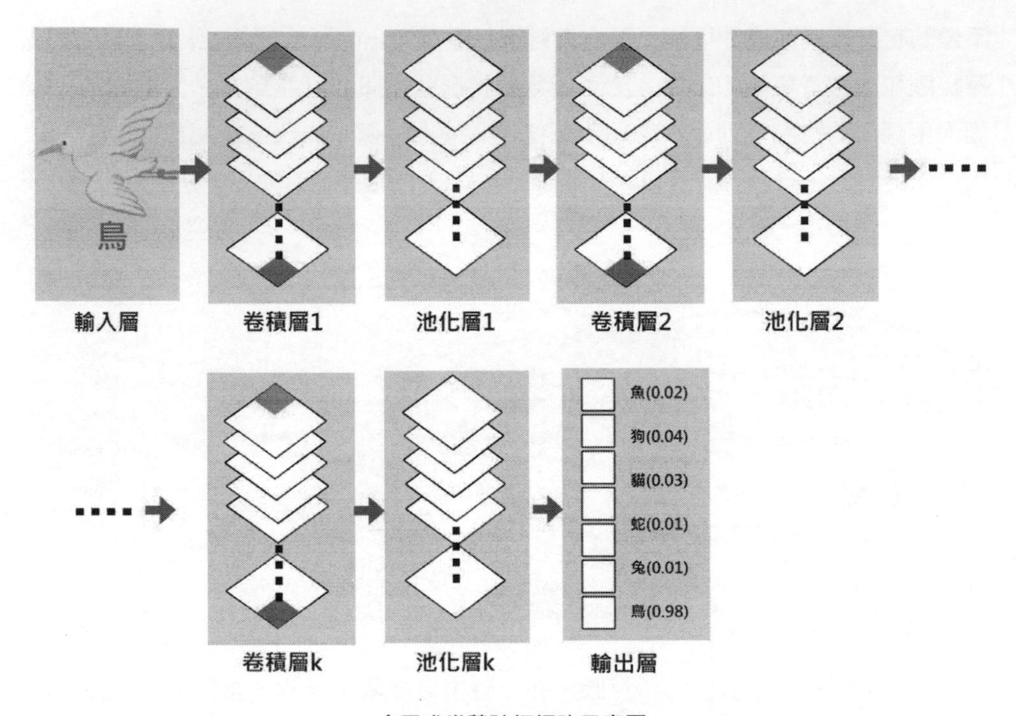


多層式卷積神經網路示意圖

卷積神經網路（CNN）可以說是目前深度神經網路（deep neural network）領域的重要理論，它在辨識圖片的判斷精準程度甚至還超過人類想像及判斷能力。接著我們要對卷積層及池化層做更深入的說明。

## 5-2-1 卷積層（Convolution Layer）

CNN 的卷積層其實就是在對圖片做特徵擷取，也是最重要的核心，不同的卷積動作就可以從圖片擷取出各種不同的特徵，找出最好的特徵最後再進行分類。我們可以根據每次卷積的值和位置，製作一個新的二維矩陣，也就是一張圖片裡的每個特徵都像一張更小的圖片，也就是更小的二維矩陣。這也就是利用特徵篩選過後的原圖，它可以告訴我們在原圖的哪些地方可以找到那樣的特徵。

CNN 運作原理是透過一些指定尺寸的視窗（Sliding Window），或稱為過濾器（filter）、卷積核（Kernel），目的就是幫助我們萃取出圖片當中的一些特徵，就像人類大腦在判斷圖片的某個區塊有什麼特色一樣。然後由上而下依序滑動取得圖像中各區塊特徵值，卷積運算就是將原始圖片的與特定的過濾器做矩陣內積運算，也就是與過濾器各點的相乘計算後得到特徵圖（feature map），就是將影像進行特徵萃取，目的是可以保留圖片中的空間結構，並從這樣的結構中萃取出特徵，並將所取得的特徵圖傳給下一層的池化層。

### 5-2-2 池化層（Pooling Layer）

池化層的目的是在，盡量將圖片資料量減少並保留重要資訊。功用是將一張或一些圖片池化成更小的圖片，不但不會影響到我們的目的，還可以再一次的減少神經網路的參數運算。圖片的大小可以藉著池化過程變得很小，池化後的資訊更專注於圖片中是否存在相符的特徵，而非圖片中哪裡存在這些特徵，有很好的抗雜訊功能。原圖經過池化以後，雖然其所包含的像素數量會降低，但還是保留了每個範圍和各個特徵的相符程度。例如把原本的資料做一個最大化或是平均化的降維計算，所得的資訊更專注於圖片中是否存在相符的特徵，而不必分心於這些特徵所在的位置。此外，池化層也有過濾器，也就是在輸入圖像上進行滑動運算，但和卷積層不同的地方是滑動方式不會互相覆蓋，除了最大化池化法外，也可以做平均池化法（取最大部份改成取平均）、最小化池化法（取最大部份改成取最小化）等。

## 5-3 遞迴神經網路（RNN）

遞迴神經網路（Recurrent Neural Network, RNN）則是一種有「記憶」的神經網路，會將每一次輸入所產生狀態暫時儲存在記憶體空間，而這些暫存的結果被稱為隱藏狀態（hidden state），RNN 將狀態在自身網路中循環傳遞，允許先前的輸出結果影響後續的輸入，一般有前後關係較重視時間序列的資料，如果要進行類神經網路分析，會使用遞迴神經網路（RNN）進行分析，因此例如像動態影像、文章分析、自然語言、聊天機器人這種具備時間序列的資料，就非常適合遞歸神經網路（RNN）來實作。

例如美國史丹佛大學就發表讓電腦看到圖片後，自動造句來描述照片裏面是甚麼，就是 RNN 的運用。我們運用同樣的演算邏輯思維如果應用在情境動畫圖片，並以一個最適合的英文單字去預測該情境動畫圖片代表哪一個單字，就有可以在每張圖下方用一個單字去描述該情境動畫，例如下列各情境動畫圖片下方都有一個經過遞迴神經網路（RNN）進行分析所預測的英文單字：

上面所談到的時間序列相關問題，就是指這次回答會受到上一個時間順序的回答的影響，同時也會影響下一個時間序列的回答，我們就會說這個答案是有時間相關性。舉例來說，我們要搭乘由南部的第一站左營站的高鐵到北部最後一站的南港站，各站到達時間的先後順序為左營、台南、嘉義、雲林、彰化、台中、苗栗、新竹、桃園、板橋、台北、南港等站，如果想要推斷下一站會停靠哪一站，只要記得上一站停靠的站名，就可以輕易判斷出下一站的站名，同樣地，也能清楚判斷出下下一站的停靠點，這種例子就是一種有時間序列前後關連性的例子。

高鐵的站名間有時間序列關係

由於遞迴神經網路具有更為強大的表示能力，我們再舉另外一個例子，來說明什麼是時間序列相關的生活應用，就以 LINE 聊天機器人中的「AI 自動回應訊息」為例，在 LINE 官方帳號的管理後台會事先將客戶詢問的訊息分為四大類型的訊息範本：「一般問題」、「基本資訊」、「特色資訊」、「預約資訊」。

一般問題 基本資訊 特色資訊 預約資訊

| 類型 | 訊息 |
| --- | --- |
| 歡迎 | 謝謝您傳訊息給油漆式速記多國語言雲端學習系統帳號！本系統可以自動回答關... |
| 說明 | 本系統可以自動回覆一般基本疑問。若是稍微複雜的疑問，則會由客服人員... |
| 感謝 | 很高興能為您服務！如有其他疑問，歡迎隨時與我們聯絡，謝謝！ |

例如在「一般問題」中就可以看到歡迎、說明、感謝等類型的訊息範本。如下圖所示：

就以上圖中「歡迎」類型為例，當商家（此處以油漆式速記多國語言雲端學習系統官方帳號為例）的顧客在 LINE 留言：「您好」，這個時候，LINE 的 AI 自動回應訊息就會從「歡迎」類型的範本回答如右：

又例如當商家官方帳號的顧客好友在 LINE 留言：「功能介紹」，LINE 的 AI 自動回應訊息就會從「說明」類型範本中回應如右：

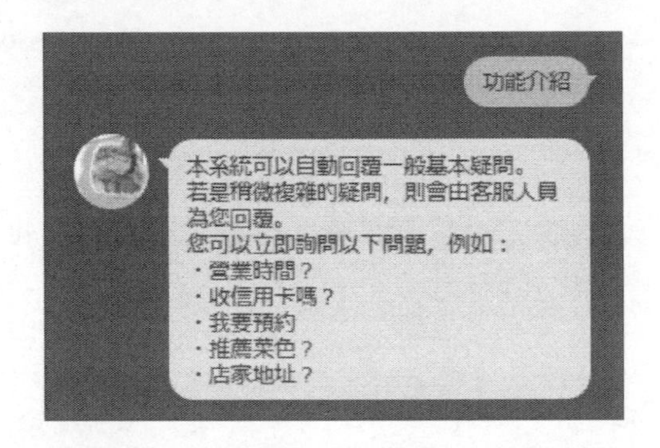


因此只要在 LINE 官方帳號設定聊天方式為「AI 自動回應訊息（智慧聊天）」後，當用戶傳訊息向您的帳號發問時，聊天機器人就會自動依據您設定的內容及問題的前後時間順序對答如流，回答內容之真實性，就仿如真人與您對話。

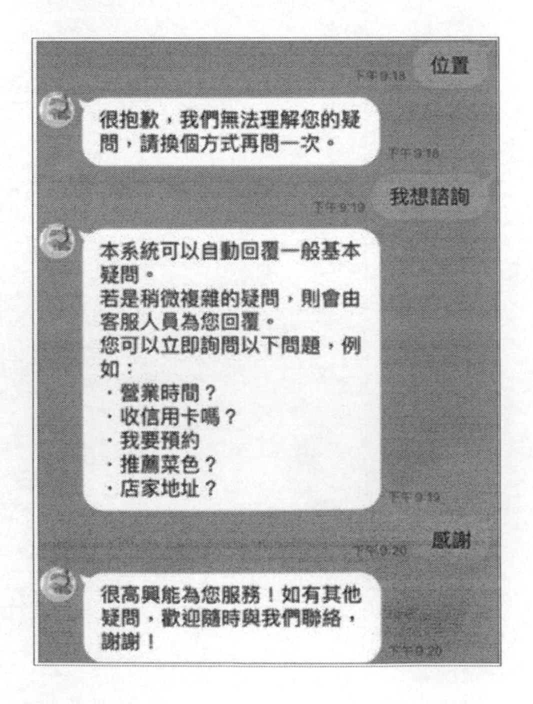

遞迴神經網路比起傳統的神經網路的最大差別在於記憶功能與「前後時間序列的關連性，在每一個時間點取得輸入的資料時，除了要考慮目前時間序列要輸入的資料外，也會一併考慮前一個時間序列所暫存的隱藏資訊。如果以生活實例來類比遞迴神經網路（CNN），記憶是人腦對過去經驗的綜合反應，這些反應會在大腦中留下痕跡，並在一定條件下呈現出來，不斷地將過往資訊往下傳遞，是在時間結構上存在共享特性，所以我們可以用過往的記憶（資料）來預測或瞭解現在的現象。

從人類語言學習的角度來看，當我們在理解一件事情時，絕對不會憑空想像或從無到有重新學習，就如同我們在閱讀文章，必須透過上下文來理解文章，這種具備背景知識的記憶與前後順序的時間序列的遞迴（recurrent）概念，就是遞迴神經網路與其他神經網路模型較不一樣的特色。

遞迴神經網路解決課表問題

接著我們打算用一個生活化的例子來簡單說明遞迴神經網路，許多家長望子成龍，小明家長會希望在小明週一到週五下課之後晚上固定去補習班上課，課程安排如下：

- 週一上作文課
- 週二上英文課
- 週三上數學課
- 週四上跆拳道
- 週五上才藝班

就是每週從星期一到星期五不斷地循環。如果前一天上英文課，今天就是上數學課；如果前一天上才藝班，今天就會作文課，非常有規律。

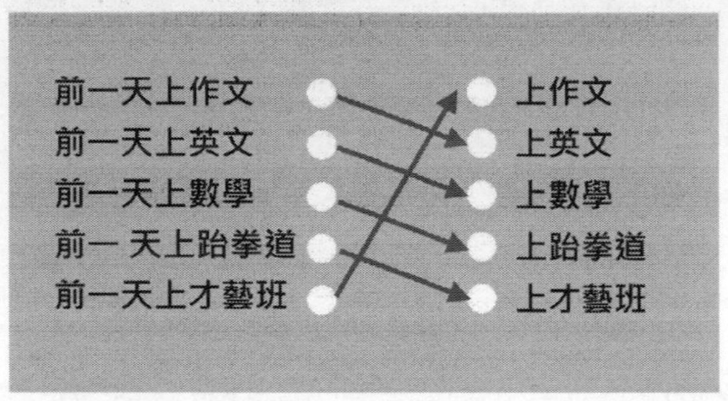


萬一前一次小明生病上課請假，那是不是就沒辦法推測今天晚上會上什麼課？但事實上，還是可以的，因為我們可以從前二天上的課程，預測昨天晚上是上什麼課。所以，我們不只能利用昨天上什麼課來預測今天準備上的課程，還能利用昨天的預測課程，來預測今天所要上的課程。另外，如果我們把「作文課、英文課、數學課、跆拳道、才藝班」改為用向量的方式來表示。比如說我們可以將「今天會上什麼課？」的預測改為用數學向量的方式來表示。假設我們預測今天晚上會上數學課，則將數學課記為 1，其他四種課程內容都記為 0。

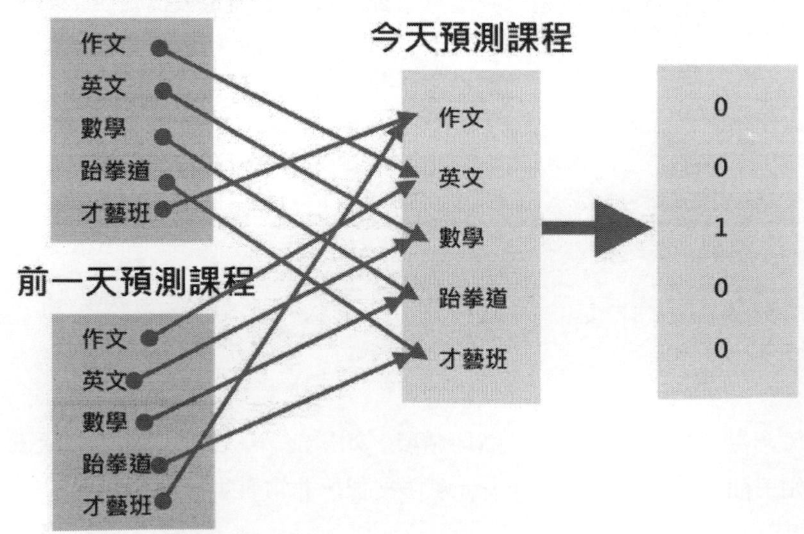

此外，我們也希望將「今天預測課程」回收，用來預測明天會上什麼課程？下圖中的藍色箭頭的粗曲線，表示了今天上什麼課程的預測結果將會在明天被重新利用。

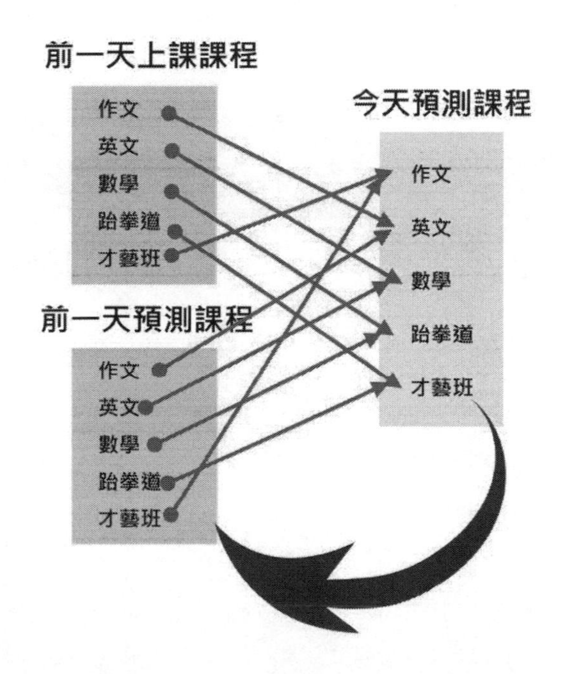


如果將這種規則性不斷往前延伸，即使連續 10 天請假出國玩都沒有上課，透過觀察更早時間的上課課程規律，我們還是可以準確地預測今天晚上要上什麼課？而此時的遞迴神經網路示意圖，參考如下：

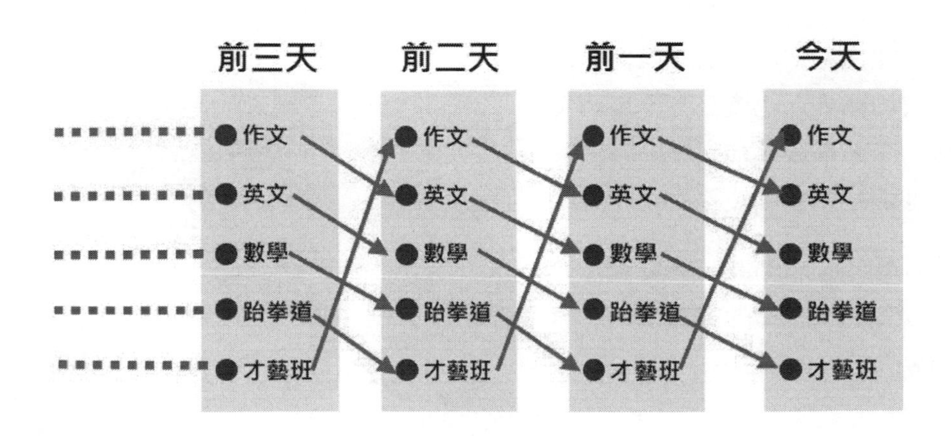

由上面的例子說明，我們得知有關 RNN 的運作方式可以從以下的示意圖看出，第 1 次『時間序列』（Time Series）來自輸入層的輸入為 $x_1$，產生輸出結果 $y_1$；第 2 次時間序列來自輸入層的輸入為 $x_2$，要產出輸出結果 $y_2$ 時，必須考慮到前一次輸入所暫存的隱藏狀態 $h_1$，再與這一次輸入 $x_2$ 一併考慮成為新的輸入，而這次會產生新的隱藏狀態 $h_2$ 也會被暫時儲存到記憶體空間，再輸出 $y_2$ 的結果；接著再繼續進行下一個時間序列 $x_3$ 的輸入，以此類推。

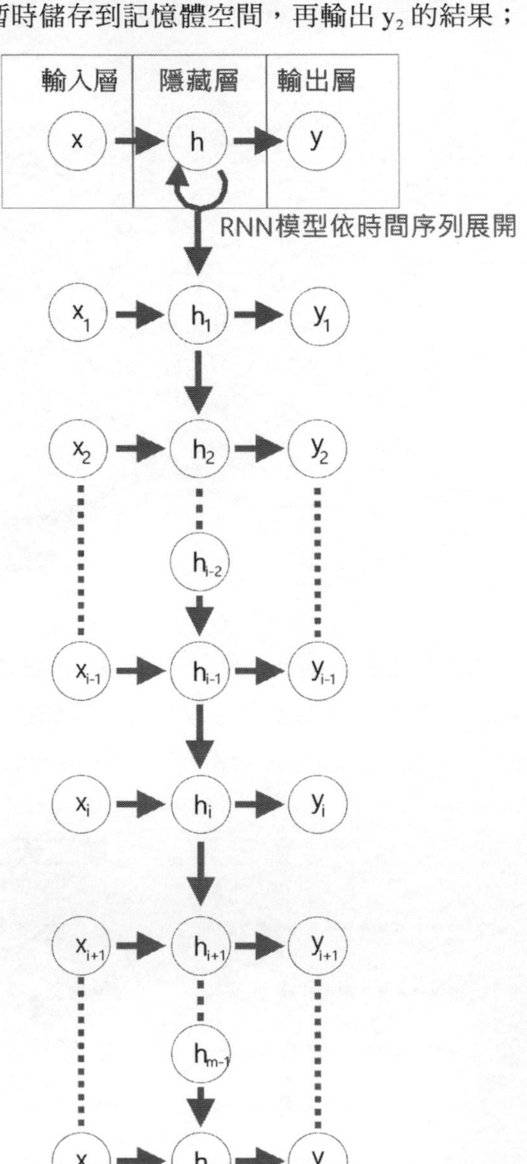


如果以通式來加以說明 RNN 的運作方式，就是第 t 次時間序列來自輸入層的輸入為 $x_t$，要產出輸出結果 $y_t$ 必須考慮到前一次輸入所產生的隱藏狀態 $h_{t-1}$，並與這一次輸入 $x_t$ 一併考慮成為新的輸入，而該次也會產生新的隱藏狀態 $h_t$ 並暫時儲存到記憶體空間，再輸出 $y_t$ 的結果，接著再接續進行下一個時間序 $x_{t+1}$ 的輸入，以此類推。綜合歸納遞迴神經網路（RNN）的主要重點，RNN 的記憶方式在考慮新的一次的輸入時，會將上一次的輸出記錄的隱藏狀態連同這一次的輸入當作這一次的輸入，也就是說，每一次新的輸入都會將前面發生過的事一併納入考量。

右邊的示意圖就是 RNN 記憶方式及 RNN 根據時間序列展開後的過程說明。

遞迴神經網路強大的地方在於它允許輸入與輸出的資料不只是單一組向量，而是多組向量組成的序列，另外 RNN 也具備有更快訓練和使用更少計算資源的優勢。就以應用在自然語言中文章分析為例，通常語言要考慮前言後語，為了避免斷章取義，要建立語言的相關模型，如果能額外考慮上下文的關係，準確率就會顯著提高。也就是說，當前「輸出結果」不只受上一層輸入的影響，也受到同一層前一個「輸出結果」的影響（即前文）。例如下面這兩個句子：

- 我「不在意」時間成本，所以我選擇搭乘「火車」從高雄到台北的交通工具
- 我「很在意」時間成本，所以我選擇搭乘「高鐵」從高雄到台北的交通工具

在分析「我選擇搭乘」的下一個詞時，若不考慮上下文，「火車」、「高鐵」的機率是相等的，但是如果考慮「我很在意時間成本」，選「高鐵」的機率應該就會大於選「火車」。反之，但是如果考慮「我不在意時間成本」，選「火車」的機率應該就會大於選「高鐵」。

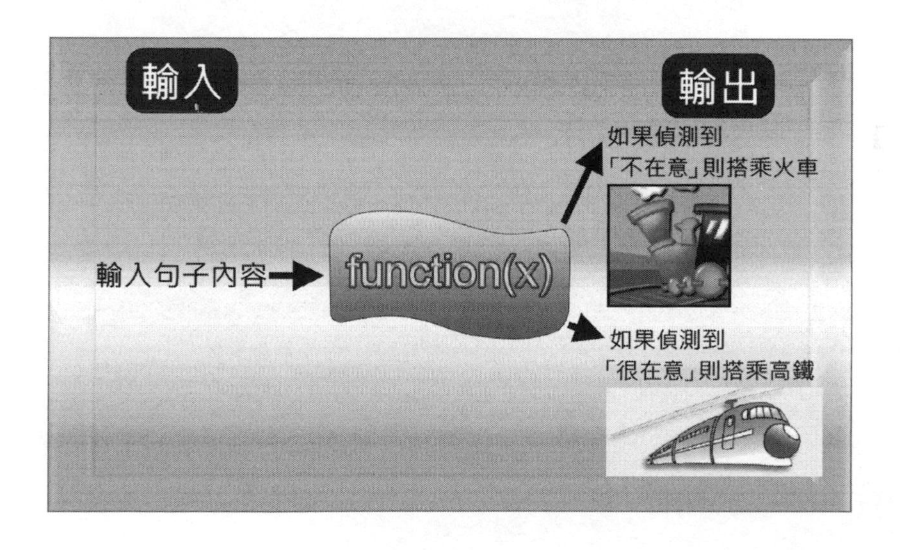

# 5-4 深度學習的應用領域

雖然我們沒有發覺，但深度學習早已深入現代人生活之中，深度學習技術主要是透過多層次的訓練模型篩選與輸入大量資料集，然後逐步提高預測結果的正確率，以便讓輸出值的正確率達到理想範圍。時至今日，深度學習最大的進展成果就是能讓電腦學習判讀「圖像」以及「聲音」，正因為深度學習適合用來分析複雜與高維度的影像、音訊、影片和文字檔等數據，便能執行過去機器難以達成的任務，協助人類日常中的工作。所以一般認為目前深度學習的主要應用領域有三：語音辨識、影像辨識與自然語音處理。以下我們將介紹深度學習目前的三大主流應用實務。

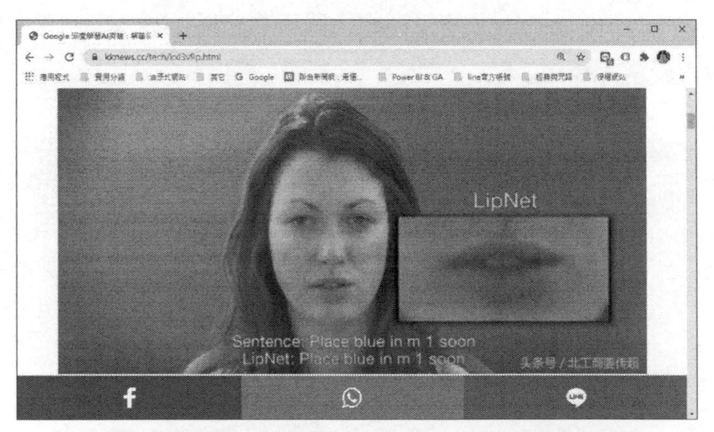


**DeepMind 開發的 AI 系統，讀唇語的精確度贏過專業人士**

圖片來源：https://kknews.cc/tech/kxl3v9p.html

## 5-4-1 語音辨識

說話是人類最自然的交流方式，從各位早上起床開始，一天的生活中就充滿了各式各樣的聲音，如鳥叫聲、收音機音樂聲、吵人的鬧鐘聲等，而人與人之間主要也是透過聲音來進行言語間的溝通。過去如何讓電腦也能辨識聲音一直是專家學者們關心的問題，語音辨識領域自從在 1980 年代時，美國麻省理工學院的實驗室開始進行研究就受到相當重視，不過當時辨識率不高，一直沒辦法廣泛應用在商業用途。直到 2012 年，科學家開始用深度神經網路（DNN），帶來的是比以往更有感的語音辨識率提升，才逐漸受到國際間大型企業與學術機構的關注與重視。

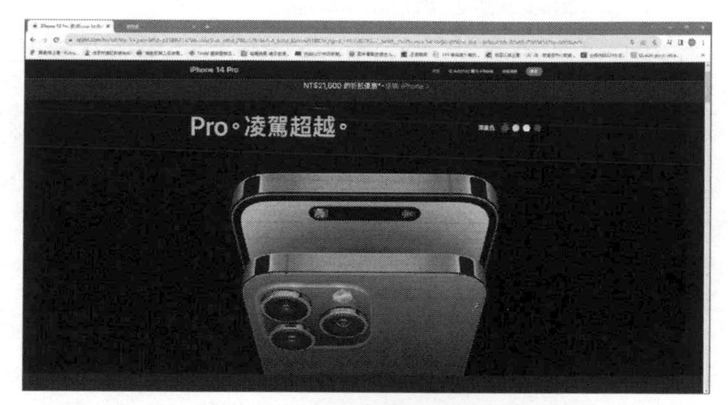


iPhone 14 pro 提供了更人性化的 Siri 功能

生活中充滿了各式各樣的聲音

目前深度學習技術在語音辨識（speech recognition）領域的運用已經取得了顯著的進步，特別是智慧語音助理無疑是近年來很熱門話題，語音已成為與智慧終端互動不可或缺的方式，不但普及到每個人的智慧型手機，或是預期未來將深入到每個家庭的智慧喇叭，例如帶動風潮的蘋果 Siri（Speech Interpretation and Recognition Interface，語音解析及辨識介面）與亞馬遜的 Alexa 等，上面都搭載有語音助理提供方便自然的語音互動介面，讓你完全不用動手，輕鬆透過說話來命令機器打電話、播放音樂、傳簡訊、開啟 App、設定鬧鐘等功能。

語音辨識技術也稱為「自動語音辨識」（Automatic Speech Recognition, ASR），目的就是希望電腦聽懂人類說話的聲音，進而命令電腦執行相對應的工作，電腦透過比對聲學特徵，然後以語音交流的方式取代過去的傳統人機互動過程。在這個過程中就跟我們人類平常辨識語音的過程十分類似，主要可以區分為三個簡單步驟：聽到，嘗試理解，然後給出回饋。例如我們對著手機講話，機器也能夠辨認人類的說話內容和文法結構，同時螢幕也會顯示對應的文字。

Amazon Echo 使用聲控作為主要人機互動方式

在語音辨識處理過程中，因為人類語言的聲音數據千變萬化，通常假設聲音的特徵是緩慢變化，不過在聲音特徵中，聲音強度的變化是相當重要的訊息，首先電腦必須先輸入我們的聲音，接著將類比資訊轉換為數位音訊，然後進行語音特徵提取（Feature Extraction）與資料標準化（Feature Scaling），包括音訊的波長、斷句、語調的頓挫等，因為語音訊號的資料量非常龐大，因此必須求取適當的特徵參數，然後將已事先儲存好的聲音樣本與輸入的測試聲音樣本進行比對、分析與判別，例如依照音位（Phoneme）、音節的特徵向量比對，找出機率最大的可能字彙，經過神經網路的判斷及機率分布解讀，再從資料庫抓出機率最大的對應語句，最後推演出文本結果，這樣的過程形成了我們聽到的流暢對話。

## 5-4-2 自然語言處理（NLP）

AI 電話客服也是自然語言的應用之一

圖片來源：https://www.digiwin.com/tw/blog/5/index/2578.html

電腦科學家通常將人類的語言稱為自然語言 NL（Natural Language），比如說中文、英文、日文、韓文、泰文等。自然語言最初都只有口傳形式，要等到文字的發明之後，才開始出現手寫形式。任何一種語言都具有博大精深及與隨時間變化而演進的特性，這也使得自然語言處理（Natural Language Processing, NLP）範圍非常廣泛，所謂 NLP 就是讓電腦擁有理解人類語言的能力，也就是一種藉由大量的文字資料搭配音訊檔案，並透過複雜的數學聲學模型（Acoustic model）及演算法來讓機器去認知、理解、分類並運用人類日常語言的技術。

本質上，語音辨識與自然語言處理（NLP）的關係是密不可分的，不過機器要理解語言，是比語音辨識要困難許多。在自然語言處理（NLP）領域中，首先要經過「斷詞」和「理解詞」的處理，辨識出來的結果還是要依據語意、文字聚類、文本摘要、關鍵詞分析、敏感用語、文法及大量標註的語料庫。透過深度學習機解析單詞或短句在段落中的使用方式與透過大量文本（語料庫）的分析進行語言學習，才能正確的辨識與解碼（Decode），探索出詞彙之間的語意距離，進而了解其意與建立語言處理模型，最後才能有人機對話的可能。這樣的運作機制也讓 NLP 更貼近人類的學習模式。隨著深度學習的進步，NLP 技術的應用領域已更為廣泛，機器能夠 24 小時不間斷工作且錯誤率極低的特性，企業對 NLP 的採用率更顯著增長，包括電商、行銷、網路購物、訂閱經濟、電話客服、金融、智慧家電、醫療、旅遊、網路廣告、客服等不同行業。

**Google 開放 BERT 模型原始碼**

BERT 是 Google 基於 Transformer 架構上所開源的一套演算法模型。自從 Google 推出 BERT（Bidirectional Encoder Representations from Transformers）之後，能幫助 Google 更精確從網路上理解自然語言的內容：以往只能從前後文判斷會出現的字句（單向），現在透過 BERT 不但能夠雙向地去查看前後字詞、分析句子中單詞間的關係和句子的結構及整體內容，並推斷出完整的上下文；甚至幫助「網路爬蟲」

（web crawler）更容易理解搜尋過程中單詞和上下文之間的細微差別，大幅提升使用者在 Google 搜尋欄提出的問題的意圖和真正想找資訊的精確度。

疾管家語音機器人協助民眾掌握疫情與流感資訊

## 5-4-3 影像辨識

近年來由於社群網站和行動裝置風行，加上萬物互聯的時代無時無刻產生大量的數據，使用者瘋狂透過手機、平板電腦、電腦等，在社交網站上大量分享各種資訊，許多熱門網站擁有的資料量都上看數 TB（Tera Bytes，兆位元組），甚至上看 PB（Peta Bytes，千兆位元組）或 EB（Exabytes，百萬兆位元組）的等級，其中有一大部份是數位影像資料，影音資訊的加值再利用將越來越普及，透過大量已分類影像作為訓練資料的來源，這也提供了影像辨識很豐富的訓練素材。

影像辨識技術早期是從圖像識別（pattern recognition）演進而來，也是目前深度學習應用最廣泛的領域，以往需要人工選取特徵再進行影像辨識，現在深度學習技術可以透過大量資料進行自動化特徵學習，兩者結合可應用於生活中各種面向，有效協助傳統上需要大量人力的工作。影像辨識已經衍生出多項應用，包括智慧家居、動態視訊、無人駕駛、品管檢測、無人商店管理、安全監控、物流貨品檢核、偵測物件、醫療影像等。

機器影像辨識已逐漸取代人力成為工廠瑕疵檢測的利器

圖片來源 https://buzzorange.com/techorange/2019/09/05/delta-aoi-system/

例如自動駕駛是現在非常熱門的話題，隨著感測與運算技術的快速推進，無人操作的自駕車系統取得了越來越驚人的進展，使得汽車從過去的封閉系統轉變成能與外界溝通的智慧型車輛，自駕車開始從實驗室測試轉向在公共道路上駕駛。自動駕駛是一種自主決策智慧系統，並不是一個單純一個技術點，而是許多尖端技術點的集合，其中深度學習是自駕車的技術核心，首要任務是了解周圍環境，必須使用真實世界的數據來訓練和測試自動駕駛組件。

自駕車必須即時處理內外環境的多元觀測數據

自駕車為了達到自動駕駛的目的以及在道行車安全，必須透過影像辨識技術來感知與辨識周圍環境、附近物件、行人、可行駛區域等，並判斷物周遭件的行為模式，從物件分類、物件 偵測、物件追蹤、行為分析至反應決策，更能精準處理來自不同車載來源的觀測流，如照相機、雷達、攝影機、超聲波傳感器、GPS 裝置等，使自駕車能夠利用自動辨識前方路況，並做出相對應減速或煞車的動作，以達到最高安全的目的。目前利用卷積神經網路（CNN）來進行視覺的感知是自駕車系統中最常用的方法，可用來協助 AI 加速完成學習推論感知周遭環境，擁有較高容錯能力與適合複雜環境，然後不斷透過演算法從資料和訓練中學習，讓自駕車愈來愈能夠適應環境且不斷擴展其能力，事實上，即便是目前允許上路的自駕駛車也持續不斷被用來收集大數據，用來改進下一代自動駕駛汽車的技術。

**Google 的 Waymo 自駕車在加州實際路測里程數稱霸業界**

圖片來源：https://technews.tw/2018/08/27/a-day-in-the-life-of-a-waymo-self-driving-taxi/

**Note**

# 06 Chapter

# ChatGPT 與 Bing Chat 入門的第一步

OpenAI 推出的 ChatGPT 聊天機器人，最近在網路上爆紅，它不僅僅是個聊天機器人，還可以幫忙回答各種問題，例如寫程式、寫文章、寫信等，而且所回答的內容有模有樣，不容易分辨出是由機器人所回答的內容。另外在登入 ChatGPT 網站註冊的過程中雖然是全英文介面，但是註冊過後在與 ChatGPT 聊天機器人互動發問問題時，可以直接使用中文的方式來輸入，而且回答的內容具有相當的專業性，甚至是不亞於人類的回答內容。更重要的是，同樣的問題，反覆詢問或啟用另外一個機器人來回答，還會以不同的角度，給予使用者不同面向的回答。

近年來，聊天機器人成為了各大企業和機構開發的熱門項目，它們被用於各種不同的場景，例如客服、教育、醫療等領域。本章將簡單介紹什麼是聊天機器人，並深入探討 ChatGPT 聊天機器人的特點和優勢。我們將介紹 OpenAI，這家負責研發 ChatGPT 的公司，以及 ChatGPT 使用的 AI 技術和運作原理。最後，我們將討論 ChatGPT 在各個應用場景中的使用情況，讓您更深入了解 ChatGPT 的應用範圍和發展前景。接著我們就來看到底 ChatGPT 聊天機器人是何方神聖，可以在短時間爆紅。

## 6-1 什麼是聊天機器人

聊天機器人是一種模擬並處理人類對話的電腦程式，它不僅可以回覆使用者的問題，也可以在收集和處理資訊的同時增進自己的回答能力。通常聊天機器人，可以幫助使用者透過文字、圖形或語音來與 Web 服務或應用程式進行互動。另外，通常聊天機器人使用人工智慧（AI）和自然語言處理（NLP）、機器學習或深度學習等機制，一邊執行一邊學習。聊天機器人可以是大型應用程式的一部分，也可以是完全獨立的。

聊天機器人共有兩種主要類型：一種是以工作目的為導向，這類聊天機器人是一種專注於執行一項功能的單一用途程式。例如 LINE 的自動訊息回覆，就是一種簡單型聊天機器人。

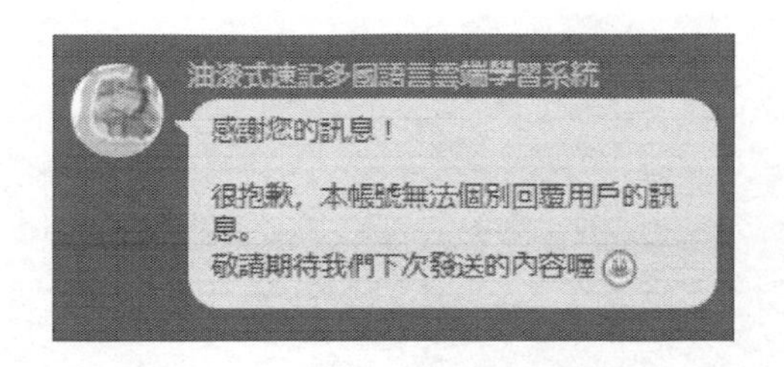


另外一種聊天機器人則是一種資料驅動的模式，能具備預測性的回答能力，這類聊天機器人，就如同 Apple 的 Siri 就是屬於這一種類型的聊天機器人。

## 6-1-1 認識 ChatGPT 是聊天機器人

ChatGPT 是什麼？簡單來講，它就是一種 OpenAI 推出的 AI 聊天機器人。如果您希望了解更專業的解說，也可以直接在 ChatGPT 中詢問聊天機器人「ChatGPT 是什麼？」就可以得到的回答結果為：「ChatGPT 是一個由 OpenAI 開發的大型語言模型，它使用深度學習技術來生成自然語言回應。ChatGPT 基於開放式網絡的大量資料進行訓練，使其能夠產生高度精確、自然流暢的對話回應，與人進行交互。ChatGPT 在多個領域中都有應用，例如智能客服、自然語言處理、自動回覆等。」

也就是說 ChatGPT 能和人類以一般人的對話方式與使用者互動，除了可以給予各種問題的建議，也可以幫忙寫作業或程式碼，甚至有任何食衣住行育樂的各種生活問題或學科都可以問 ChatGPT，而 ChatGPT 也會以近似人類會寫出來的文字，給予相當到位的回答，用途非常廣泛多元。例如，下列二圖是筆者分別問了「請用 C++ 寫九九乘法表的程式」及「請簡介量子電腦」的回答內容：

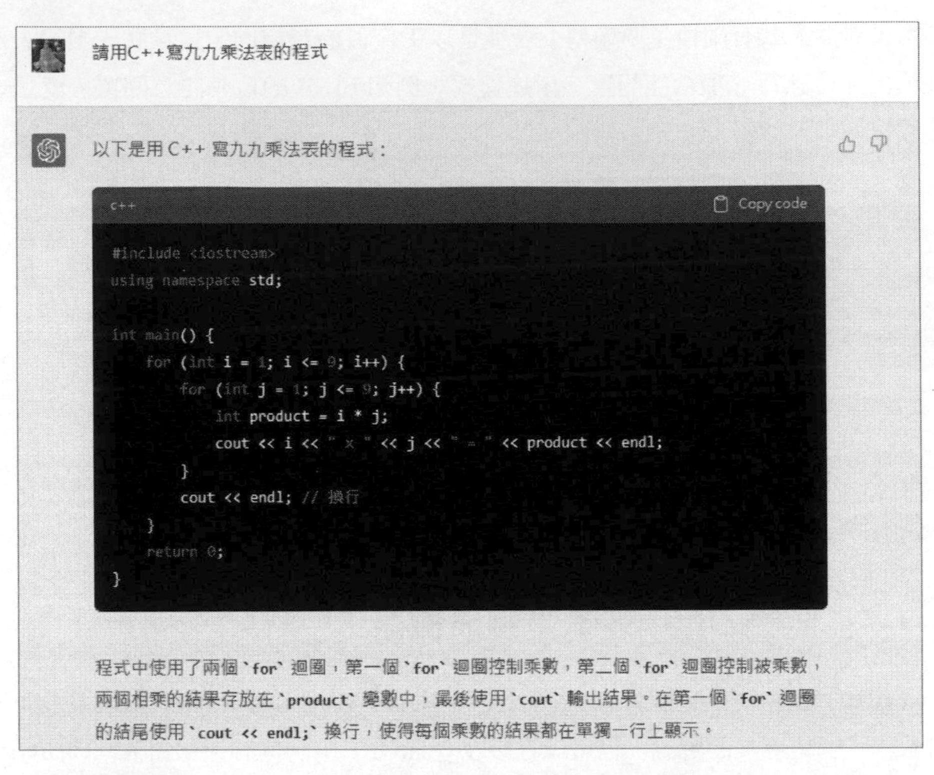
請用C++寫九九乘法表的程式
以下是用 C++ 寫九九乘法表的程式：
C++
Copy code
#include <iostream>
using namespace std;

int main() {
    for (int i = 1; i <= 9; i++) {
        for (int j = 1; j <= 9; j++) {
            int product = i * j;
            cout << i << " x " << j << " = " << product << endl;
        }
        cout << endl; // 換行
    }
    return 0;
}
程式中使用了兩個 `for` 迴圈，第一個 `for` 迴圈控制乘數，第二個 `for` 迴圈控制被乘數，兩個相乘的結果存放在 `product` 變數中，最後使用 `cout` 輸出結果。在第一個 `for` 迴圈的結尾使用 `cout << endl;` 換行，使得每個乘數的結果都在單獨一行上顯示。

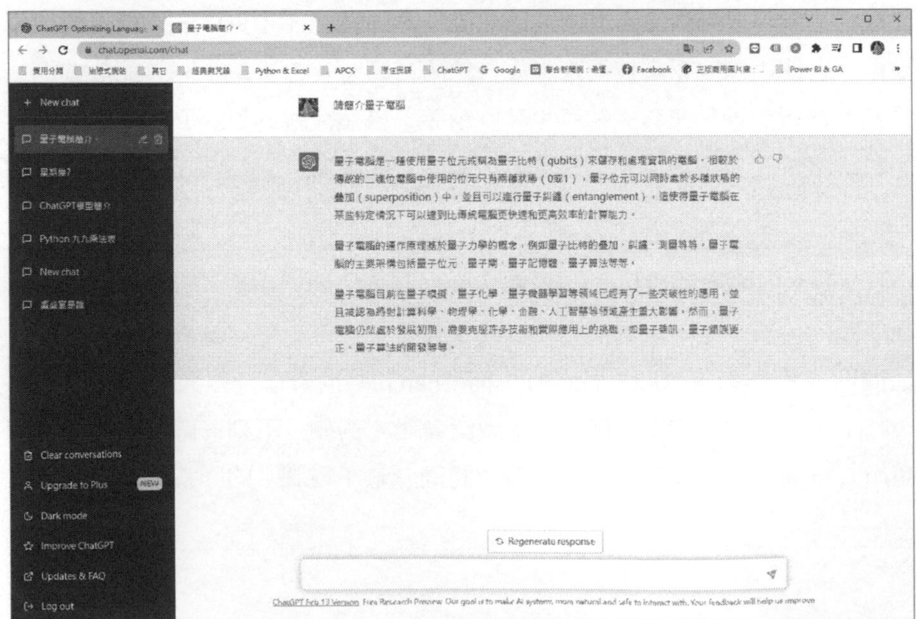
chat.openai.com/chat
Python & Excel
APCS
ChatGPT
Google
Facebook
Power BI & GA
New chat
ChatGPT模型簡介
Python 九九乘法表
New chat
請簡介量子電腦
量子電腦是一種使用量子位元或稱為量子比特（qubits）來儲存和處理資訊的電腦，相較於傳統的二進位電腦中使用的位元只有兩種狀態（0或1），量子位元可以同時處於多種狀態的疊加（superposition）中，並且可以進行量子糾纏（entanglement），這使得量子電腦在某些特定情況下可以達到比傳統電腦更快速和更高效率的計算能力。
量子電腦的運作原理基於量子力學的概念，例如量子比特的疊加、糾纏、測量等等，量子電腦的主要架構包括量子位元、量子閘、量子記憶體、量子算法等等。
量子電腦目前在量子模擬、量子化學、量子機器學習等領域已經有了一些突破性的應用，並且被認為將對計算科學、物理學、化學、金融、人工智慧等領域產生重大影響，然而，量子電腦仍然處於發展初期，需要克服許多技術和實際應用上的挑戰，如量子雜訊、量子錯誤更正、量子算法的開發等等。
Clear conversations
Upgrade to Plus
NEW
Dark mode
Improve ChatGPT
Updates & FAQ
Log out
Regenerate response

也就是說，ChatGPT 是一種 AI 大型語言模型，它會以對話的方式來訓練，幫助理解自然語言。因此它能應用於解決各種語言相關的問題，例如聊天機器人、自然語言理解或內容產生等。ChatGPT 還具備一項特點，就是透過在不同的語言資料上進行訓練，以幫助使用者在多種語言的使用。

從技術的角度來看，ChatGPT 是「文字生成」的 AI 家族中，「生成式預訓練轉換器」(Generative Pre-Trained Transformer) 技術的最新發展。它的技術原理是採用深度學習 (Deep Learning)，根據從網路上獲取的大量文字樣本進行機器人工智慧的訓練。當你不斷以問答的方式和 ChatGPT 進行互動對話，聊天機器人就會根據你的問題進行相對應的回答，並提升這個 AI 的邏輯與智慧。簡單來說，它是一種基於 GPT-3.5 模型的語言模型，可以用來生成自然語言文字。

**TIPS**

**OpenAI 是何方神聖**

Chat GPT 是由位於美國舊金山的 Open AI (https://openai.com/) 所開發，特斯拉創辦人伊隆・馬斯克 (Elon Musk) 也是 OpenAI 創辦人之一，而這個人工智慧實驗室成立的理念，是以發展友善的人工智慧技術，來幫助人類。

根據維基的說法，在 2023 年 1 月，ChatGPT 的使用者數超過 1 億，也是該段時間成長最多使用者的消費者應用程式。而目前 ChatGPT 的服務中，就屬英語的效果最好，但即使 ChatGPT 這項服務是英文介面，ChatGPT 還是可以利用其他語言 (例如中文) 來輸入問題，而 ChatGPT 以該語言進行內容的回覆。

雖然目前可以免費試用，但是 OpenAI 也推出名為 ChatGPT Plus 的月度訂閱計劃，到時候要使用 ChatGPT 這項服務，就必須負擔一些費用，而這樣的計劃可以預見的是，未來將在更多的國家推出。

## 6-1-2 ChatGPT 的運作原理

前面提到過 ChatGPT 是基於「文字生成」技術，這項技術會根據輸入的資料，產出相對應的回答，它的學習概念就是先讓 ChatGPT 透過閱讀大量文字，找出人類使用文字的各種方法，再藉由人類對回答內容的反饋，引導 AI 機器人練習人類常使用的文字，並持續「增強式學習」，來幫助聊天機器人能以更精準的方式來模擬人類的語言，回答使用者所提出的問題。這一種學習過程可以幫助提高 ChatGPT 模仿人類邏輯及回答能力，不過這項技術一開始常常出現答非所問的情況，但隨著 AI 模型建立以及大量的文意分析後，現在的 ChatGPT 所具備的人工智慧已經能靈活地回答出各類的問題，但事實上這項技術文字生成技術早上幾年前就已廣泛被應用在 iPhone Siri 或是社群平台的聊天機器人。

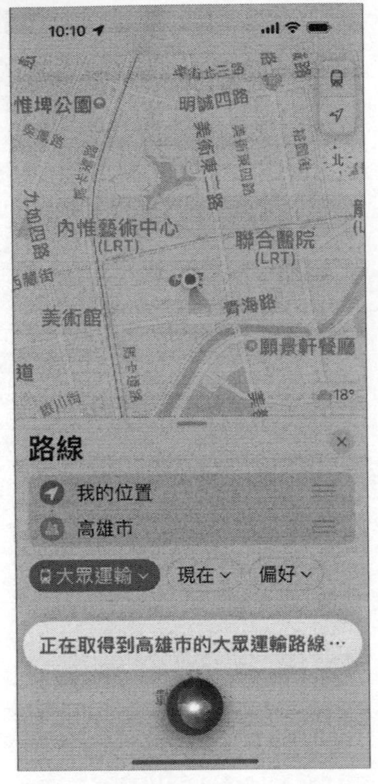


iPhone Siri 可以直接以口語提問

## 6-1-3 ChatGPT 的應用範圍

ChatGPT 擁有強大的自然語言生成及學習能力，因為它可以在生活中各種領域起很大的幫助，ChatGPT 能夠解決許多不同的問題，以下是一些 ChatGPT 的應用範圍：

- **AI 客服**：ChatGPT 可以擔任自動客服機器人，幫忙回答一些客戶常見問題或提供產品消息。
- **語音助手**：ChatGPT 可以用來訓練語音助手，如 Siri、Alexa 等，幫助用戶完成各種任務。

- **語言翻譯**：ChatGPT 可以應用於機器翻譯，使得不同語言之間的溝通變得更加容易和順暢。

Please introduce U.S.A.

The United States of America, commonly referred to as the United States or the USA, is a federal republic composed of 50 states, a federal district (Washington, D.C.), five major self-governing territories, and various possessions. It is the third largest country in the world by land area and the third most populous country, with a population of over 331 million people.

The USA is a highly developed country with a diversified economy and is considered to be one of the most powerful countries in the world. Its economy is the largest in the world, with a highly developed service sector, a large manufacturing base, and abundant natural resources. The USA is a founding member of the United Nations, World Bank, International Monetary Fund, and World Trade Organization.

The country is known for its cultural diversity, with a population composed of people from all over the world. The USA is also home to many iconic landmarks and destinations, such as the Statue of Liberty, the Grand Canyon, Hollywood, the Golden Gate Bridge, and the White House, among others. Its diverse and influential popular culture has had a major impact on the world, with American music, movies, and TV shows being popular across the globe.

The USA is a constitutional federal democracy, with a government composed of three branches: the executive, legislative, and judicial branches. The country has a long history of political and social activism, including movements for civil rights, women's rights, LGBTQ rights, and environmentalism.

接著只要輸入類似「請將我剛才問的問題的英文的回答內容翻譯成中文」，就會將剛才的英文回答內容翻譯成中文，請參考下圖：

請將我剛才問的問題的英文的回答內容翻譯成中文

好的，以下是對於美國（U.S.A.）的英文回答的翻譯：

美利堅合眾國（United States of America），簡稱美國（United States或USA），是一個聯邦共和國，由50個州、一個聯邦區（華盛頓特區）、五個自治領土和各種屬地組成。美國是世界上第三大的國家，其土地面積和人口數都居世界第三位，擁有超過3.31億人口。

美國是一個高度發達的國家，擁有多元化的經濟體系，被認為是世界上最強大的國家之一。其經濟體系是全球最大的，擁有高度發達的服務業和龐大的製造業基礎，並擁有豐富的自然資源。美國是聯合國、世界銀行、國際貨幣基金組織和世界貿易組織的創始成員。

美國因其文化多樣性而著名，其人口來自世界各地。美國也擁有許多標誌性的地標和旅遊勝地，如自由女神像、大峽谷、好萊塢、金門大橋和白宮等。其多元且有影響力的流行文化對全球產生了巨大影響，美國的音樂、電影和電視節目在全球都很受歡迎。

美國是一個憲法聯邦民主國家，政府由三個部門組成：行政、立法和司法。該國具有悠久的政治和社會行動的歷史，包括民權運動、婦女權利、LGBTQ權利和環保主義等運動。

- **寫作及摘要**：ChatGPT 可以用來生成自然的文字，例如新聞報導、短文章等，它有助提高寫作的效能及品質，甚至還可以生成各種類型的廣告文案，提高廣告的點擊率和轉換率。同時，它還具備自動摘要的功能，可以將長文摘要出文章重點。

請以至少600字介紹台灣

台灣是一個美麗的島嶼，位於東亞的中心地帶，北臨東海，東鄰太平洋，西接台灣海峽，南隔巴士海峽與菲律賓相望。台灣地理位置獨特，緯度介於北緯20°45'~25°56'之間，面積約有36,000平方公里，是世界上第38大的國家。

台灣擁有豐富的人文歷史，是一個多元文化的國家。先民們在台灣島上居住已有萬餘年歷史，歷經荷蘭、西班牙、清朝、日治時期等不同的政權統治，每個時期都留下了獨特的文化遺產，使得台灣文化綜合了多種不同文化的元素。

台灣的氣候溫和，四季分明，植被豐富，有各種不同的自然風光，如高山、海岸、溪流、森林、湖泊等等。其中，太魯閣、日月潭、阿里山等地區是著名的旅遊勝地，吸引了大量國內外遊客前來旅遊。

此外，台灣也是一個經濟發達的國家。自20世紀80年代開始，台灣的經濟快速發展，成為了亞洲四小龍之一。現在，台灣擁有高度發達的科技產業、製造業、金融業等，也是全球最大的積體電路製造商之一。台灣的經濟成就得益於政府的積極政策，也得益於勤奮的台灣人民。

台灣的人民熱情好客，友善而有禮。華人文化中講究的"以人為本"和"和氣生財"在台灣得到了充分體現。台灣的飲食文化豐富多彩，有許多美食是讓人流連忘返的，如台北的小吃、台南的小吃、台中的豆花、嘉義的瘦肉粥等等。此外，台灣也是茶葉生產和茶文化的重要地區，台灣茶

接著只要輸入類似「請將我剛才問的問題的回答內容摘要重點」，就會將剛才問的問題的回答內容摘要重點，請參考下圖：

請將我剛才問的問題的回答內容摘要重點

摘要重點：

- 台灣位於東亞中心地帶，緯度介於北緯20°45'~25°56'之間，面積約有36,000平方公里，是世界上第38大的國家。
- 台灣有豐富的人文歷史和多元文化，歷經荷蘭、西班牙、清朝、日治時期等不同的政權統治，每個時期都留下了獨特的文化遺產，使得台灣文化綜合了多種不同文化的元素。
- 台灣的氣候溫和，四季分明，植被豐富，有各種不同的自然風光，如高山、海岸、溪流、森林、湖泊等等。太魯閣、日月潭、阿里山等地區是著名的旅遊勝地。
- 台灣是一個經濟發達的國家，擁有高度發達的科技產業、製造業、金融業等，也是全球最大的積體電路製造商之一。台灣的經濟成就得益於政府的積極政策，也得益於勤奮的台灣人民。
- 台灣人民熱情好客，友善而有禮。台灣的飲食文化豐富多彩，有許多美食是讓人流連忘返的。台灣也是茶葉生產和茶文化的重要地區。

- **智慧裝置**：ChatGPT 可以用來訓練智慧裝置，如智能家居、智慧手機等。
- **醫療領域**：ChatGPT 可以應用於醫生和病人之間的問答、病情分析等，藉助 ChatGPT 的協助，可以大幅增加醫療服務品質。例如輸入：請以專業醫師的角色回答當確診新冠病毒時的處理原則。

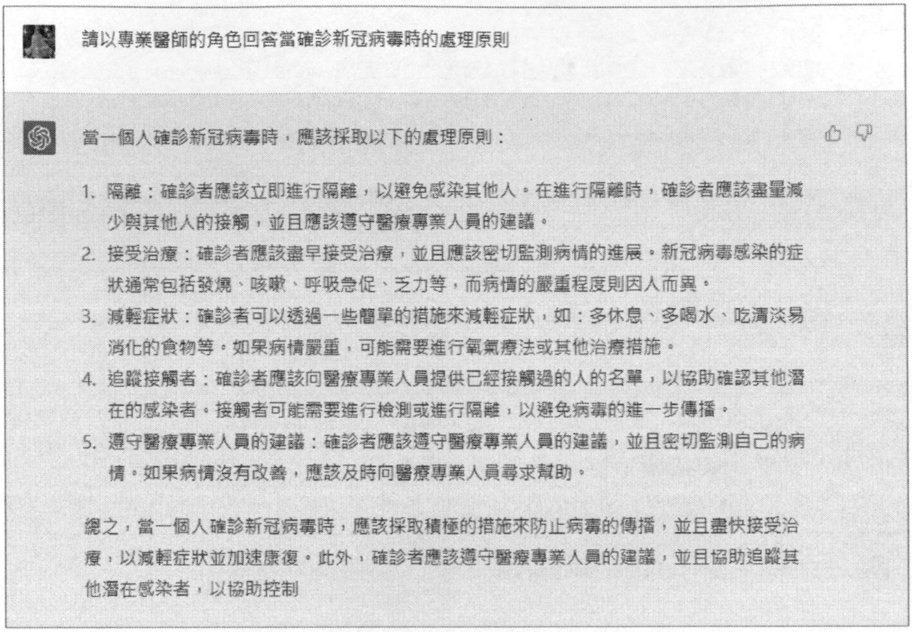

請以專業醫師的角色回答當確診新冠病毒時的處理原則

當一個人確診新冠病毒時，應該採取以下的處理原則：

1. 隔離：確診者應該立即進行隔離，以避免感染其他人。在進行隔離時，確診者應該盡量減少與其他人的接觸，並且應該遵守醫療專業人員的建議。
2. 接受治療：確診者應該盡早接受治療，並且應該密切監測病情的進展。新冠病毒感染的症狀通常包括發燒、咳嗽、呼吸急促、乏力等，而病情的嚴重程度則因人而異。
3. 減輕症狀：確診者可以透過一些簡單的措施來減輕症狀，如：多休息、多喝水、吃清淡易消化的食物等。如果病情嚴重，可能需要進行氧氣療法或其他治療措施。
4. 追蹤接觸者：確診者應該向醫療專業人員提供已經接觸過的人的名單，以協助確認其他潛在的感染者。接觸者可能需要進行檢測或進行隔離，以避免病毒的進一步傳播。
5. 遵守醫療專業人員的建議：確診者應該遵守醫療專業人員的建議，並且密切監測自己的病情。如果病情沒有改善，應該及時向醫療專業人員尋求幫助。

總之，當一個人確診新冠病毒時，應該採取積極的措施來防止病毒的傳播，並且盡快接受治療，以減輕症狀並加速康復。此外，確診者應該遵守醫療專業人員的建議，並且協助追蹤其他潛在感染者，以協助控制

另外，ChatGPT 也可以分析一段文字中所包含的情感，它可以解決許多不同類型的自然語言處理問題，應用範圍非常的廣，可以幫助人們快速且輕鬆地完成各種任務和工作。

# 6-2 開始你的 ChatGPT 之旅

本章將教您如何註冊一個免費的 ChatGPT 帳號，我們將完整說明如何以 Email 的方式來進行 ChatGPT 免費帳號的註冊，同時我們也會說明如何直接以 Google 帳號（或 Microsoft 帳號）進行 ChatGPT 免費帳號的註冊。

## 6-2-1 註冊免費的 ChatGPT 帳號

首先來示範如何註冊免費的 ChatGPT 帳號，請先登入 ChatGPT 官網，它的網址為 https://chat.openai.com/，登入官網後，如果沒有帳號的使用者，可以直接點選畫面中的「Sign up」按鈕註冊一個免費的 ChatGPT 帳號：

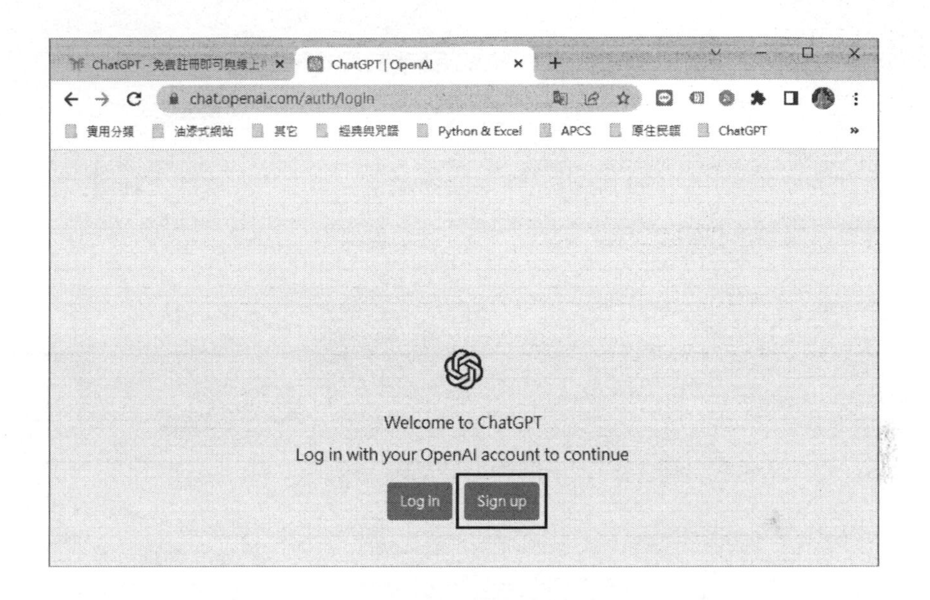


當各位註冊免費的 ChatGPT 帳號，就可以正式啟用 ChatGPT，登入 ChatGPT 之後，會看到如下圖畫面，在畫面中可以找到許多和 ChatGPT 進行對話的真實例子，也可以了解使用 ChatGPT 有哪些限制。

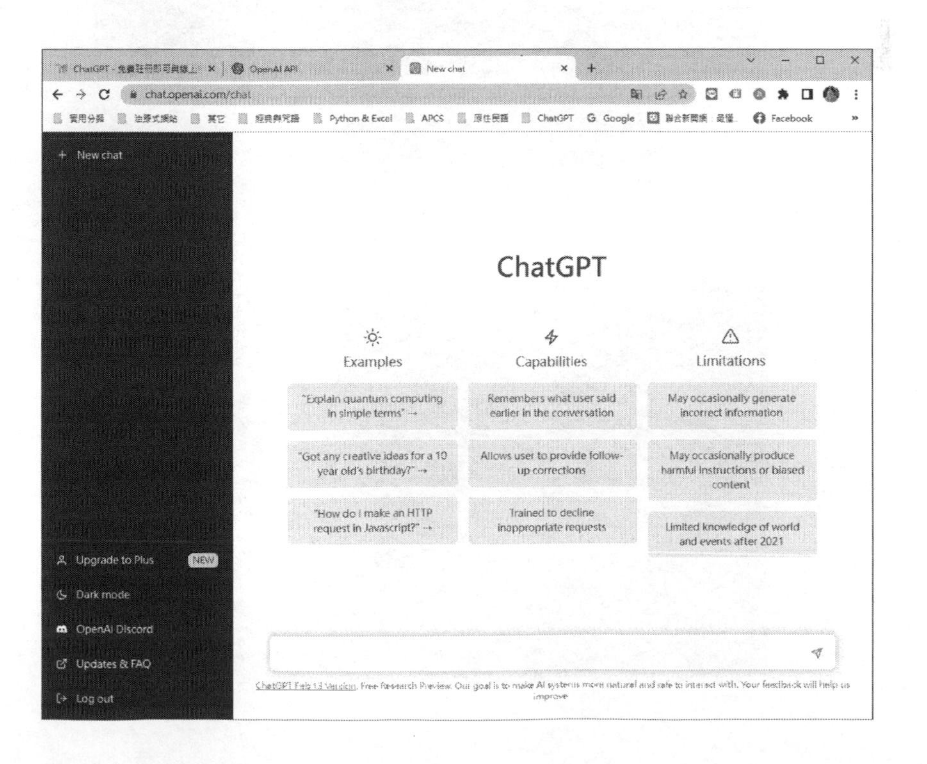

## 6-2-2 第一次與 AI 機器人對話就上手

當我們登入 ChatGPT 之後，開始畫面會告訴你 ChatGPT 的使用方式，各位只要將直接於畫面下方的對話框，輸入要問題就可以和 AI 機器人輕鬆對話。例如：請輸入提示（Prompt）詞：

### 提示（Prompt）詞

請用 Python 寫九九乘法表的程式

接著按下「Enter」鍵正式向 ChatGPT 機器人詢問，就可以得到類似下圖的回答：

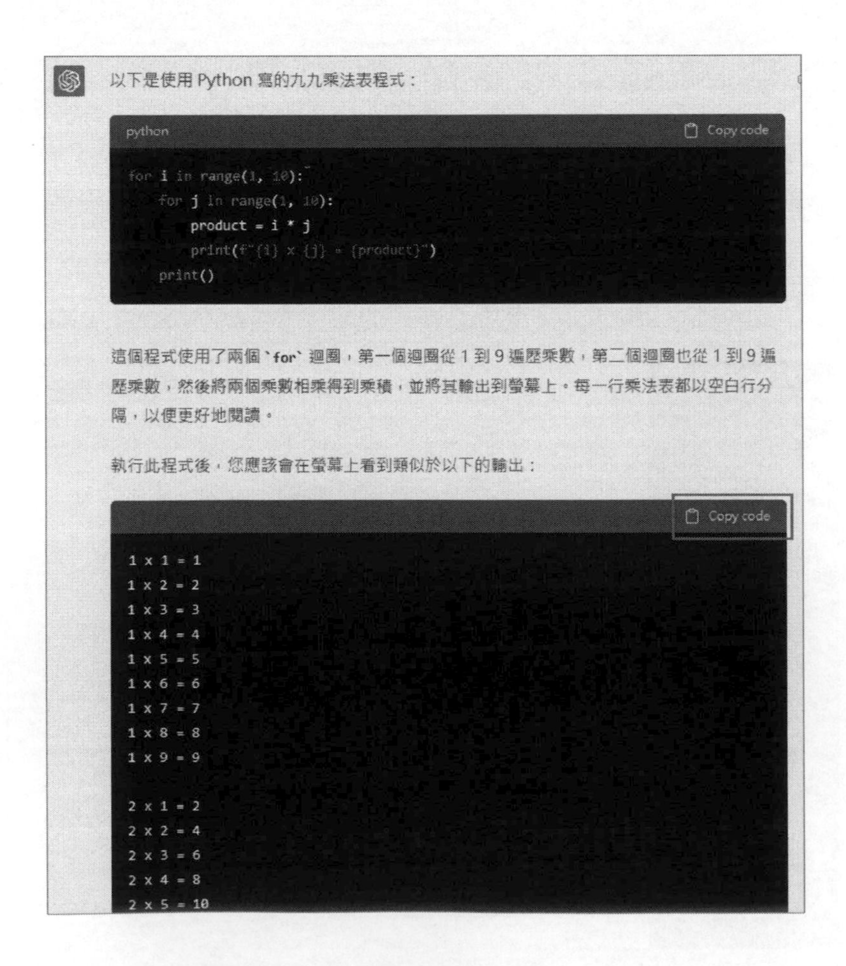

在回答的內容，不僅可以取得九九乘法表的程式碼，還會在該程式碼的下方解釋這支程式的設計邏輯。

## 6-2-3 複製 ChatGPT 幫忙寫的程式碼

如果可以要取得這支程式碼，還可以按下回答視窗右上角的「Copy code」鈕，就可以將 ChatGPT 所幫忙撰寫的程式，複製貼上到 Python 的 IDLE 的程式碼編輯器（如果各位電腦系統有安裝過 Python 的 IDLE，如果沒有，下載網址為 https://www.python.org/downloads/），如下圖所示：

*untitled*

File Edit Format Run Options Window Help

```
for i in range(1, 10):
    for j in range(1, 10):
        product = i * j
        print(f"{i} x {j} = {product}")
    print()
```

Ln: 6 Col: 0

如果要將檔案儲存，可以直接執行 Python 的 IDLE 的「File/Save」或「File/Save As...」指令：

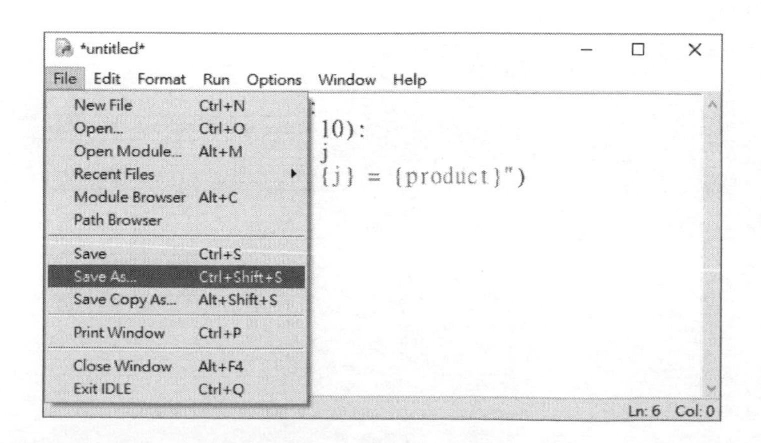

接著只要執行「Run/Run Module」指令來執行程式：

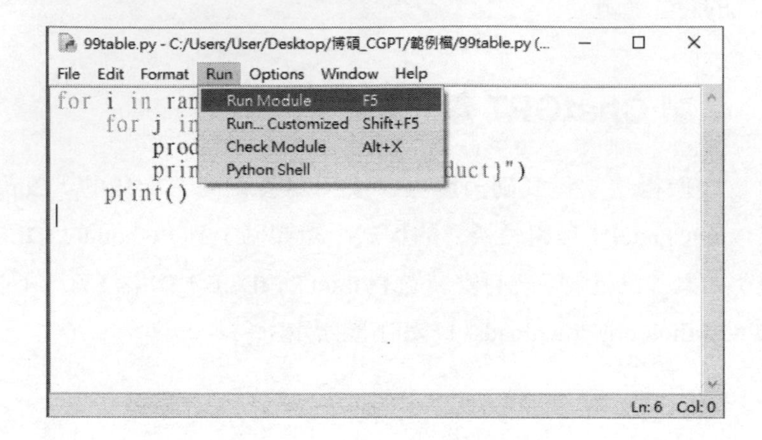


下圖為本程式的執行結果：

```
IDLE Shell 3.11.0
File Edit Shell Debug Options Window Help
>>>
============ RESTART: C:/Users/User/Desktop/博碩_CGPT/範例檔/99table.py =============
1 x 1 = 1
1 x 2 = 2
1 x 3 = 3
1 x 4 = 4
1 x 5 = 5
1 x 6 = 6
1 x 7 = 7
1 x 8 = 8
1 x 9 = 9

2 x 1 = 2
2 x 2 = 4
2 x 3 = 6
2 x 4 = 8
2 x 5 = 10
2 x 6 = 12
2 x 7 = 14
2 x 8 = 16
2 x 9 = 18

3 x 1 = 3
3 x 2 = 6
3 x 3 = 9
3 x 4 = 12
3 x 5 = 15
3 x 6 = 18
3 x 7 = 21
3 x 8 = 24
3 x 9 = 27

4 x 1 = 4
4 x 2 = 8
4 x 3 = 12
4 x 4 = 16
4 x 5 = 20
4 x 6 = 24
4 x 7 = 28
4 x 8 = 32
4 x 9 = 36
Ln: 95 Col: 0
```

## 6-2-4 更換新的機器人

你可以藉由這種問答的方式，持續地去和 ChatGPT 對話。如果你想要結束這個機器人改選其它新的機器人，就可以點選左側的「New Chat」，他就會重新回到起始畫面，並改用另外一個新的訓練模型，這個時候輸入同一個題目，可能得到的結果會不一樣。

## 6-2-5 登出 ChatGPT

當各位要登出 ChatGPT，只要按下畫面中的「Log out」鈕。

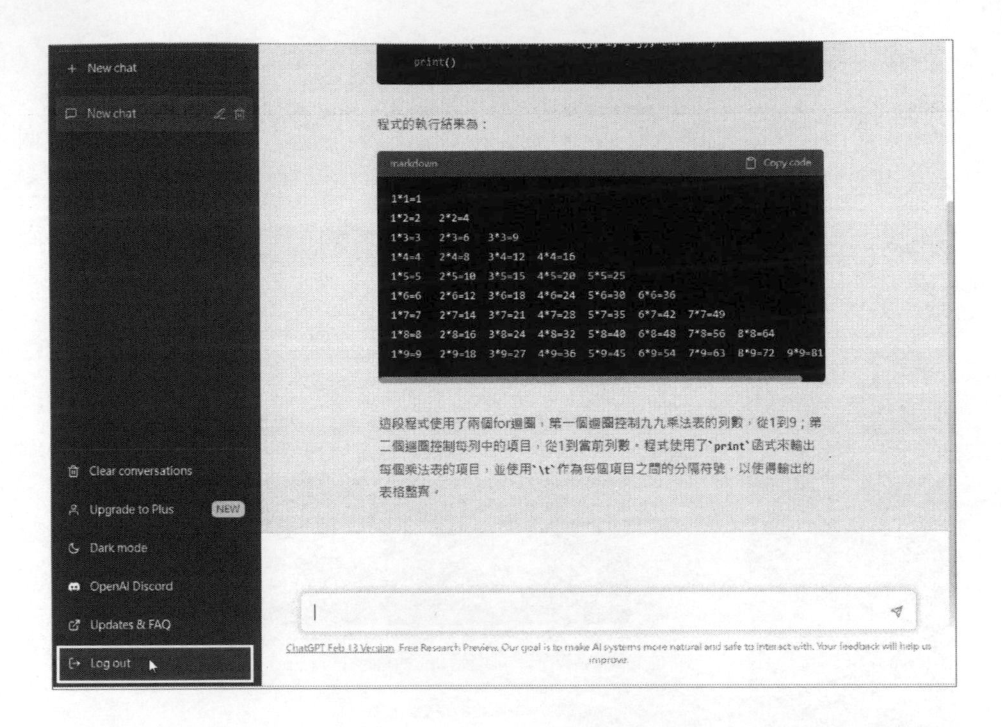


登出後就會看到如下的畫面，只要各位再按下「Log in」鈕，就可以再次登入 ChatGPT。

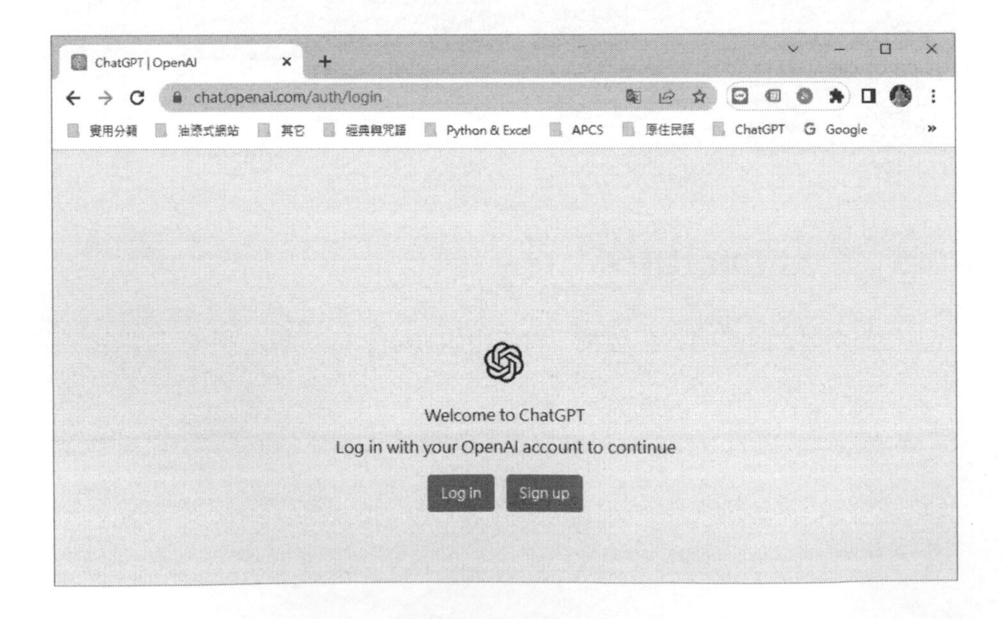

# 6-3 了解 ChatGPT Plus 付費帳號

OpenAI 於 2023 年 2 月 1 日推出了 ChatGPT Plus，這是一個付費訂閱服務，提供額外的優勢和特點，以提供更卓越的使用體驗。訂閱使用者每月支付 20 美元，即可享受更快速的回應時間、優先級提問權益和額外的免費試用時間。

ChatGPT Plus 的推出鼓勵使用者的忠誠度和持續使用，同時為 OpenAI 提供可持續發展的商業模式。隨著時間的推移，我們預計會看到更多類似的付費方案和優勢出現，推動 AI 技術的商業應用和持續創新。

這個單元我們將深入了解 ChatGPT Plus 付費帳號的相關資訊。ChatGPT Plus 提供了更多功能和優勢，讓使用者享受更好的體驗。我們將探討 ChatGPT Plus 與免費版 ChatGPT 之間的差異，了解升級為 ChatGPT Plus 訂閱使用者的流程，以及如何開啟 Code interpreter 功能和 Plugins 的使用。

## 6-3-1 ChatGPT Plus 與免費版 ChatGPT 差別

ChatGPT Plus 是 ChatGPT 的付費版本，提供了一系列額外的優勢和功能，進一步提升使用者的體驗。使用 ChatGPT 免費版時，當上線人數眾多且網路流量龐大時，常會遇到無法登錄和回應速度較慢等問題。為了解決這些缺點，對於頻繁使用 ChatGPT 的重度使用者，我們建議升級至 ChatGPT 付費版。付費版不僅享有在高流量時的優先使用權，回應速度也更快，有助於提高工作效率。

此外，付費版還提供了「連網使用」和「使用 GPT 4.0 版本」兩種功能，對於注重回答內容品質的使用者來說，考慮訂閱 ChatGPT PLUS 可能是一個不錯的選擇。底下我們摘要出付費版 ChatGPT Plus 和免費版 ChatGPT 的差異：

- 流量大時，有優先使用權。
- 優先體驗新功能
- 回應速度較快

- 可使用 GPT 4.0 版本，但仍有每 3 小時提問 25 個問題的限制
- 可以使用各種 plugin 外掛程式
- 使用功能強大的 Code interpreter（程式碼解釋器）

如果您想了解更多關於 ChatGPT Plus 的功能和優勢，請開啟以下網頁以獲取更詳細的說明：

URL https://openai.com/blog/chatgpt-plus

## 6-3-2 升級為 ChatGPT Plus 訂閱使用者

在這一節中，我們將介紹如何升級為 ChatGPT Plus 的訂閱使用者。您將了解到訂閱的流程和步驟，以及相關的訂閱方案和價格。我們將提供實用的建議和指引，幫助您順利升級並開始享受 ChatGPT Plus 的優勢。

如果要升級為 ChatGPT Plus 可以在 ChatGPT 畫面左下方按下「Upgrade to Plus」：

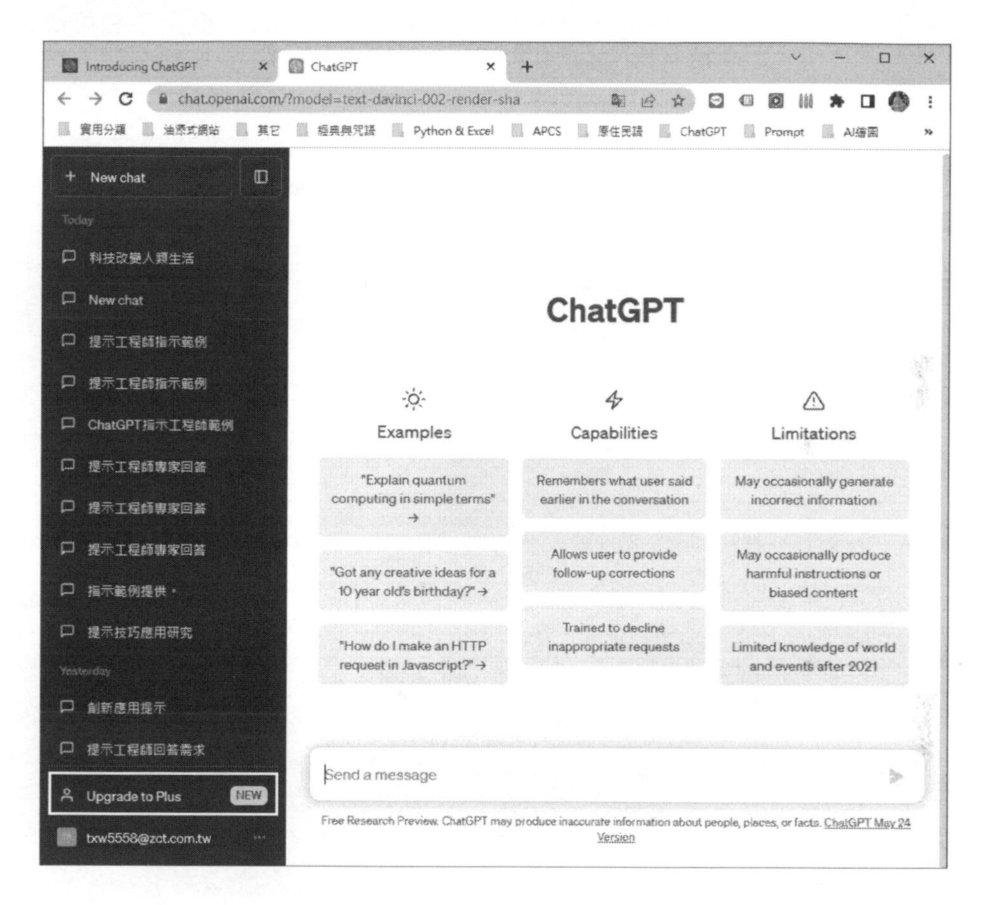


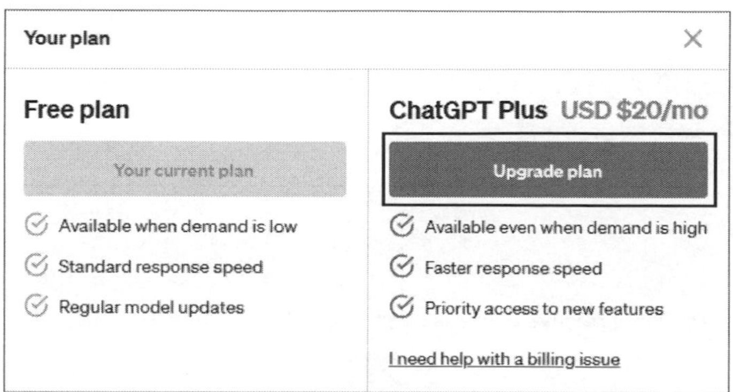

填寫信用卡和帳單資訊後，點擊「訂閱」按鈕即可完成 ChatGPT Plus 的升級。請注意，目前付費方案是每個月 US20，會自動扣款，如果下個月不想再使用 ChatGPT Plus 付費方案，記得去取消訂閱。

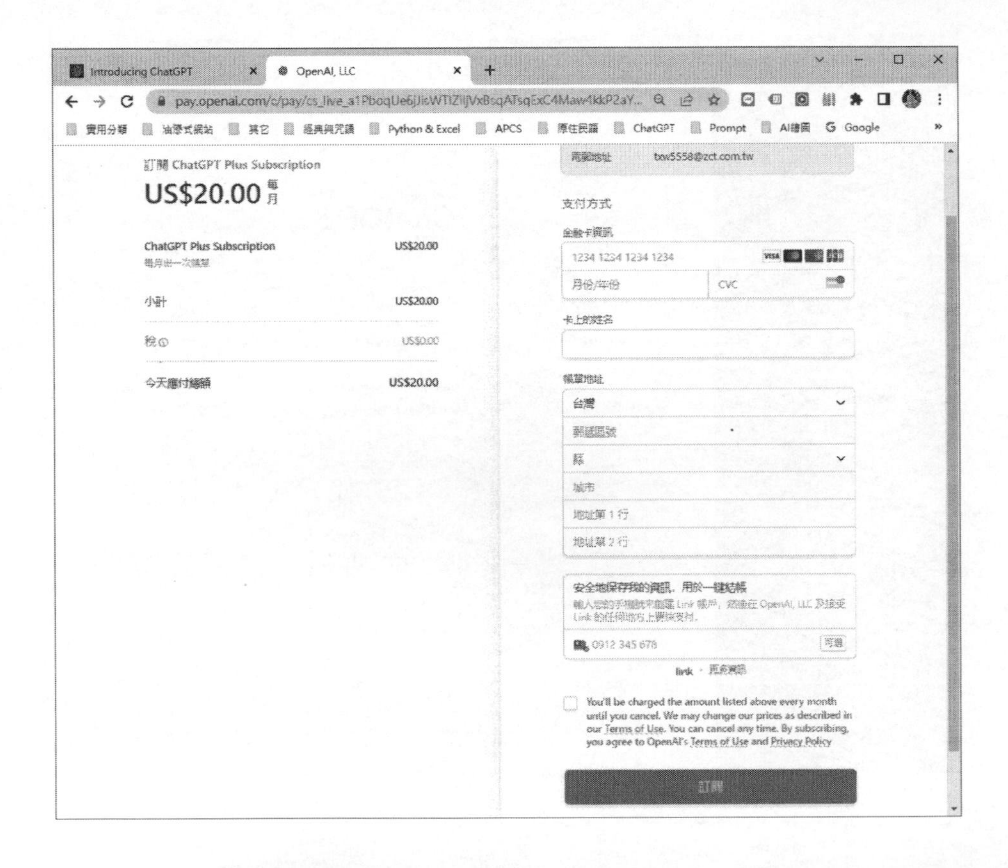


完成付款後，畫面將顯示類似下圖的介面。請按下「Continue」按鈕繼續，接著您將收到一封確認付款的訂單電子郵件。

Payment received! You've been upgraded to ChatGPT Plus.

Continue

一旦成功升級為付費 PLUS 版，當您再次進入畫面時，您會立即注意到畫面上方出現了 GPT4 的選項，同時 Logo 上也標示著「PLUS」字樣，這表示您的升級已經完成。

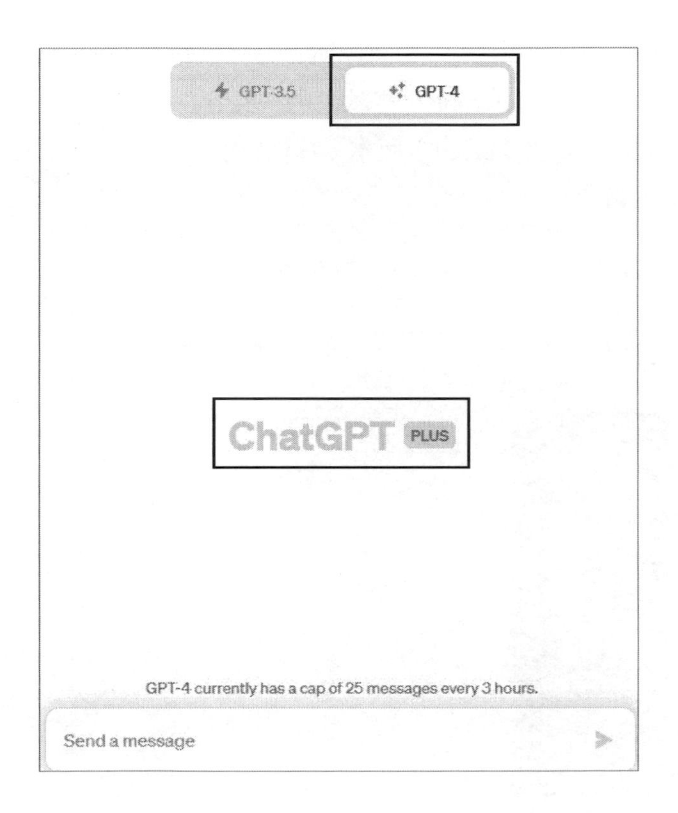


## 6-3-3 開啟 Code interpreter 功能

ChatGPT 向 Plus 用戶開放 Code interpreter（程式碼解釋器）功能，這個被稱作是 GPT-4 有史以來最強大的功能。簡單來說，Code interpreter 是一種將 GPT 等大型語言模型（LLM）與傳統程式設計功能無縫結合的工具，無須撰寫程式碼或設置運行環境。

Code interpreter 的出現使得在 ChatGPT 介面內生成程式碼和執行基於 ChatGPT 提示的步驟成為可能。資料上傳可以直接提供。此外，由於 Code Interpreter 能夠代替用戶完成所有必要的任務，因此用戶無須手動編寫程式碼。

當各位成功升級 ChatGPT Plus 後，回到主畫面，您可以開啟 Code interpreter 功能，我們可以在 Code interpreter 嘗試使用一個能夠寫和執行 Python 程式碼，並且可以處理檔案上傳的 ChatGPT 版本。嘗試請求在資料分析、圖片轉換或編輯程式檔案方面的幫助。

以下是如何開啟開啟 Code interpreter 功能的步驟：

STEP 1 開啟功能表：點選畫面下方的「...」按鈕，開啟功能表。

STEP 2 進入設定：選擇「Settings」。

STEP 3 在設定選單中，啟用「Code interpreter」功能。

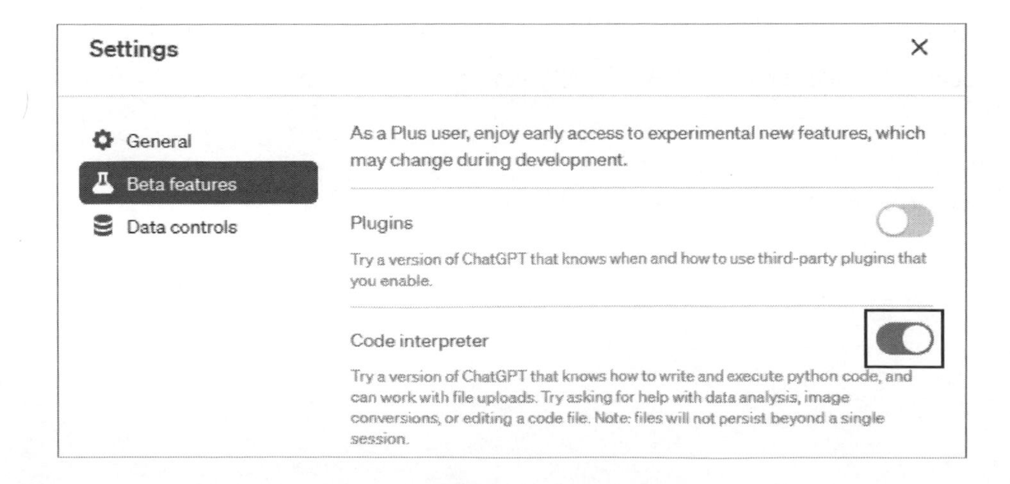

STEP 4 返回主畫面，選擇 GPT-4，並打開「Code interpreter」選項。

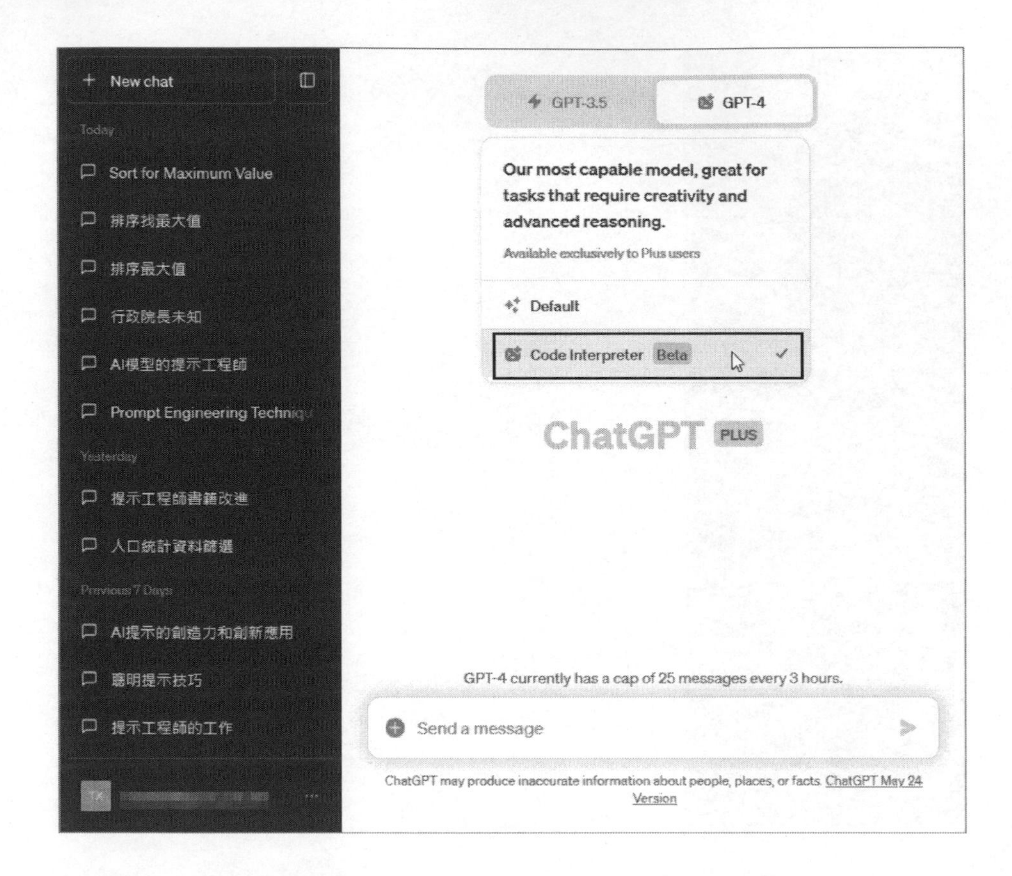


完成上述步驟後，您就可以使用 ChatGPT 的「Code interpreter」功能。

接著我們就以實例示範如何使用 Code interpreter 的強大功能，首先請在付費 PLUS 版的 GPT-4 模式下輸入以下的提示詞：

## 提示（prompt）詞

1 3 5 7 9 2 4 6 8 請以 Python 排序，並找出最大值

## ChatGPT PLUS 回答畫面

各位可以看到在直接 ChatGPT 界面內生成程式碼和執行，從執行結果來看，已完成將數字排序及找出最大值的任務，如下圖所示：

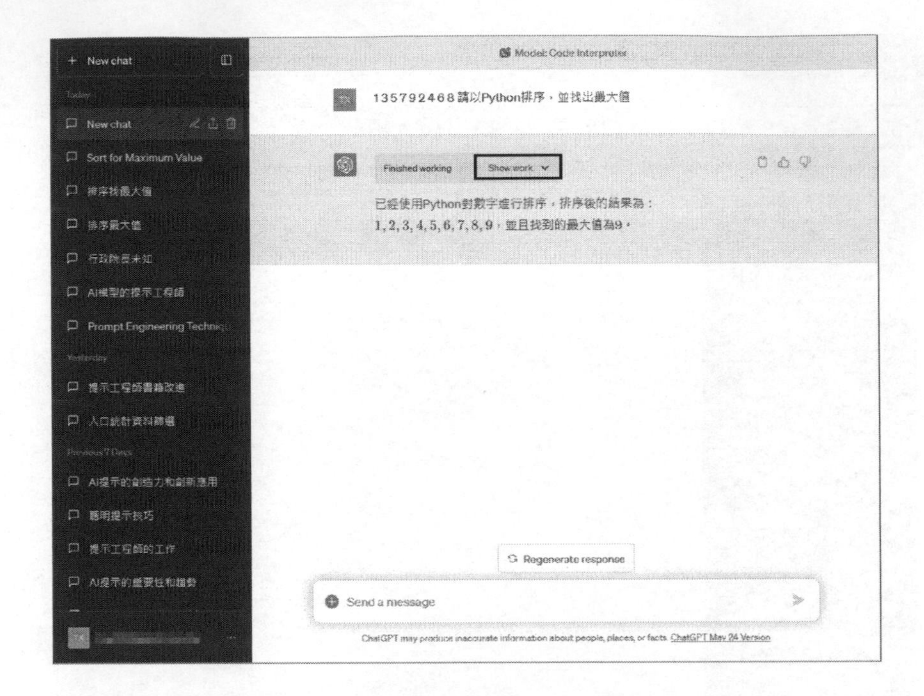


接著只要按下「Show Work」就可以將程式碼及執行結果直接秀出，如下圖所示：

各位可以試著將同樣的提示詞，如果在預設的 GPT-3.5 ChatGPT 模式下，只會提供程式碼及預期執行結果，我們無法直接 ChatGPT 執行程式，如果各位想要驗驗程式是否正確，接著還必須將程式碼複製到 Python 的 IDLE 這類的程式編譯環境，才可以判斷出程式是否有錯及是否要進行修改。

## 6-3-4 開啟 ChatGPT 的 Plugins

在這一節中，我們將探討如何開啟 ChatGPT 的外掛功能。外掛（或稱插件）能夠為 ChatGPT 帶來更多的功能和擴充性，讓您根據自己的需求定製和增強 ChatGPT 的能力。我們將詳細介紹外掛的安裝和使用步驟，幫助您更好地運用 ChatGPT 的潛力。

STEP 1 開啟功能表：點選畫面下方的「...」按鈕，開啟功能表，選擇「Settings」：

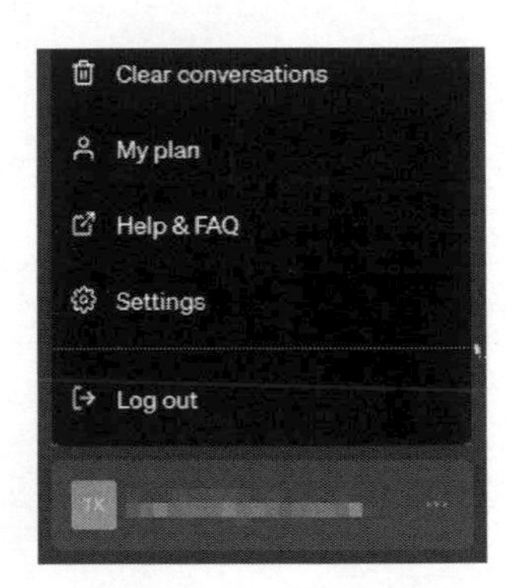


STEP 2 進入設定頁面後，在設定選單中，啟用「Plugins」功能。

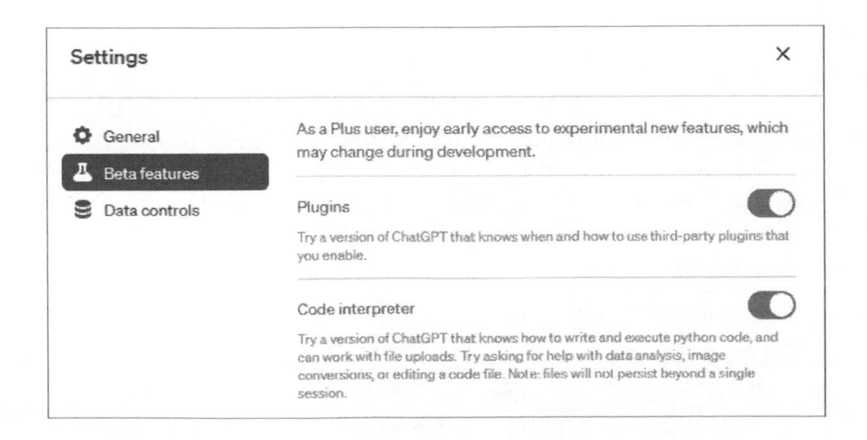

STEP 3 返回 ChatGPT 主畫面，選擇 GPT-4，下拉選單中會出現「Plugins」選項，勾選欲使用的外掛。

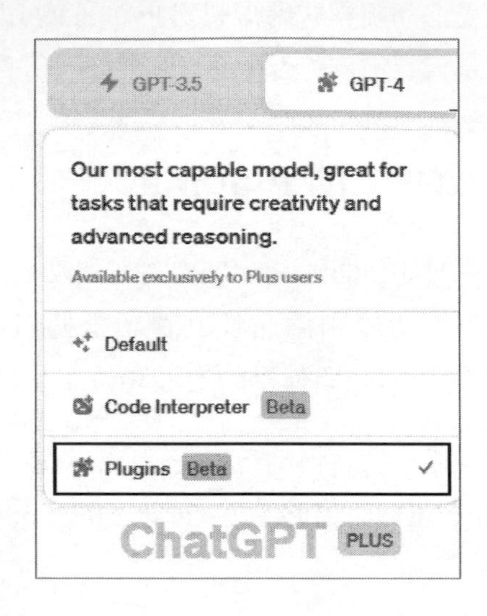


STEP 4 首次進入時，會看到「No plugins enabled」，接著請點選「Plugin store」進行外掛安裝。

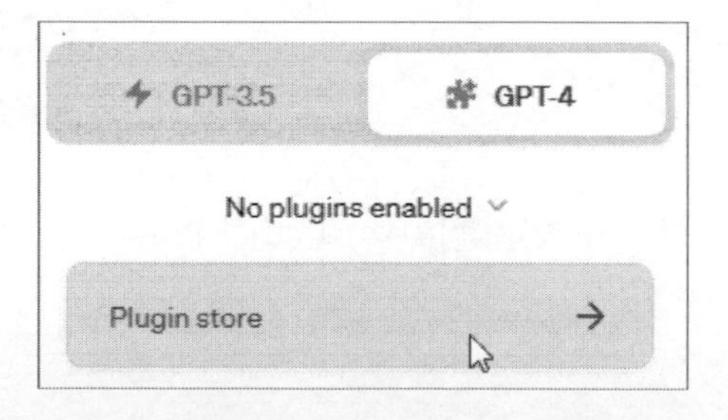


STEP 5 會出現如下的「About plugins」說明畫面，該說明文字的大意如下：

外掛是由 OpenAI 無法控制的第三方應用程序提供的。在安裝外掛之前，請確保您對該插件有足夠的信任。外掛的作用是將 ChatGPT 與外部應用程式連結起來。如果您啟用了外掛，ChatGPT 可能會將您的對話內容的一部分以及您的國家 / 地區資訊發送到外掛，以提升對話的效果。根據您啟用的外掛，ChatGPT 將自動決定在對話中何時使用插件外掛

看完後，再按下「OK」鈕。

STEP 6 找到欲安裝的外掛，點選「Install」開始安裝。

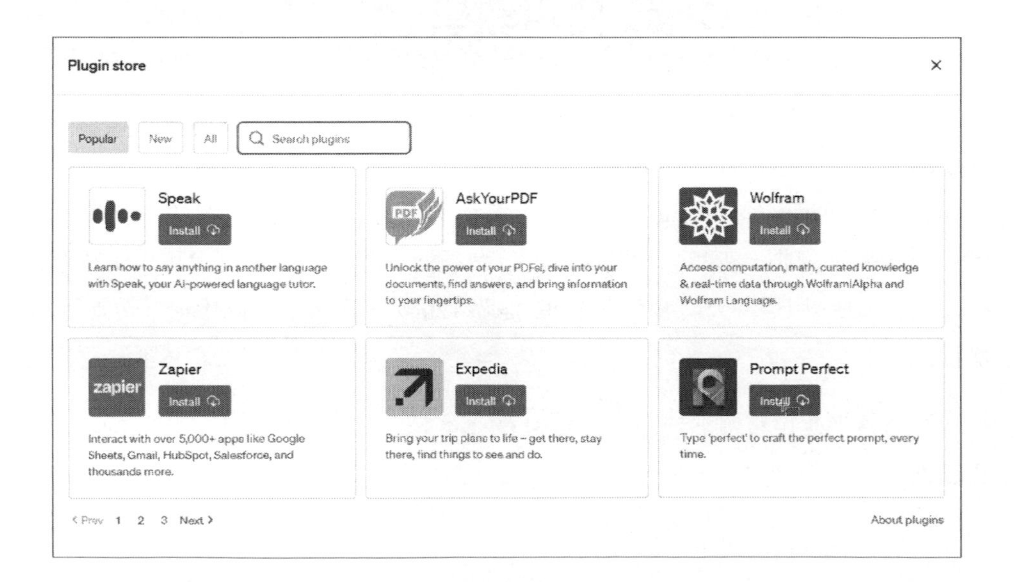

STEP 7 安裝成功後，返回主畫面，您可以使用下拉選單查看已安裝的外掛，勾選欲使用的外掛即可。

# 6-4 Bing Chat 使用教學

值得開心的一件事，除了加入付費訂閱 ChatGPT Plus 這個管道可以使用 GPT-4 的功能外，微軟已宣布新版 Bing 已經採用 GPT-4。Microsoft Bing 是一款由微軟公司推出的搜尋引擎。Bing 的中文品牌名稱「必應」，它提供包括 Web、影片、圖像、學術、詞典、新聞、地圖、旅遊等各種搜尋服務，以及翻譯和人工智慧產品 Bing Chat。用戶每天最多可向 Bing 提問 120 次，而每個對話中最多可進行 10 次提問。

本章將透過應用實例來示範如何使用 GPT-4，要在 Bing 引擎中使用 GPT-4，首先請進入該官方網頁（https://www.bing.com/）：

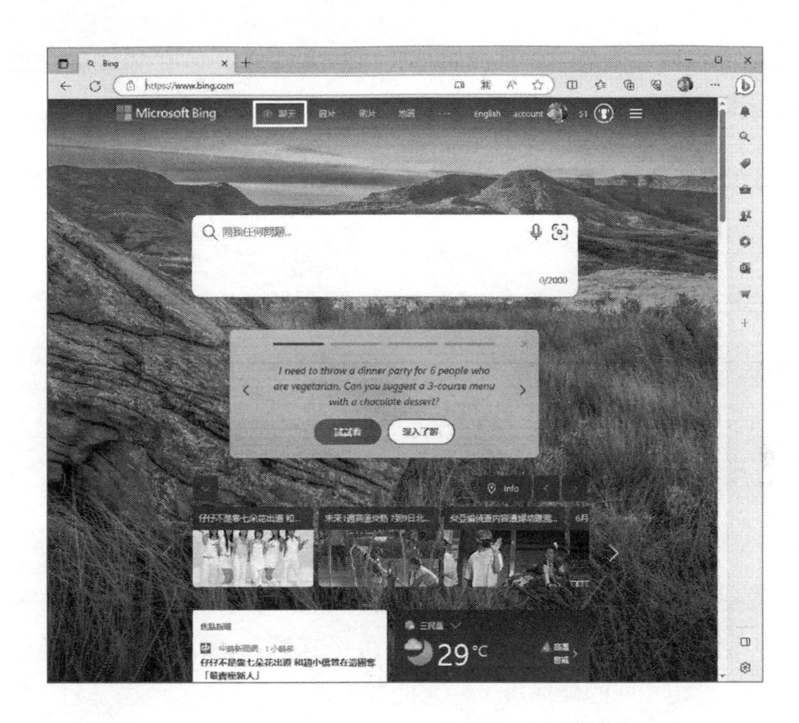


接著只要按上圖中的「聊天」頁面，就會進入如下圖的聊天環境，用戶就可以開始問任何問題：

要問 Bing 任何問題前可以先選擇交談模式，目前 Microsoft Bing 提供三種交談模式：富有創意、平衡、精確。

- **富有創意樣式**：適合用來發想文案，或是請它提供一些天馬行空的想法。
- **平衡樣式**：就是介於兩者之間，精確度高又不會太過死板，可以同時享受 Bing 的樂趣又兼具實用性。
- **精確樣式**：精確則是提供給您準確的事實，適合拿來查找資料。

## 6-4-1 探索功能的撰寫模式

在 Microsoft Bing 右方還有一個探索功能，只要按下視窗右方的 鈕，就可以切換到「撰寫」模式，這個模式可以設定回答的語氣（很專業、悠閒、熱情、新聞、有趣）、格式（段落、電子郵件、部落格文章、構想）或長短（短、中、長）的設定，設定相關的條件後，輸入問題後，按下「產生草稿」鈕，就會依設定的撰寫模式去產出回答的內容。

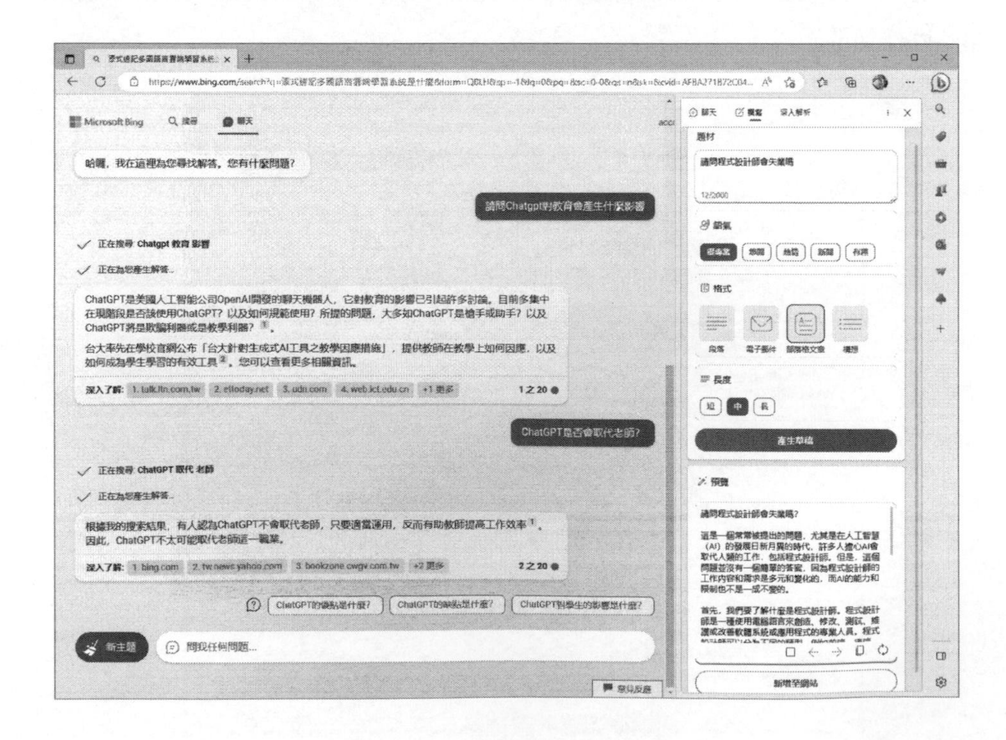

## 6-4-2 探索功能的深入解析

另外如果想要深入解析 Bing 這個網站，包括關於網站、分析網站流量、流量來源位置、每月流量、訪客如何找到此網站等，可以切換到「深入解析」頁面，如下圖所示：

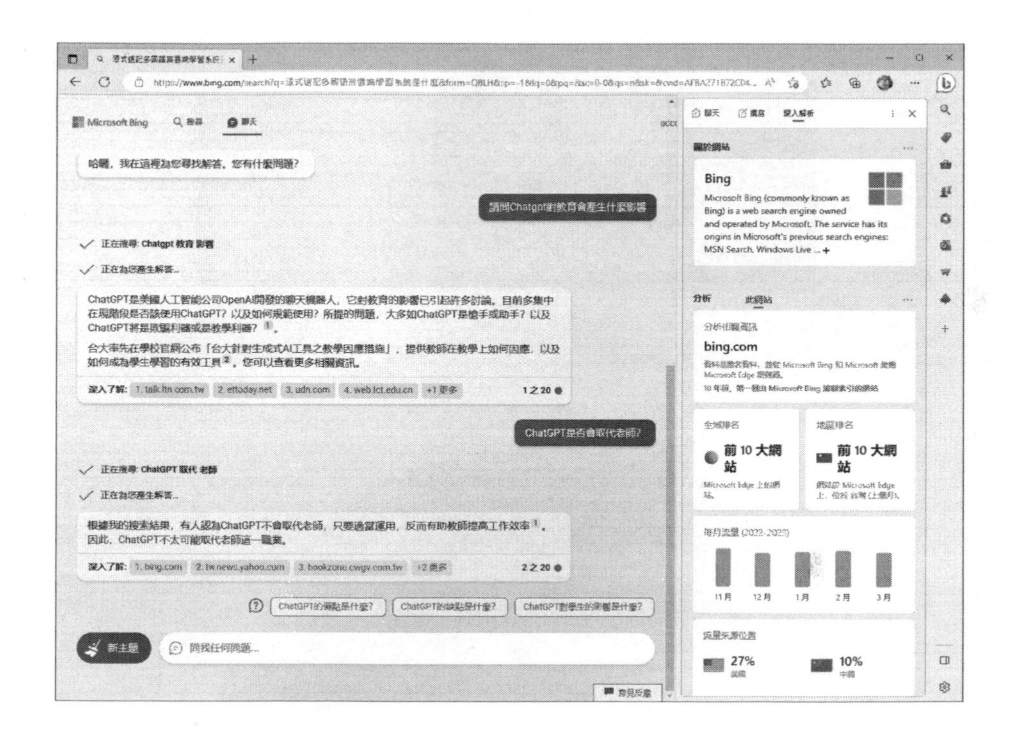


## 6-4-3 總結當前網頁的內容

Microsoft Bing 還有一個特殊的功能，它可以在提問框輸入「請幫我總結當前網頁的內容」，就可以針對目前所開啟的網頁內容，快速摘要出該網頁的內容總結，如下圖所示：

聯合新聞網
即時 要聞 娛樂 運動 全球 社會 地方 產經 股市 房市 生活 健康 橘世代
udn
高雄婦一聽拒測得罰18萬 答應酒測連吹10次卻進警局
張姓婦人前天凌晨騎機車行經高雄鳳山區一處路口，因未戴安全帽被警
網攔下，警方聞到她身上有酒味，張死鴨子嘴硬否認有喝，結果感知器
亮燈，謊言被戳破，聽到拒測得罰18萬，她嚇得答應酒測，連吹10次

# 07 Chapter

# AI 提示詞（Prompt）必備的技能與策略

「提示工程師」(prompt engineer)的工作是協助訓練大型語言模型(LLM),使其能夠完美理解人類需求並勝任更多的工作。簡而言之,他們將複雜的任務拆解為限制長度的自然語言問句,逐步詢問 AI 以獲得準確的回答。

我們可以將 AI 大模型視為新一代的計算機,而「提示工程師」則像程式設計者一樣的角色。作為新興的職業,提示工程師致力於發展和優化 AI 提示技術,以提供更準確、有用和高效的 AI 模型回應。

**TIPS**

**什麼是大型語言模型(LLM)?**

大型語言模型(LLM)是擁有龐大參數量的人工智慧模型,專門用於處理自然語言。它們使用深度學習技術和類神經網路結構,以學習和理解大量的文字資料。LLM 的目標是能夠生成自然語言的連貫、具有上下文理解能力的回答,並且能夠在多個任務和應用中表現出色。

LLM 的訓練過程通常分為兩個階段:預先訓練和微調。在預先訓練階段,LLM 使用大量的未標記文字資料進行自我學習,目的是學習到語言的統計特徵、詞彙關係和語義信息等。這使得模型能夠建立起對語言的廣泛理解和知識。而在微調階段,LLM 使用特定任務的標記資料集進行進一步的訓練,以適應特定任務的要求。

LLM 的優勢在於其能力以及對多種自然語言任務的通用性。它們可以生成自然流暢的文字、進行意圖理解和生成多樣化的回答。這些模型已經在許多領域取得了重要的突破,如自動翻譯、語言生成、情感分析等。由於其強大的處理能力和廣泛的應用性,LLM 成為了許多提示工程師助力 AI 模型優化和提升表現的關鍵工具。

## 7-1 勇闖提示工程師領域:定義與職責

提示工程師的工作類似於設計導航系統,引導 AI 模型朝向正確答案。就像導航系統根據目的地和交通情況提供最佳路線建議一樣,提示工程師根據使用者的問題或需求、模型的能力和限制,設計最佳提示來引導 AI 模型的回答。提示工程師扮演著一種結合程式設計和引導教學的角色,協助建立提示詞庫,使 LLM 能夠應對各種任務。

提示詞是文字或指令，用於指導 AI 模型生成輸出。換言之，提示詞是特定文字，其功能是使 AI 模型生成符合特定標準或參數的結果。例如，提示工程師開發一個用於餐廳推薦的聊天機器人，當使用者問「我想找個適合家庭聚餐的餐廳」時，提示工程師可以設計提示來引導模型進一步詢問聚餐人數、預算和喜好等相關資訊。透過這些提示，模型能夠更準確地理解使用者需求，並提供相應的餐廳推薦。

例如在 ChatGPT 下達如下的提示（prompt）詞，就可以讓 ChatGPT 這類的 AI 模型能夠更準確地理解使用者的需求，產生正確的回答內容。

### 提示（prompt）詞

我想找個適合家庭聚餐的餐廳，地點：高雄市，人數：3 人，預算 NT$ 2000，中式。

我可以為您推薦高雄市的一家適合家庭聚餐的中式餐廳，符合您的要求。您可以考慮「鼎泰豐高雄店」。

餐廳資訊如下：
餐廳名稱：鼎泰豐高雄店
地點：高雄市某區某路
人數：適合3人
預算：NT$ 2000

鼎泰豐是一家知名的中式餐廳，以提供精緻的台灣小籠包聞名。除了小籠包之外，鼎泰豐還提供多種美味的中式菜餚，如魯肉飯、炒麵、湯品等。他們的菜單多樣化，適合各種口味的人。

在預算方面，鼎泰豐的價格中等偏上，但NT$ 2000的預算應該足夠享受一頓美味的家庭聚餐。

請注意，由於資料庫中的資訊截至2021年9月，餐廳的地點和價格可能會有變動。建議您事先查詢餐廳的最新資訊，包括地址、營業時間和價格，以確保您的預訂和用餐過程順利無誤。祝您和家人有一個愉快的聚餐！

## 7-1-1 初探提示工程師的定義

在這個數位化和人工智慧時代，提示工程師扮演著舉足輕重的角色。他們是那些擅長利用人工智慧模型（如 ChatGPT AI 模型）的專業人士，能夠以一種特殊的方式引導和提示這些模型，以獲得符合期望的結果。

另外，提示工程師的工作還包括持續優化提示的效果。他們會根據使用者的回饋和測試結果，調整和改進提示的設計，以提升模型的準確性和回答的品質。這涉及到不斷的試驗、分析和優化的循環過程，以確保提示能夠在各種情況下有效地引導 AI 模型。

## 7-1-2 提示工程師的職責

提示工程師的目標是建立準確有效的提示，透過自然語言的純文字指令來指示 AI 模型執行任務。相較於傳統程式設計師，後者需要使用程式語言並撰寫大量程式碼以完成相同的任務，而提示工程師能夠僅使用自然語言指令達成目標。作為提示工程師，他們擔負著多的重要職責，直接影響 AI 模型的性能和應用效果。

首先，提示工程師需要與客戶或使用者合作，了解他們的需求和期望。這包括釐清問題陳述、設定目標和確定預期結果。透過深入了解客戶的要求，提示工程師能夠為模型提供有針對性的提示，以產生符合期望的回應。

其次，提示工程師需要具備良好的提示設計能力。他們需要選擇和設計適合特定領域和目標的提示。這包括選擇關鍵字、引導式提示、類比和比喻提示等不同的方法和策略。提示工程師應該能夠根據需求和目標設計出清晰、明確和具有引導性的提示，以幫助模型生成合理和準確的回應。

提示工程師還需要了解 AI 模型的限制和注意事項。他們需要了解模型在處理模糊輸入、理解誤導性回答以及處理過度提問等方面的挑戰。透過深入理解模型的優勢和限制，提示工程師能夠更好地設計提示，引導模型避免產生不符合期望的結果。

最後，提示工程師需要具備優化提示和除錯的能力。他們需要分析模型的輸出結果，理解模型的運作方式，並進行必要的修正和改進。提示工程師可以透過設計有針對性的測試範例、基於意見反應進行提示修正等方式來優化提示的效果。

具體而言，提示工程師就是具有豐富知識和經驗的專業人士，擁有在技術和問題解決方面的完備能力。他們不斷調整提示詞，以確定最有效的詞語。同時，他們也善於挖掘 AI 的潛能，以引導其逐步思考，這被稱為思考鏈技巧。總之，提示工程師的核心工作是為 AI 模型提供指令，以生成高品質的內容。他們的目標是訓練或調整 AI，以輸出符合需求或正確的答案。

## 7-2 成為優秀提示工程師的技能與素質

本節將介紹提示工程師應該具備的技術能力、創造力和創新思維，以及他們在溝通和協作方面的能力要求。

### 7-2-1 技術專長和知識

作為提示工程師，擁有特定的技術專長和知識是非常重要的。下面將介紹一些關鍵的技能和素質，以幫助你在這個角色中取得成功。

- **自然語言處理（NLP）**：NLP 是提示工程師必須具備的核心技能之一。這涉及到理解和處理人類語言的能力，包括語法、語義、上下文理解等。熟悉常見的 NLP 技術和工具，例如語言模型和語意理解，能夠幫助你更好地設計提示並理解模型的回應。

- **機器學習和深度學習**：理解機器學習和深度學習的基本原理和演算法是至關重要的。熟悉常用的機器學習框架和深度學習模型，如 TensorFlow、PyTorch 等，可以幫助你更好地理解和應用 AI 模型。此外，了解模型的優化和調參技巧也是必不可少的。

- **程式設計和軟體開發**：作為提示工程師，具備良好的程式設計和軟體開發能力是必須的。你需要能夠撰寫高效、可靠且易於維護的程式碼，以實現提示設計。熟悉常用的程式語言，如 Python、Java 等，以及相關的開發工具和技術，能夠提高你的效率和工作品質。

## 7-2-2 溝通和協作能力

除了技術專長，提示工程師還需要具備良好的溝通和協作能力。下面介紹一些相關的素質，這些素質對於與團隊和客戶合作以及解決問題至關重要。

- **良好的溝通能力**：提示工程師需要能夠清晰地表達自己的觀點和想法，並能夠有效地與團隊和客戶溝通。良好的口頭和書面溝通能力能夠幫助你準確地傳達需求、解釋技術問題，並有效解決衝突和溝通障礙。

- **團隊合作能力**：在提示工程師的工作中，你往往需要與其他人合作，包括其他工程師、設計師、產品經理等。具備良好的團隊合作能力能夠促進項目的順利進行，實現共同目標。這包括能夠有效地與團隊成員合作、共享知識和經驗，並適應不同的工作風格和文化。

- **問題解決能力**：提示工程師常常面臨各種技術和業務挑戰，需要能夠快速且有效地解決問題。這包括具備良好的分析能力、批判性思維和創新思維，以及能夠適應和學習新技術和工具的能力。解決問題的能力是提示工程師成長和發展的關鍵。

## 7-2-3 學習和自我提升

提示工程師的領域不斷發展和演進，因此持續學習和自我提升是非常重要的。以下是一些幫助你持續發展的建議：

- **持續學習**：保持對最新技術和研究成果的關注，並持續學習新的技能和知識。參加研討會、工作坊和專業培訓課程，閱讀相關的書籍和文獻，並積極參與開放原始碼項目和社區活動，這些都是持續學習的有效方式。

- **專業網路**：建立和擴大專業網路，與其他提示工程師和相關領域的專業人士交流和分享經驗。參與專業社區、在線論壇和社交媒體上的討論，參加相關的行業會議和活動，這將為你提供更多學習和成長的機會。
- **個人專案和實踐**：進行個人專案和實踐，將所學應用到實際問題中。這可以是自己的創意專案、開放原始碼項目的貢獻，或者是與其他提示工程師合作的實踐項目。透過實際應用和實踐，你可以提高自己的技能和經驗。

## 7-3 打造高效提示的基本原則

本章將介紹如何打造高效提示的基本原則，包括：清晰和明確的目標設定、提高內容準確度的提示技巧、了解 AI 模型的期望輸入格式、正確提示 ChatGPT 的注意重點以及一些聰明提示的私房技巧。透過學習這些基本原則，您將能夠建立出更加高效和準確的提示，進而提升 AI 的應用價值。

### 7-3-1 目標明確，提高內容準確度

在設定清晰明確的目標時，一個重要的步驟是確定所需的輸出類型。例如以下的提示範例要求 AI 模型以表格的方式來呈現回答內容：

**提示（prompt）詞**

請幫我收集 10 個單字（第一個字母不用大寫, 不要是多個英文字母縮寫的專有名詞），並提供該單字詞性的英文縮寫及繁體中文意思。

（表格式，column = 英文單字，詞性的英文縮寫，繁體中文）

## ChatGPT 回答畫面

TX

請幫我收集10個單字(第一個字母不用大寫, 不要是多個英文字母縮寫的專有名詞)，並提供該單字詞性的英文縮寫及繁體中文意思。
(表格式，column = 英文單字，詞性的英文縮寫，繁體中文)

以下是收集的10個單字及其相關資訊：

| 英文單字 | 詞性縮寫 | 繁體中文意思 |
|---|---|---|
| apple | n. | 蘋果 |
| table | n. | 桌子 |
| tiger | n. | 老虎 |
| happy | adj. | 快樂的 |
| water | n. | 水 |
| phone | n. | 電話 |
| music | n. | 音樂 |
| sunny | adj. | 晴朗的 |
| book | n. | 書 |
| dog | n. | 狗 |

希望以上資訊能對您有所幫助！

而避免模糊和不確定的目標也是設定目標的重要原則之一。我們需要確保目標具體明確，以便能夠評估提示的效果和進行必要的改進。舉個例子，如果我們的目標是「生成一些有關狗的資訊」，這樣的目標並不明確，因為它沒有界定生成的內容應該包括哪些方面，例如狗的品種、飼養建議或狗的行為特徵等。相反，一個更具體的目標可以是「根據使用者的問題，提供有關某種特定狗品種的歷史、特點和飼養建議」。這樣的目標能夠更好地指導提示的內容生成，並使其更加有效和有價值。

## 7-3-2 使用簡潔的語言

使用簡潔的語言可以使您的問題更容易理解。請嘗試使用簡單的詞彙和簡短的句子來表達您的問題。例如，如果提問「我想學遊戲設計，那我需要哪些基礎背景知識」，您可以簡化成提問「學習遊戲設計需要的基礎知識」。

### 提示（prompt）詞

學習遊戲設計需要的基礎知識

### ChatGPT 回答畫面

TX 學習遊戲設計需要的基礎知識

學習遊戲設計需要具備以下基礎知識：

1. 遊戲知識：了解不同類型的遊戲、遊戲機制和遊戲設計原則。這包括瞭解遊戲的目標、規則、玩家互動和遊戲流程等。
2. 軟體工具和技術：掌握遊戲開發相關的軟體工具和技術。這可能包括遊戲引擎（如Unity、Unreal Engine）、遊戲編程語言（如C#、C++）、3D建模軟體（如Blender、Maya）等。瞭解這些工具和技術將有助於您實際製作遊戲。
3. 美術和設計原則：瞭解基本的美術和設計原則，包括色彩理論、視覺設計、動畫原理等。這對於創造遊戲的視覺風格、角色設計、場景佈局等都很重要。
4. 故事和劇情設計：瞭解故事結構、角色發展和劇情設計等基本原則，以創作引人入勝的遊戲劇情和情節。
5. 使用者體驗（User Experience, UX）設計：了解使用者體驗設計的基本原則，考慮玩家在遊戲中的互動體驗、介面設計、流程設計等，以提供良好的遊戲體驗。
6. 專案管理和團隊合作：了解專案管理的基本原則，如時間管理、任務分配、團隊合作等。遊戲開發通常是一個團隊合作的過程，具備良好的溝通和協作能力對於成功完成遊戲開發專案至關重要。

此外，持續學習、實踐和追求創造力也是學習遊戲設計的重要方面。閱讀遊戲設計相關的書籍和文章、參與遊戲開發社群、參加遊戲設計相關的課程或工作坊等，都可以幫助您不斷提升技能和知識。

## 7-3-3 避免含糊不清的問題

請確保您的問題不含糊不清或模棱兩可。這將使 ChatGPT 更難理解您的問題，因此，回答可能不夠準確。例如，如果您想問「哪一家餐廳最好」，請更具體地描述您需要什麼類型的餐廳、在哪個地區等。

以下是 10 種有效和無效的 ChatGPT 提示（prompt）範例：

有效提示（prompt）：

我想了解關於氣候變化的影響和解決方案，能給我一些資訊嗎？
能解釋一下區塊鏈技術的原理和應用嗎？
我想知道有關人類大腦和記憶的科學研究，你能給我一些資料嗎？
能否提供一些關於網路安全的最佳實踐和防護措施？
我對量子計算感興趣，能給我一些關於量子計算的基礎知識嗎？
請說明一下人類與機器之間的自然語言處理的挑戰和應用。
我想了解有關人類基因組研究的最新進展和影響，能給我一些資訊嗎？
能否解釋一下運動科學中的肌肉生長和恢復的原理？
我想瞭解有關虛擬實境技術的發展和應用，你能提供一些相關資源嗎？
能給我一些關於數據分析和視覺化的工具和技術的建議嗎？

無效提示（prompt）：

我今天過得如何？
你是一個機器人嗎？
你有家人嗎？
給我一個幸運數字。
說說你對愛情的看法。
為什麼天空是藍色的？
你能幫我完成作業嗎？

為什麼狗會汪汪叫？
能否幫我寫一篇英文論文？
說說你對世界和平的看法。

有效的提示通常包含特定的問題或主題，以幫助 ChatGPT 理解使用者的意圖，並提供有價值的回答。無效的提示通常是沒有明確主題或問題的，或者是要求 ChatGPT 進行無意義或超出其能力範圍的任務。因此，使用者應該盡可能地使用有效的提示，以獲取最佳的回答。

## 7-3-4 確認問題是否完整

確保您的問題完整且包含所有必要的資訊。如果問題不完整，ChatGPT 可能會無法提供有用的回答。例如，如果您想問「那裡好不好玩？」，請確定您已經提供了所在城市或地區的資訊。例如：

**提示（prompt）詞**

南投好不好玩？

**ChatGPT 回答畫面**

南投好不好玩？

南投是台灣的一個縣市，擁有豐富的自然景觀和文化資產，被譽為台灣的旅遊瑰寶之一。以下是南投的一些特色和旅遊景點，您可以參考：

1. 日月潭：台灣最大的高山湖泊，湖光山色美不勝收。遊客可以欣賞湖景、搭船遊湖、騎自行車環湖等。
2. 清境農場：以清新的高山氣候和美麗的花園而聞名，適合放鬆心情、欣賞花卉和享受寧靜的自然環境。
3. 阿里山：台灣知名的觀光勝地，以壯麗的日出、雲海和特色的神木而聞名。遊客可以搭乘阿里山小火車、遊覽茶園和參觀原住民文化。

4. 南投市：南投的縣治，擁有傳統的老街和建築，是體驗傳統文化和美食的好地方。
5. 集集小鎮：位於南投山區的小鎮，保留著日治時期的街道風貌，充滿懷舊氛圍，遊客可以參觀古蹟和品嚐當地美食。
6. 草屯：南投的一個小鎮，有知名的鄉村風光和著名的文創村 - 日光橋。
7. 昆陽部落：原住民的聚落，保留了傳統的文化和風貌，遊客可以體驗原住民的生活、手工藝和文化表演。
8. 南投地理中心碑：台灣地理中心的象徵，吸引許多遊客前往拍照留念。
9. 南投名間古道：古老的山林小徑，可供遊客徒步探索，欣賞自然風光。
10. 南投文化園區：位於南投市的文化藝術中心，舉辦各種展覽、演出和藝文活動，是欣賞藝術和文化的場所。

總體而言，南投擁有豐富的自然美景、文化遺產和特色小鎮，提供了許多遊客可以體驗和探索的機會，因此可以說南投是一個值得一遊的旅遊目的地。

### 7-3-5 清楚表達您的意圖

最重要的是，請清楚表達您的意圖。ChatGPT 是一個基於語言模型的系統，因此，它需要明確的語言才能理解您的問題。例如如果您想問「那裡好玩嗎」，請明確表達您是指哪一個地方？否則 ChatGPT 就無法回答特定地方好不好玩的建議，例如以下的提示範例就無法得到想要的答案：

## 7-4 提高內容精確度的提示技巧

在提示工作中，提高內容準確度是相當重要的。以下是一些有效的提示技巧，可以幫助提高生成內容的準確性。

### 7-4-1 上下文的定義和作用

在 ChatGPT 中，上下文是指當前對話的主題和相關資訊。上下文對於模型理解對話的背景和意圖至關重要。舉例來說，如果上下文涉及旅行，ChatGPT 可能會根據這個上下文生成與旅行相關的對話內容。上下文在確保模型生成恰當回應的同時，能夠提供更準確和連貫的對話體驗。例如：

### 提示（prompt）詞

請給我從台北車站出發的交通建議。

### ChatGPT 回答畫面

TX 請給我從台北車站出發的交通建議。

若您從台北車站出發前往故宮博物院，以下是一些建議的交通方式：

1. 捷運：從台北車站搭乘捷運是最方便的方式。您可以搭乘捷運紅線（Tamsui-Xinyi Line）至「北門站」，下車後步行約10分鐘即可到達故宮博物院。捷運車票價格依搭乘距離而定，請注意保留票卡以供出站使用。
2. 公車：您也可以考慮搭乘公車前往故宮博物院。從台北車站出發，您可以搭乘公車9、18、37、38、52、208、214、247、277、304、308等線路至「故宮博物院站」下車。請在上車前向司機確認路線和站點。
3. 計程車：如果您想要更方便且直接地前往故宮博物院，您可以搭乘計程車。請告知司機您要前往「故宮博物院」，並確保司機開啟計費表。

請注意，交通狀況可能會影響到您的旅程時間，尤其在繁忙時段，因此建議您提前計劃行程以確保您能準時到達故宮博物院。此外，您也可以查詢當地的交通資訊中心或旅遊資訊中心，以獲得更詳細和最新的交通資訊。祝您旅途愉快！

## 7-4-2 背景的定義和作用

背景是對話中的環境和條件，如時間、地點、文化背景等。在對話中，背景扮演重要角色，幫助模型生成更準確、自然的內容。使用 ChatGPT 進行對話時，應考慮以下幾點：

1. **提供清晰上下文**：明確指出當前主題和相關資訊，幫助模型理解對話背景。
2. **考慮背景資訊**：納入時間、地點、文化背景等因素，生成更精確、自然的內容。
3. **利用對話歷史**：長時間對話時，使用已有對話歷史維護上下文和背景資訊，協助 ChatGPT 理解對話背景。

## 7-4-3 避免使用模糊或歧義性的詞語

在向 ChatGPT 提問時，請盡量避免使用模糊或歧義的詞語，以免引起誤解或混淆，導致不準確或無法理解的回答。以下是一些常見的模糊或歧義詞語及解決方法。

- **避免使用歧義性的代詞和名詞**：在 ChatGPT 中，使用代詞和名詞來指代先前提到的實體或事物是很常見的。然而，如果這些代詞或名詞存在歧義，可能會導致 ChatGPT 無法準確理解問題或回答。例如，「它」或「這個」可以指代不同的實體或事物，所以在上下文中需要明確說明具體是指什麼。

- **避免使用模糊的形容詞和副詞**：在描述事物時，避免使用模糊的形容詞或副詞，如「很大」等，因為它們的含義可能因人而異，導致 ChatGPT 難以理解。解決方法是使用明確和具體的形容詞和副詞，例如「十英尺高」等。這樣可以提供更清晰的描述，幫助 ChatGPT 更好地理解您的意思。

- **避免使用多義詞**：多義詞指的是在不同上下文中可能具有不同含義的詞語。例如，英文單字「銀行（bank）」可以指金融機構，也可以指河岸。在 ChatGPT 中使用多義詞可能導致理解上的混淆。解決方法是在使用多義詞時，需根據上下文明確其含義。您可以透過提供更多資訊和描述來協助 ChatGPT 確定其含義。

- **避免使用難以理解的縮寫和術語**：縮寫和術語通常僅在特定領域或專業知識中使用，這可能會讓 ChatGPT 感到困惑。當使用縮寫或術語時，請確保 ChatGPT 能夠理解其含義。

  為了讓 ChatGPT 理解縮寫和術語，您可以採取以下方法：

1. **解釋縮寫或術語**：在使用縮寫或術語之前，先提供其完整解釋或描述。這樣有助於 ChatGPT 理解您的意思。例如，將「AI」解釋為「人工智慧」。

2. **提供上下文**：在使用縮寫或術語時，提供相關的上下文資訊，以幫助 ChatGPT 對其含義進行推斷。例如，如果您在談論醫學，使用術語「CT 掃描」時，可以提供相關的背景資訊，例如「CT 掃描是一種醫學影像技術，用於檢查內部器官結構」。

3. **調整用語**：如果 ChatGPT 多次無法理解特定的縮寫或術語，考慮使用更常見且容易理解的詞語或短語來替換。這有助於提高溝通的清晰度和流暢度。

# 7-5 提升提示技巧：私房撇步大公開

在本節中，我們將討論一些能夠提升 AI 模型生成理想結果的聰明提示的技巧。聰明提示是指具有良好結構和明確主題的提示，有助於 ChatGPT 更好地理解使用者的意圖，並提供準確且有用的回答。以下是一些聰明提示的私房技巧：

## 7-5-1 限制語言

提示應該使用簡單、清晰的語言，避免使用模糊或含糊不清的詞語或短語。我們可以在提示詞中直接要求 AI 模型的回答內容以繁體中文台灣用語回答。例如以下的提示範例：

**提示（prompt）詞**

以下回答內容請以繁體中文台灣用語回答。

**ChatGPT 回答畫面**

非常抱歉，我之前的回答使用了簡體中文詞彙。以下是以繁體中文台灣用語重新回答的內容：

正確提示ChatGPT是提高提示效果的關鍵，下面我們將進一步探討如何注意重點並提供相關的技巧和策略。

1. 提供明確的上下文資訊：在提示中，清楚且具體地提供必要的上下文資訊，讓ChatGPT能夠理解問題的背景和前提。這有助於模型更準確地生成回答。舉個例子，如果你在對話中提到特定的事件或先前的對話內容，請確保在提示中提及這些關鍵細節，以使模型更好地理解問題。

2. 指定期望的回答格式和風格：根據你的需求，明確指定回答的格式和風格，以使ChatGPT生成符合要求的內容。例如，如果你希望模型以清單形式回答，可以在提示中提及「請按照以下清單格式回答」；如果你希望回答具有一定的正式性，可以要求模型使用正式的措辭或專業術語。
3. 適應模型的強預測能力：ChatGPT通常會傾向於生成高頻詞彙和常見的答案。為了避免這種情況，可以採取一些策略來引導模型生成更多多樣化和創新的回答。例如，你可以在提示中要求模型提供不那麼傳統的解決方案，或者引導模型進行更深入的思考和推理。
4. 處理困惑和不確定性：在提示ChatGPT時，模型可能會遇到一些困惑或不確定的情況。這可能會導致模型生成不完整或不準確的回答。在這種情況下，你可以透過提供更多的相關資訊、明確指示模型採取特定的行動，或者在回答中要求模型提供更多的解釋來解決這些問題。
5. 迭代和回饋：提升提示效果的關鍵是不斷迭代和改進。根據ChatGPT生成的回答，評估其準確性和適用性。如果回答不符合預期，你可以進行修正，調整提示的內容或方式，並提供明確的回饋。透過持續與模型互動和調整，你可以改善提示的品質和效果。

這些技巧和策略將有助於你正確提示ChatGPT並獲得更滿意的結果。請記住，不同的情境和需求可能需要不同的提示方法，因此根據具體情況進行靈活調整和優化。

## 7-5-2 說明輸出內容的形式

當使用 ChatGPT 時，我們可以透過指定特定的形式或格式，來引導模型以我們期望的方式呈現輸出內容。這可以使我們更有效地控制生成結果，並使其更符合我們的需求和期望。以下是一個例子，詳細說明了如何使用表格形式來指示 ChatGPT 生成我們需要的結果。藉由了解這些技巧，我們可以更有效地引導 AI 模型，使其生成更具結構化和易讀性的輸出。

### 提示（prompt）詞

請針對以下的專用縮寫的專有名詞進行繁體中文的解釋。

（表格式，column = 專有名詞縮寫，專有名詞原文，中文翻譯）

WHO

NBA

ECFA

MVP

**ChatGPT 回答畫面**

TX 請針對以下的專用縮寫的專有名詞進行繁體中文的解釋。
(表格式，column = 專有名詞縮寫，專有名詞原文，中文翻譯)
WHO
NBA
ECFA
MVP

| 專有名詞縮寫 | 專有名詞原文 | 中文翻譯 |
|---|---|---|
| WHO | World Health Organization | 世界衛生組織 |
| NBA | National Basketball Association | 美國職業籃球聯賽 |
| ECFA | Economic Cooperation Framework Agreement | 兩岸經濟合作架構協議 |
| MVP | Most Valuable Player | 最有價值球員 |

## 7-5-3 接續未完成的答案

當回答內容不完整時，這種情況下就可以按下方的「Continue generating」鈕或自行輸入「請繼續」提示詞來接續未完成的回答內容。如下圖所示：

請以有醫美專業的醫師角度提供如何瘦身的建議。

作為一位具有醫美專業知識的醫師，我樂意為您提供瘦身的建議。以下是一些基本的指導原則，但請記住，每個人的身體狀況和需求都不同，因此建議在進行任何健身或瘦身計劃之前，最好先諮詢您的醫生。

1. 營養均衡的飲食：確保您的飲食包含足夠的蛋白質、蔬果、全穀類和健康脂肪。減少高糖和高脂肪食物的攝入，選擇低熱量和營養豐富的食物。定期進食小而頻繁的餐點，以維持血糖穩定。
2. 控制卡路里攝入量：了解您的身體所需的日常卡路里攝入量，並在此基礎上制定合理的減重目標。減少每日攝入的卡路里量，創造負能量平衡，以促進體重減輕。
3. 適度運動：結合有氧運動和力量訓練，以增加代謝率和燃燒脂肪。有氧運動如慢跑、游泳或有氧舞蹈可以提高心肺功能和燃燒卡路里。力量訓練則有助於增加肌肉質量，提高基礎代謝率。
4. 持之以恆：瘦身是一個長期的過程，需要堅定的決心和耐心。設定合理的目標，逐漸改變生活方式，並保持一個穩定的健康習慣。

5. 尋求專業協助：如果您對瘦身計劃感到困惑或需要個別化的指導，建議尋求專業醫生或營養師的幫助。他們可以根據您的個人需求和醫學背景，提供更具針對性的建議和計劃。

最重要的是，瘦身不僅僅是外觀上的改變，更重要的是促進整體健康。請記住，每個人的身體都是獨特的，

Regenerate response　Continue generating

## 7-5-4 利用標籤指導對話的重要性

在與 ChatGPT 進行對話時，使用標籤是關鍵之一，可引導模型針對特定主題或執行特定任務進行回答。標籤在對話中扮演指示的角色，幫助模型更好地理解使用者的意圖並提供相關的回答。作為一個生成式模型，ChatGPT 在回答問題時具有一定的自由度，但有時可能會生成與主題不相關或不合適的回答。透過使用標籤，我們可以確保模型生成的回答符合預期，具有相應的內容和一致性。以下是一個示範，展示了如何使用標籤來引導對話的例子：

### 提示（prompt）詞

請告訴我關於 NBA 的輝煌事件？

# 林書豪

### ChatGPT 回答畫面

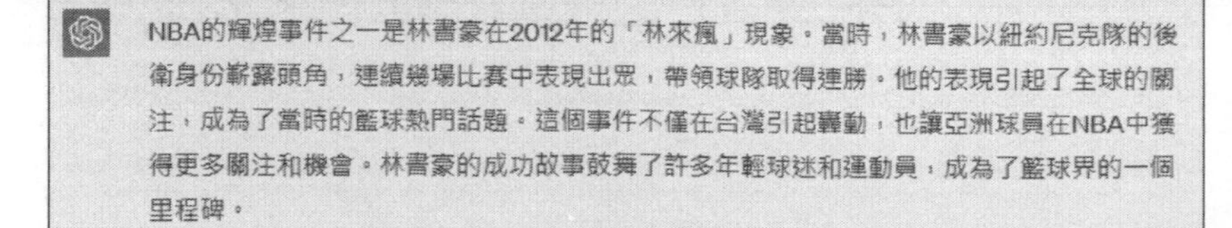

使用標籤「# 林書豪」可以讓模型知道使用者詢問與「林書豪」相關的問題。這樣模型能夠提供相關回答，確保內容與「林書豪」相關，並提供使用者相關的建議和資訊。

標籤的好處是限制模型回答的範圍，專注於特定的主題或任務。然而，需要注意的是，標籤僅是指示，模型仍可能因語言的模糊或其他因素而產生不確定的回答。因此，在使用標籤時，仍需謹慎審查和確認模型的回答，以確保其準確性和適切性。

標籤不僅可用於指導對話主題，還可用於執行特定任務，例如問答、翻譯、摘要等。對於問答任務，可以使用標籤指定問題和回答的格式，讓模型能夠正確回答問題。以下是一個問答的例子：

### 提示（prompt）詞

# 一問一答

什麼是聊天機器人？

什麼是 ChatGPT ？

什麼是 Power BI ？

### ChatGPT 回答畫面

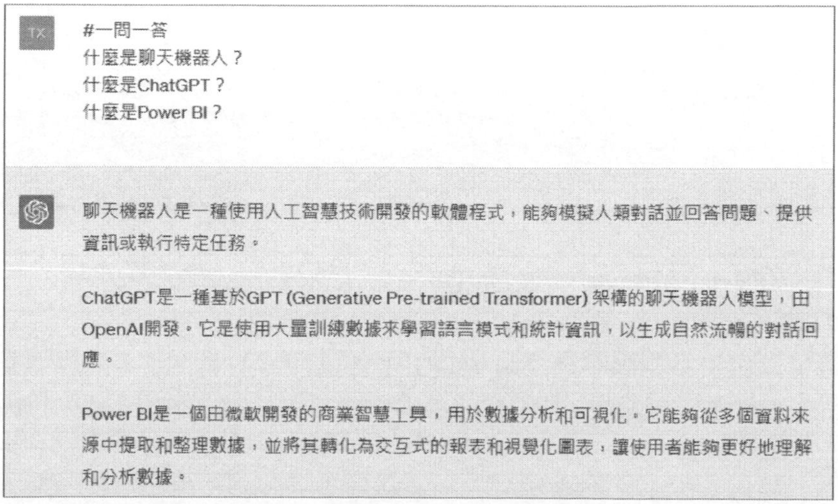

TX

#一問一答
什麼是聊天機器人？
什麼是ChatGPT？
什麼是Power BI？

聊天機器人是一種使用人工智慧技術開發的軟體程式，能夠模擬人類對話並回答問題、提供資訊或執行特定任務。

ChatGPT是一種基於GPT (Generative Pre-trained Transformer) 架構的聊天機器人模型，由OpenAI開發。它是使用大量訓練數據來學習語言模式和統計資訊，以生成自然流暢的對話回應。

Power BI是一個由微軟開發的商業智慧工具，用於數據分析和可視化。它能夠從多個資料來源中提取和整理數據，並將其轉化為交互式的報表和視覺化圖表，讓使用者能夠更好地理解和分析數據。

在這個例子中，標籤「# 一問一答」指示模型回答在提示詞所列出的問題，如果不滿意這樣的回答方式，還可以結合表格式的輸出外觀，例如：

### 提示（prompt）詞

# 一問一答

什麼是聊天機器人？

什麼是 ChatGPT ？

什麼是 Power BI ？

（表格式，column = 問題，回答內容）

### ChatGPT 回答畫面

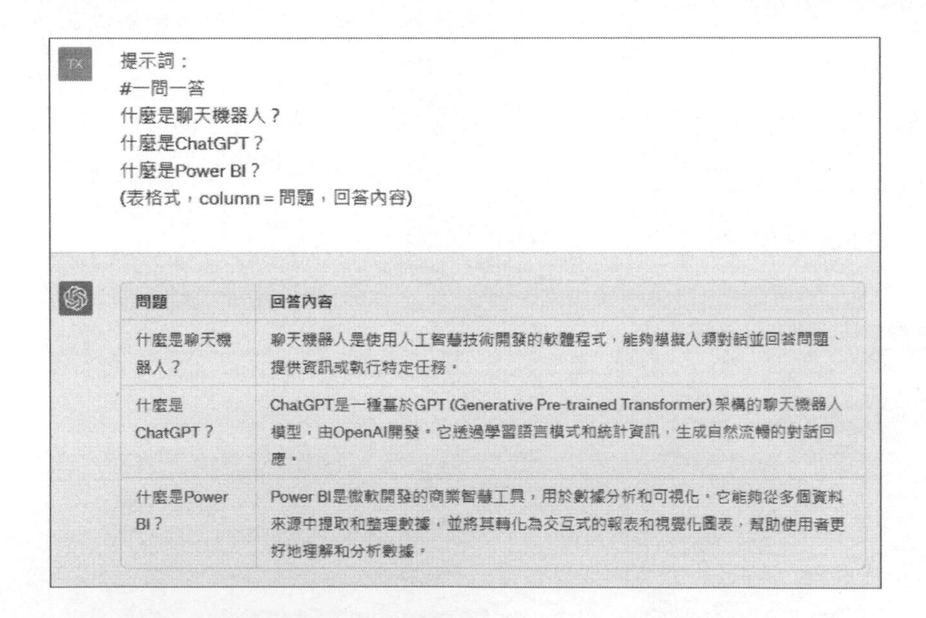


| 問題 | 回答內容 |
|---|---|
| 什麼是聊天機器人？ | 聊天機器人是使用人工智慧技術開發的軟體程式，能夠模擬人類對話並回答問題、提供資訊或執行特定任務。 |
| 什麼是 ChatGPT？ | ChatGPT是一種基於GPT (Generative Pre-trained Transformer) 架構的聊天機器人模型，由OpenAI開發。它透過學習語言模式和統計資訊，生成自然流暢的對話回應。 |
| 什麼是Power BI？ | Power BI是微軟開發的商業智慧工具，用於數據分析和可視化。它能夠從多個資料來源中提取和整理數據，並將其轉化為交互式的報表和視覺化圖表，幫助使用者更好地理解和分析數據。 |

## 7-5-5 限制回答內容的字數

我們可以使用字數限制來控制 ChatGPT 生成回答的長度。下例中我們要求 ChatGPT 生成關於「品德的重要性」的簡短對話，總字數限制在 100 字以內。

### 提示（prompt）詞

請以華語幫我寫一篇 100 字以內關於「品德的重要性」的兩個人的簡短對話，在對話結束後，出一個和這個對話內容有關的問題，這個問題有（A）（B）（C）（D）四個選項，最後請給我這個問題的答案。

### ChatGPT 回答畫面

TX 請以華語幫我寫一篇100字以內關於「品德的重要性」的兩個人的簡短對話，在對話結束後，出一個和這個對話內容有關的問題，這個問題有(A)(B)(C)(D)四個選項，最後請給我這個問題的答案。

A: 哥哥，你認為品德對我們的生活有多重要？
B: 哥哥認為品德非常重要，它塑造我們的價值觀，影響我們的行為。
A: 是的，品德可以讓我們懂得正確的道德，並在遇到困難時做出正確的選擇。
B: 正確，品德還可以建立信任和尊重，促進良好的人際關係。
A: 那你覺得品德的培養應該從何處著手呢？
B: 哥哥認為家庭教育是培養品德的起點，父母應該以身作則，傳授道德價值觀。
A: 好的，謝謝你的意見，我會好好思考的。

問題：品德的培養應該從何處著手？
(A) 學校教育
(B) 社會環境
(C) 家庭教育
(D) 個人努力

答案：(C) 家庭教育。家庭是孩子品德培養的首要環境，父母的示範和教育對於塑造孩子的品德價值觀至關重要。

## 7-5-6 提醒 ChatGPT 不需要重複題目

我們在詢問 ChatGPT 時，有時聊天機器人會重複您要問的問題，例如下例中回答內容會重複出現標題名稱，這種情況下，就可以直接要求不要重複寫出標題名稱，則回答內容就會直接出文章及各道選擇題。

### 提示（prompt）詞

請以華語幫我寫一篇 150 以內的閱讀理解文章，主題是「健康生活方式的好處」，並製作 3 道選擇題，每道題有 4 個答案選項，最後請給我這個問題的答案，請直接寫文章內容，不要重複寫出主題的名稱。

### ChatGPT 回答畫面

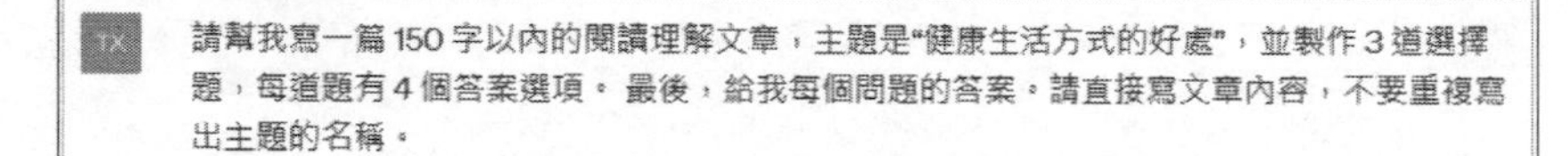
請幫我寫一篇 150 字以內的閱讀理解文章，主題是"健康生活方式的好處"，並製作 3 道選擇題，每道題有 4 個答案選項。最後，給我每個問題的答案。請直接寫文章內容，不要重複寫出主題的名稱。

選擇養成健康的生活方式，將帶來許多好處，並對身體和心理健康產生積極影響。保持健康的生活方式有助於增強肌肉，改善心血管健康並提升能量水平。參與適度的體育活動有助於降低慢性疾病的風險。均衡營養的飲食有助於提供身體所需的必要營養素，並有助於體重管理。此外，定期運動釋放出內啡肽，這是一種讓人感到愉悅的激素，可以緩解壓力並改善情緒。健康的飲食習慣與更好的認知功能和心理疾病風險的降低有關。擁抱健康的生活方式還能延長壽命，預防慢性疾病，維持免疫系統和恢復能力。養成健康的生活習慣是提高生活質量的重要因素。

多重選擇題：

1. 健康的生活方式對身體健康的好處包括：
   a) 提高肌肉力量
   b) 改善心理健康
   c) 增加慢性疾病的風險
   d) 降低能量水平

答案：a) 提高肌肉力量

2. 健康的飲食習慣對心理健康的影響是：
   a) 釋放內啡肽
   b) 提高免疫系統功能
   c) 降低體重管理風險
   d) 增加心臟病的機會

## 7-5-7 結合引號（""）或（「」）來補強重點

使用引號可以強調問題中的關鍵詞，使問題更加清晰明確，同時引起讀者對重要資訊的關注。例如：

### 你是否真正「理解」這個概念？

這個問題中的引號強調了「理解」這個詞，表明你對對方是否真正理解該概念有所質疑。

### 你是否認為這項政策是「公正」的？

這個問題中的引號強調了「公正」這個詞，意味著你想要了解對方是否認為該政策真的公正。

**提示（prompt）詞**

你是否認為「智慧型手機」對人類只有好處，沒有壞處？

**ChatGPT 回答畫面**

作為AI模型，我認為智慧型手機對人類並非只有好處，而是同時存在好處和壞處。以下是我對這個問題的評估：

好處：

1. 即時溝通：智慧型手機讓人們能夠隨時隨地與他人保持聯繫，這對於家人、朋友和商業聯繫都非常方便。
2. 資訊取得：智慧型手機提供了龐大的資訊和知識庫，讓我們能夠迅速獲取所需的資訊，從新聞到學術研究。
3. 娛樂與放鬆：智慧型手機提供各種娛樂選項，例如遊戲、音樂、電影和社交媒體，讓人們能夠在空閒時間放鬆身心。
4. 生產力提升：智慧型手機配備了各種應用程序和工具，幫助人們處理日常工作、管理日程、記錄備忘和增強創造力。

壞處：

1. 社交隔離：過度使用智慧型手機可能導致與現實世界的社交隔離，人們更關注手機屏幕而忽略了周圍的人與事。
2. 注意力分散：智慧型手機中的通知、社交媒體和應用程式可能干擾人們的注意力和專注力，影響工作效率和學習成果。
3. 健康問題：長時間使用智慧型手機可能導致眼睛疲勞、睡眠不足和不良姿勢，對身體和心理健康產生負面影響。
4. 沉迷問題：某些人可能對智慧型手機和其中的應用程式上癮，導致時間浪費、社交問題和情緒困擾。

因此，智慧型手機帶來了許多好處，但同時也帶來了一些負面影響。我們應該適度使用智慧型手機，保持平衡，並注意其對我們的日常生活和健康的影響。

## 7-5-8 自行提供範本給 ChatGPT 參考

本節將探討一種強大的技巧，即自行提供範本給 ChatGPT 作為參考。透過提供特定的範本，我們可以直接指導模型回答我們所需的內容，確保其符合我們的期望。這種方法能夠提高回答的準確性和一致性，同時賦予我們更大的控制權。以下是一個範例，詳細說明了如何使用範本來引導 ChatGPT 生成我們所需的回答。透過了解這個技巧，我們可以更有效地使用 AI 模型，以產生符合我們需求的內容。

### 提示（prompt）詞

請以虛擬人物的資料模擬以下的撰寫風格，設計出一份可以讓我修改內容的履歷表。

姓名 : [ 你的姓名 ]

聯繫方式 :
電話 : [ 電話號碼 ]
電子郵件 : [ 電子郵件地址 ]

最高教育背景 :
[ 教育機構名稱 ]，[ 學位 ]，[ 專業 ]，[ 畢業時間 ]
近期兩個工作經驗 :

[ 公司名稱 ]
職位 : [ 職位名稱 ]
工作時間 : [ 起始日期 ] - [ 結束日期 ]

[ 公司名稱 ]
職位 : [ 職位名稱 ]
工作時間 : [ 起始日期 ] - [ 結束日期 ]

語言專長：

程式設計專長：

其他 :

### ChatGPT 回答畫面

姓名: 小明

聯繫方式:
電話: 0912-345-678
電子郵件: example@email.com

最高教育背景:
台灣大學，工學學士，電機工程，2020年畢業

近期兩個工作經驗:

ABC科技有限公司
職位: 軟體工程師
工作時間: 2021年1月 - 2022年6月

XYZ企業股份有限公司
職位: 資深軟體開發工程師
工作時間: 2022年9月 - 2023年5月

語言專長：
中文（母語）
英文（流利）

程式設計專長：
Java
Python
C++

其他:
在ABC科技有限公司期間，負責開發和維護企業級軟體應用程式。在XYZ企業股份有限公司期間，參與大型專案的系統設計和開發，並帶領團隊完成項目。

## 7-5-9 比較中文及英文的提示（prompt）差異

本節將比較中文和英文提示在使用 ChatGPT 時的差異。提示是指給予模型的指示或問題，用於引導其生成回答。我們將探討使用不同語言的提示對 ChatGPT 回答的速度、完整度和正確性所造成的影響。特別是在中文和英文之間，存在著一些差異。了解這些差異將有助於使用者在不同語言下獲得更好的回答結果。以下是對中文和英文提示使用的比較，並提供一些建議，以獲取更準確和豐富的回答內容。

### 提示（prompt）詞

What is a responsive web page?

### ChatGPT 回答畫面

TX What is a responsive web page?

A responsive web page refers to a web design approach that allows the layout and elements of a website to adapt and adjust automatically based on the user's device or screen size. The goal of a responsive web page is to provide an optimal viewing experience across a wide range of devices, from desktop computers to smartphones and tablets.

In a responsive web page, elements such as images, text, and navigation menus are designed to resize, reposition, or even hide depending on the screen size. This ensures that the content remains easily readable and accessible, regardless of the device being used.

Responsive web design utilizes flexible grid systems, CSS media queries, and scalable images to achieve responsiveness. By implementing responsive techniques, websites can provide a seamless user experience, improve accessibility, and eliminate the need for separate mobile versions of a website.

Overall, a responsive web page is designed to adapt and provide an optimal user experience on various devices, enhancing usability and accessibility for website visitors.

接著各位可以將這個問題的回答內容，複製貼上到 Google 翻譯，並指定由「英文」翻譯成「繁體中文」，就可以迅速將回答內容以繁體中文呈現，以幫助各位的理解。或是直接在 ChatGPT 輸入提問詞如下：

**提示（prompt）詞**

請以繁體中文台灣用語回答。

**ChatGPT 回答畫面**

TX 請以繁體中文台灣用語回答。

回應式網頁是一種網頁設計方法，能夠根據使用者的設備或螢幕尺寸自動調整網站的版面和元素。回應式網頁的目標是在各種設備上提供最佳的瀏覽體驗，包括桌面電腦、智慧型手機和平板電腦等。

在回應式網頁中，圖片、文字和導航選單等元素會根據螢幕尺寸進行調整，例如改變大小、重新排列或隱藏等。這樣可以確保內容在不同設備上都能輕鬆閱讀和存取。

回應式網頁設計使用了彈性的網格系統、CSS媒體查詢和可縮放圖片等技術，實現了響應式設計。透過回應式技術的應用，網站能夠提供無縫的使用者體驗，改善可存取性，同時也省去了需要建立獨立行動版網站的麻煩。

總而言之，回應式網頁能夠根據不同設備自適應並提供最佳的使用者體驗，增強了網站訪客的易用性和可存取性。

## 7-5-10 以人物背景設定來提高內容精確度

使用 ChatGPT 時，提供人物背景設定是一個重要的提示技巧。這意味著我們可以向 ChatGPT 提供使用者的相關背景資訊，以幫助模型更好地理解問題並提供準確的回答。

人物背景設定包括職業、興趣、教育背景和社交網路等資訊。這些資訊可以讓 ChatGPT 更好地理解使用者的語言和思考方式。例如，一位醫生可能會使用專業術語和學科知識來描述問題，而一位退休老人則可能使用更簡單的術語和常用詞彙。

透過人物背景設定，我們可以提高提示的準確性，生成智慧型的提示，並提供更精確和有價值的回答。例如：

### 提示（prompt）詞

請以有醫美專業的醫師角度提供如何瘦身的建議。

### ChatGPT 回答畫面

TX 請以有醫美專業的醫師角度提供如何瘦身的建議。

作為一位具有醫美專業知識的醫師，我樂意為您提供瘦身的建議。以下是一些基本的指導原則，但請記住，每個人的身體狀況和需求都不同，因此建議在進行任何健身或瘦身計劃之前，最好先諮詢您的醫生。

1. 營養均衡的飲食：確保您的飲食包含足夠的蛋白質、蔬果、全穀類和健康脂肪。減少高糖和高脂肪食物的攝入，選擇低熱量和營養豐富的食物。定期進食小而頻繁的餐點，以維持血糖穩定。
2. 控制卡路里攝入量：了解您的身體所需的日常卡路里攝入量，並在此基礎上制定合理的減重目標。減少每日攝入的卡路里量，創造負能量平衡，以促進體重減輕。
3. 適度運動：結合有氧運動和力量訓練，以增加代謝率和燃燒脂肪。有氧運動如慢跑、游泳或有氧舞蹈可以提高心肺功能和燃燒卡路里。力量訓練則有助於增加肌肉質量，提高基礎代謝率。
4. 持之以恆：瘦身是一個長期的過程，需要堅定的決心和耐心。設定合理的目標，逐漸改變生活方式，並保持一個穩定的健康習慣。
5. 尋求專業協助：如果您對瘦身計劃感到困惑或需要個別化的指導，建議尋求專業醫生或營養師的幫助。他們可以根據您的個人需求和醫學背景，提供更具針對性的建議和計劃。

最重要的是，瘦身不僅僅是外觀上的改變，更重要的是促進整體健康。請記住，每個人的身體都是獨特的，諮詢專業意見並尊重自己的身體需求是實現健康瘦身目標的關鍵。

## *Note*

# 08 Chapter

# ChatGPT 升級與優化的外掛擴充功能

本章中，我們將介紹一些可以進一步提高 ChatGPT 效能和實用性的外掛擴充功能。從聲控到郵件回覆，從問題提出到 YouTube 摘要，這些擴充功能涵蓋了各種情境，為用戶提供更多的便利和價值。如果您已經對 ChatGPT 有了基本的認識，現在就讓我們一起來探索這些擴充功能，了解如何進一步發揮 ChatGPT 的優勢，並為您的工作和生活帶來更多的便捷和效率。

# 8-1 Voice Control for ChatGPT - 練習英文聽力與口說能力

Voice Control for ChatGPT 這個 Chrome 的擴充功能，可以幫助各位與來自 OpenAI 的 ChatGPT 進行語音對話，可以用來利用 ChatGPT 練習英文聽力與口說能力。它會在 ChatGPT 的提問框下方加上一個額外的按鈕，只要按下該鈕，該擴充功能就會錄製您的聲音並將您的問題提交給 ChatGPT。接著我們就來示範示如何安裝 Voice Control for ChatGPT 及它的基本功能操作。

首先請在「chrome 線上應用程式商店」輸入關鍵字「Voice Control for ChatGPT」，接著點選「Voice Control for ChatGPT」擴充功能：

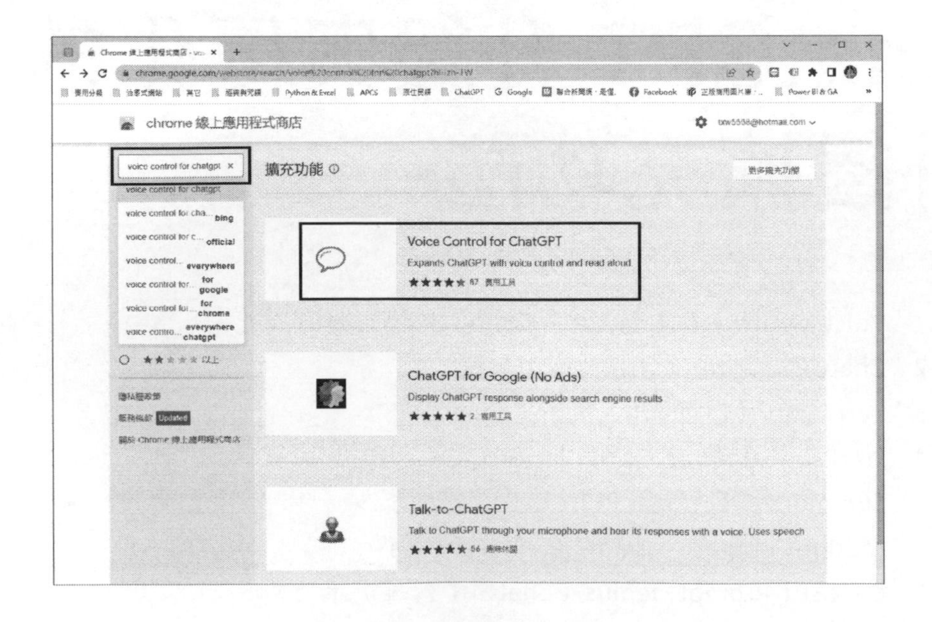

接著會出現下圖畫面，請按下「加到 Chrome」鈕：

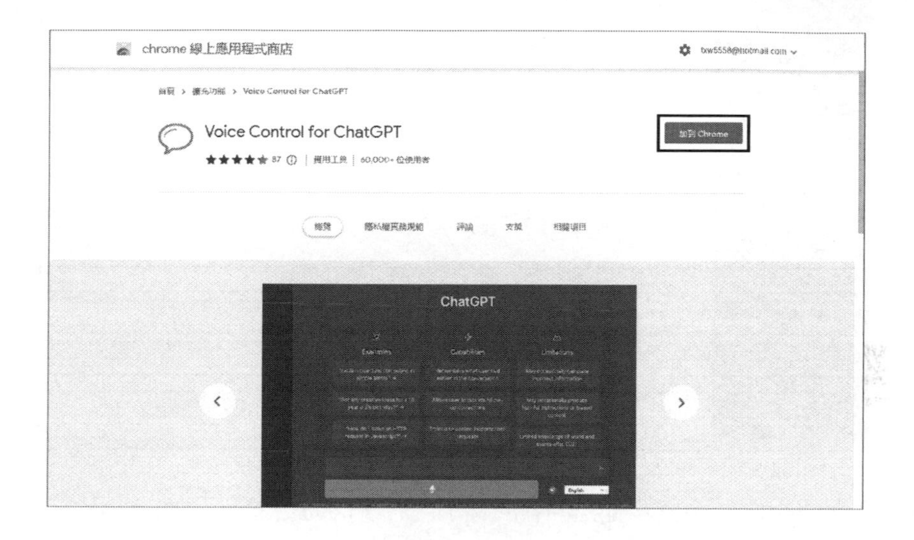


出現下圖視窗後，再按「新增擴充功能」鈕：

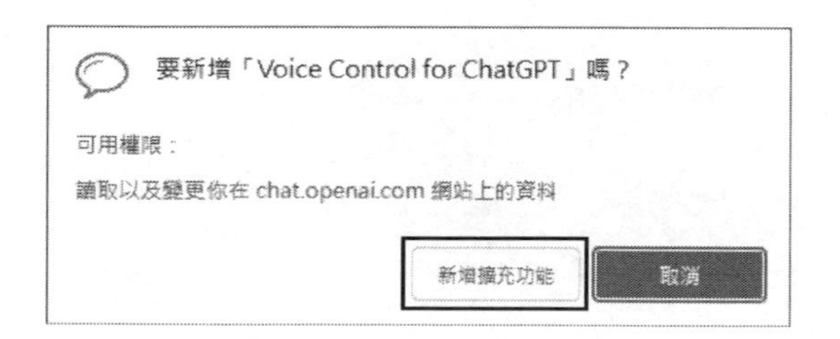


完成安裝後，準備用口語發音的方式向 ChatGPT 提問，請按下如下圖的「麥克風」鈕，第一次執行要求要取用你電腦系統的「麥克風」裝置，只要允許「Voice Control for ChatGPT」外掛程式取用，接著只要按下「麥克風」鈕，就進入語音輸入的環境：

當「麥克風」鈕被按下後就會變成紅色，表示已等待對麥克風講話，例如筆者念了「what is the Python language」，講完後，再按一次「麥克風」鈕，就會立即被辨識成文字，向 ChatGPT 提問。

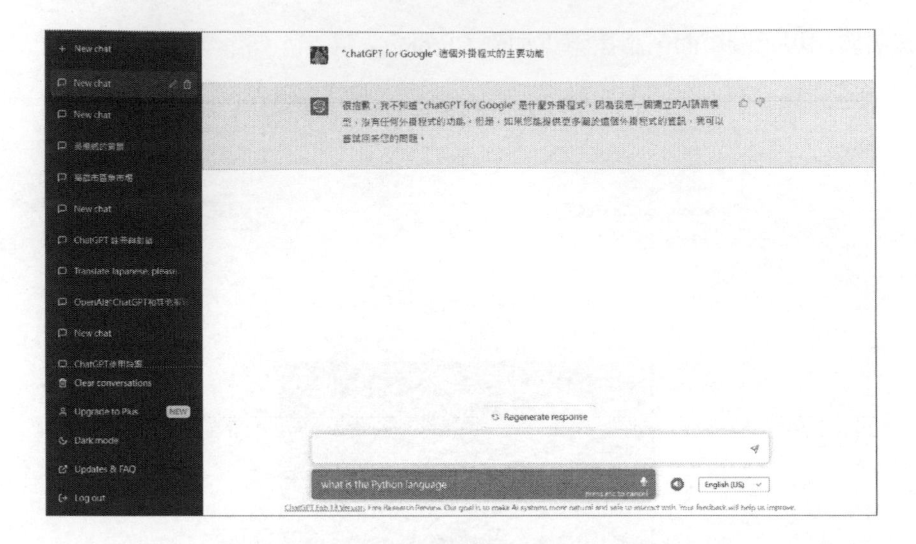


而此時 ChatGPT 會同步輸出回答的文字內容，同時會將所有的回答內容以所設定的語言念出，例如此處我們設定為「English（US）」，就可以聽到純正的美式英語，這個過程的就是非常好的聽力練習的機會。

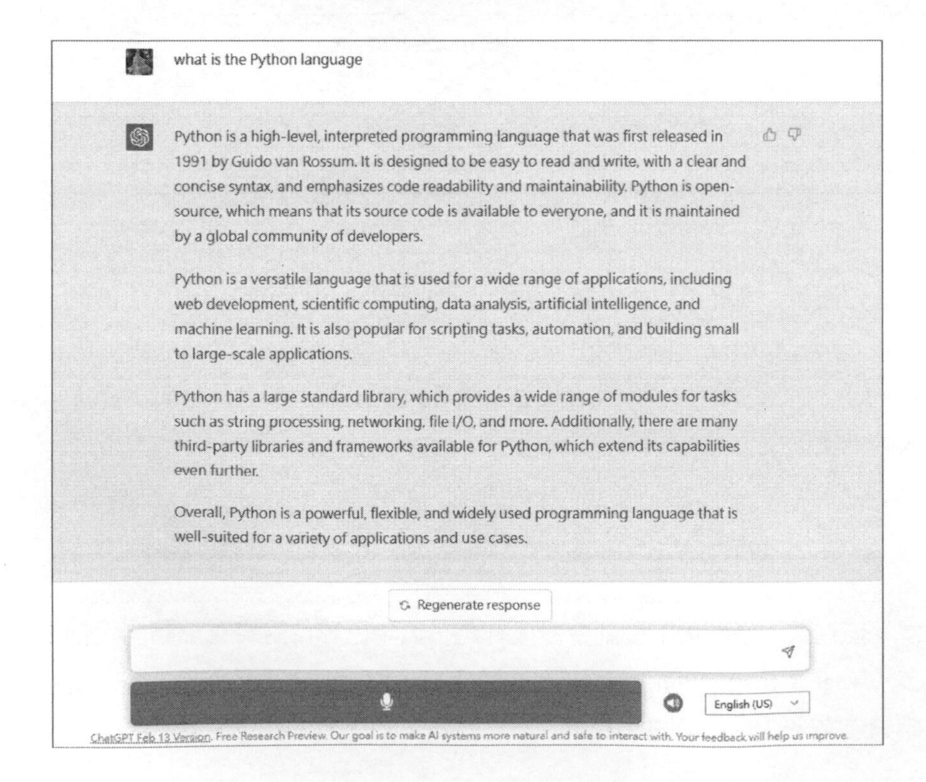

接著我們可以繼續練習我們的英語口說能力，再以講英文的方式向 ChatGPT 進行提問，例如我又問了「how can I start」，此時 ChatGPT 會同步以英語文字及口音的方式回答，各位就可以接著練習聽第二個回答內容的聽力練習，以這種方式來與 ChatGPT 進行互動，這個時候，安裝了「Voice Control for ChatGPT」這個外掛程式的擴充功能，透過 ChatGPT 練習英文聽力與口說能力，相信各位的英語口說及聽力一定有大量練習的機會與進步的空間。

how can I start

If you are interested in learning Python, here are some steps you can take to get started:

1. Install Python: The first step is to download and install Python on your computer. You can download the latest version of Python from the official Python website (https://www.python.org/downloads/).
2. Learn the basics: Once you have installed Python, you can start learning the basics of the language. There are many online tutorials and courses available that can help you get started. Some popular resources include Codecademy, Coursera, edX, and Udemy.
3. Practice coding: The best way to learn Python is by writing code. You can start by practicing basic programming concepts, such as variables, loops, functions, and conditional statements.
4. Explore Python libraries: Python has a large collection of libraries that can help you perform specific tasks, such as data analysis, machine learning, and web development. You can start exploring these libraries and see how they can be used to solve real-world problems.
5. Join a community: Python has a large and active community of developers, who are always willing to help and share their knowledge. You can join online forums and communities, such as Reddit, Stack Overflow, and GitHub, to connect with other Python developers

## 8-2 ChatGPT Writer（回覆 Gmail）

這個外掛程式可以協助生成電子郵件和訊息，以方便我們可以更快更大量的回覆信件。請依之前找尋外掛程式的方式，在「chrome 線上應用程式商店」找到「ChatGPT Writer」，並按「加到 Chrome」鈕將這個擴充功能安裝進來，如下圖所示：

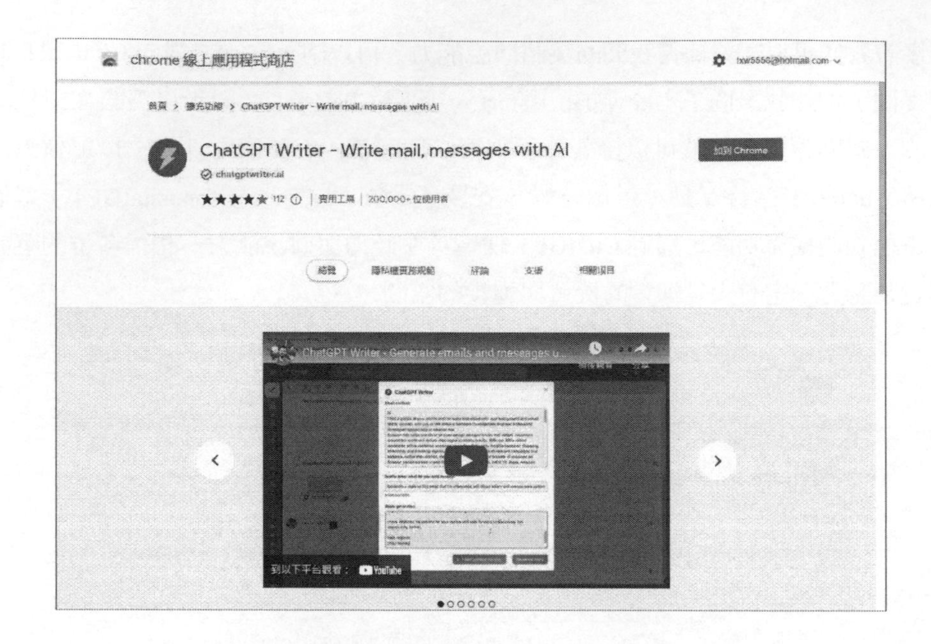


安裝完 ChatGPT Writer 擴充功能後，就可以在 Gmail 寫信時自動幫忙產出信件內容，例如我們在 Gmail 寫一封新郵件，接著只要在下方工具列按「ChatGPT Writer」圖示鈕，就可以啟動 ChatGPT Writer 來幫忙進行信件內容的撰寫，如下圖的標示位置：

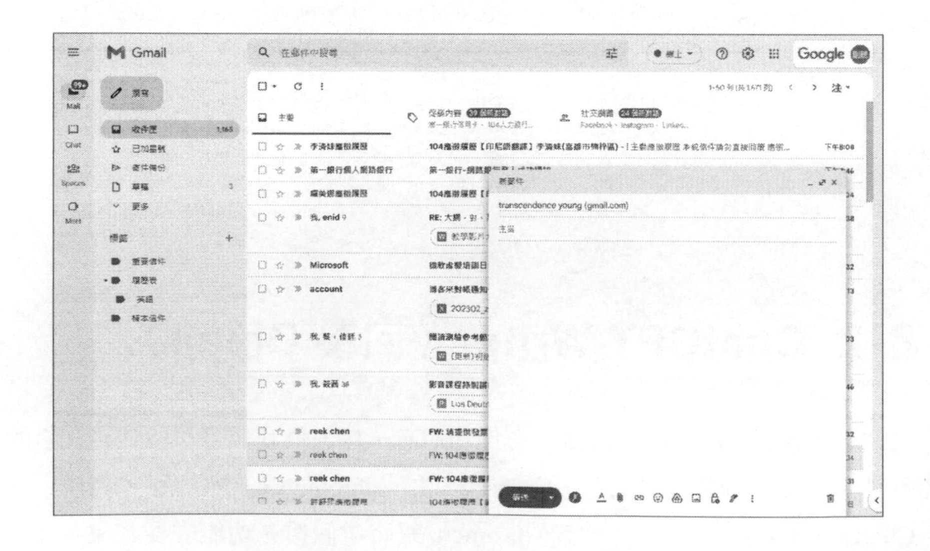

請在下圖的輸入框中簡短描述你想寄的信件內容，接著再按下「Generate Email」鈕：

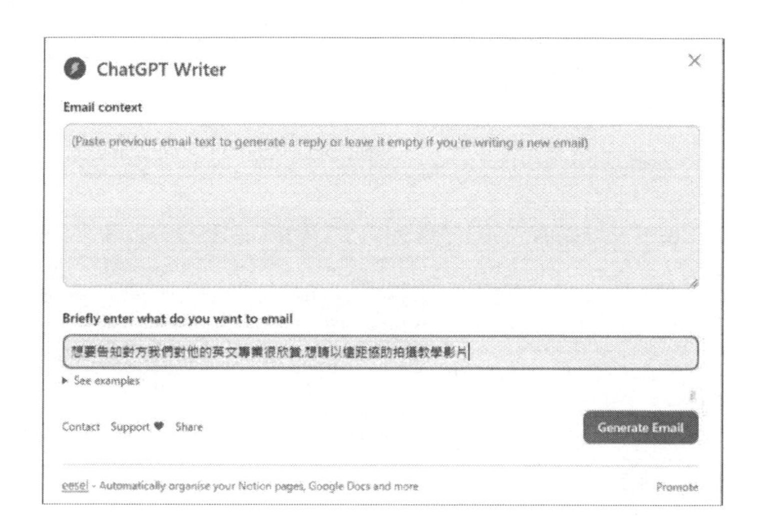


才幾秒鐘就馬上產生一封信件內容，如果想要將這個信件內容插入信件中，只要按下圖中的「Insert generated response」鈕：

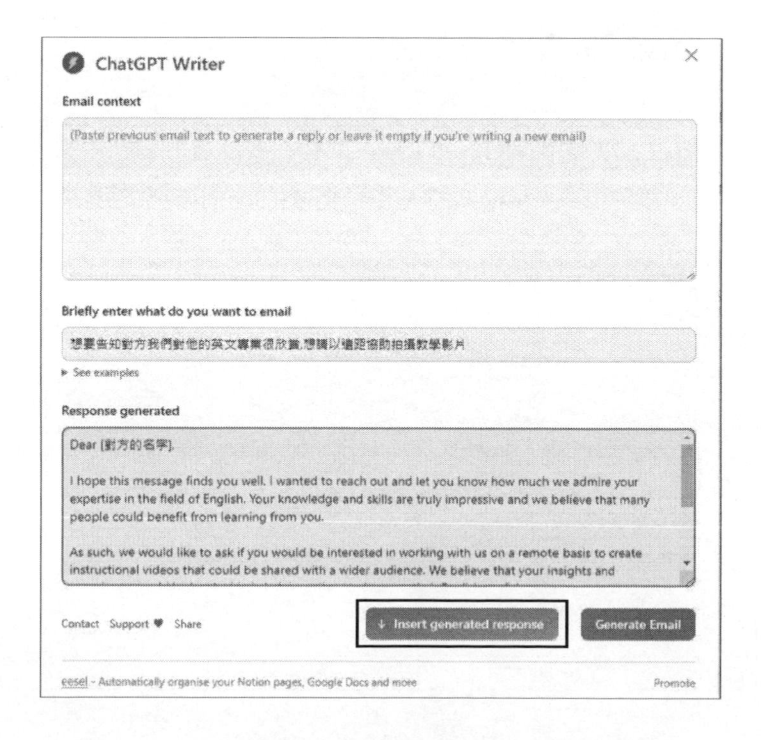

就會馬上在你的新信件加入回信的內容，你只要填上主旨、對方的名字、你的名字，確認信件內容無誤後，就可以按下「傳送」鈕將信件寄出。

這項功能當然也可以應用在回信的工作，同樣在要回覆的信件中按下「ChatGPT Writer」圖示鈕，就可以啟動 ChatGPT Writer 來幫忙進行信件內容的撰寫。

接著簡短描述要回信的重點，並按下「Generate Reply」鈕：

快速地產生回信內容，如果想要將這個信件內容插入信件中，只要按下圖中的「Insert generated response」鈕即可。

# 8-3 Perplexity（問問題）

Perplexity 可以讓你在瀏覽網頁時，對想要理解的問題，得到即時的摘要，當您有問題時，向 Perplexity 提問，並用引用的參考來源給您寫一個快速答案，並註明出處。也就是說 Perplexity 可以為你正在瀏覽一個頁面，它將立即為你總結。

首先請在「chrome 線上應用程式商店」輸入關鍵字「Perplexity」，接著點選「Perplexity – Ask AI」擴充功能：

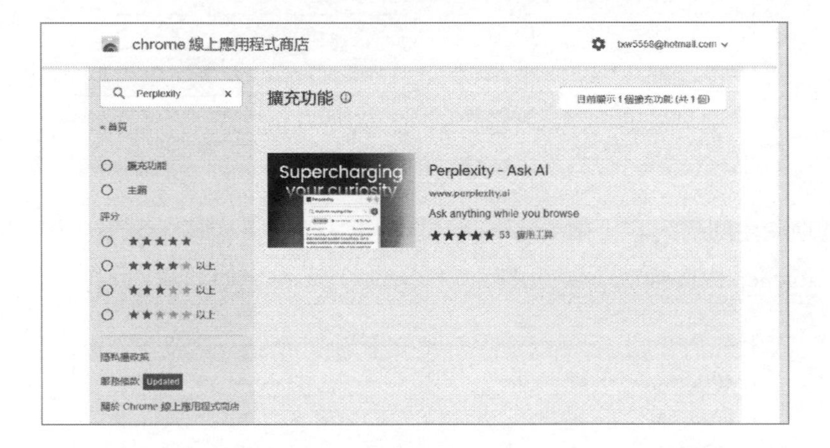


接著會出現下圖畫面，請按下「加到 Chrome」鈕：

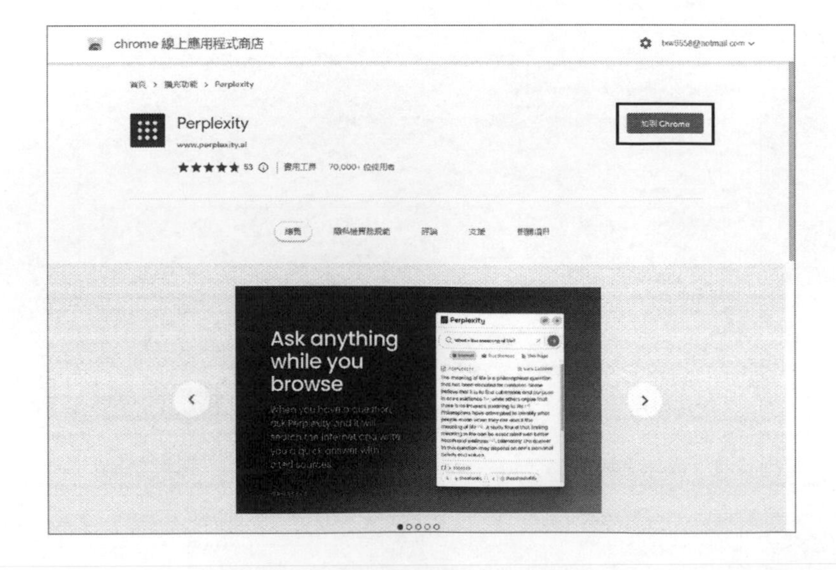

出現下圖視窗後，再按「新增擴充功能」鈕：

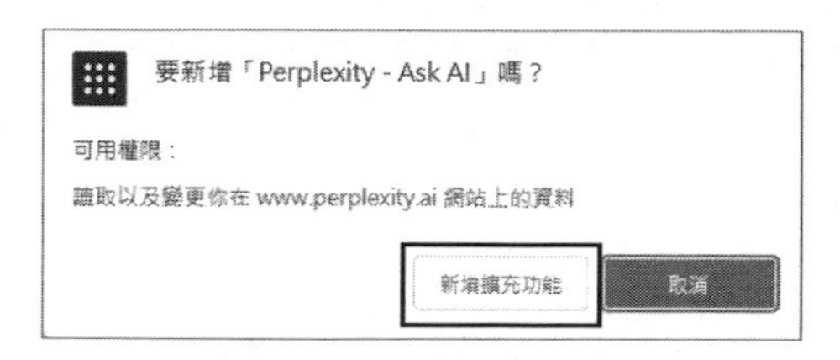


再已將這個擴充應用功能加到 Chrome 瀏覽器的視窗：

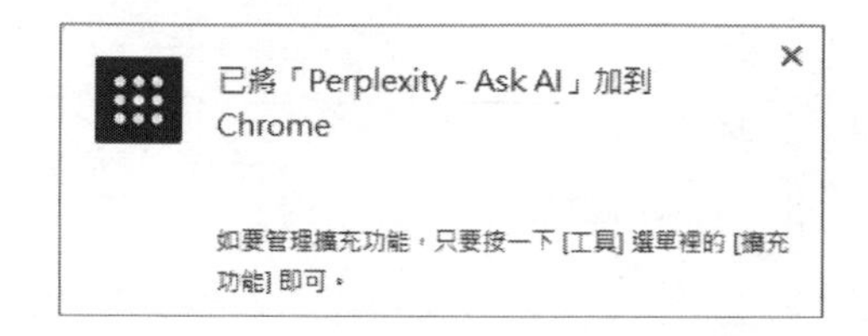


接著請按下 Chrome 瀏覽器的「擴充功能」鈕，會出現所有已安裝擴充功能的選單，我們可以按 鈕，將這個外掛程式固定在瀏覽器的工具列上：

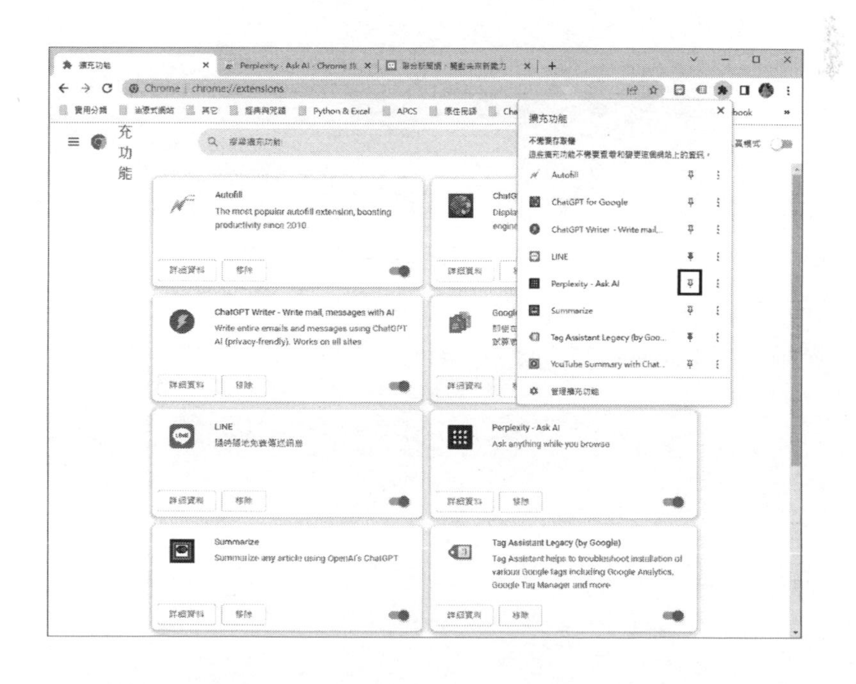

當該圖釘鈕圖示變更成 ▪ 外觀時，就可以將這個擴充功能固定在工具列之上：

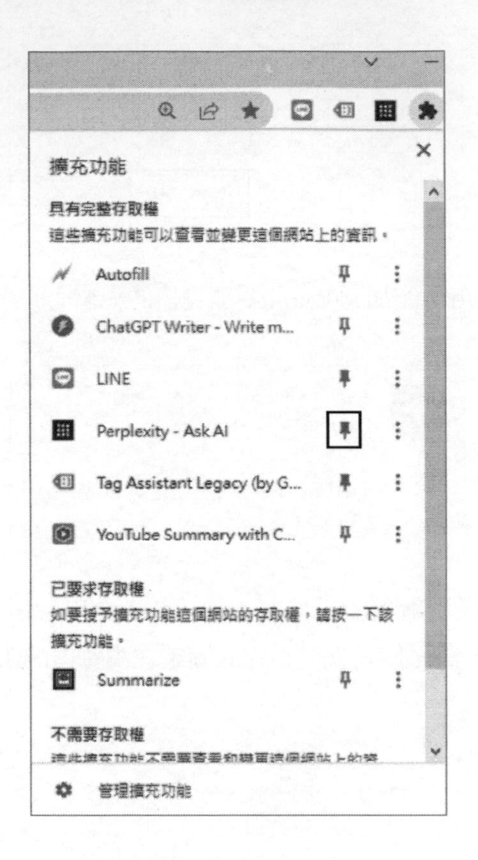


接著在瀏覽網頁時，在工具列按一下「Perplexity – Ask AI」擴充功能的工具鈕 ▪，就可以啟動提問框，只要在提問框輸入要詢問的問題，例如下圖中筆者輸入的「博碩文化」，就可以依所設定的查詢範圍找到相關的回答，各位可以設定的查詢範圍包括：「Internet」、「This Domain」、「This Page」。如下圖所示：

## 8-4 YouTube Summary with ChatGPT（影片摘要）

「YouTube Summary with ChatGPT」是一個免費的 Chrome 擴充功能，可讓您透過 ChatGPT AI 技術快速觀看的 YouTube 影片的摘要內容，有了這項擴充功能，能節省觀看影片的大量時間，加速學習。另外，您可以透過在 YouTube 上瀏覽影片時，點擊影片縮圖上的摘要按鈕，來快速查看影片摘要。

首先請在「chrome 線上應用程式商店」輸入關鍵字「YouTube Summary with ChatGPT」，接著點選「YouTube Summary with ChatGPT」擴充功能：

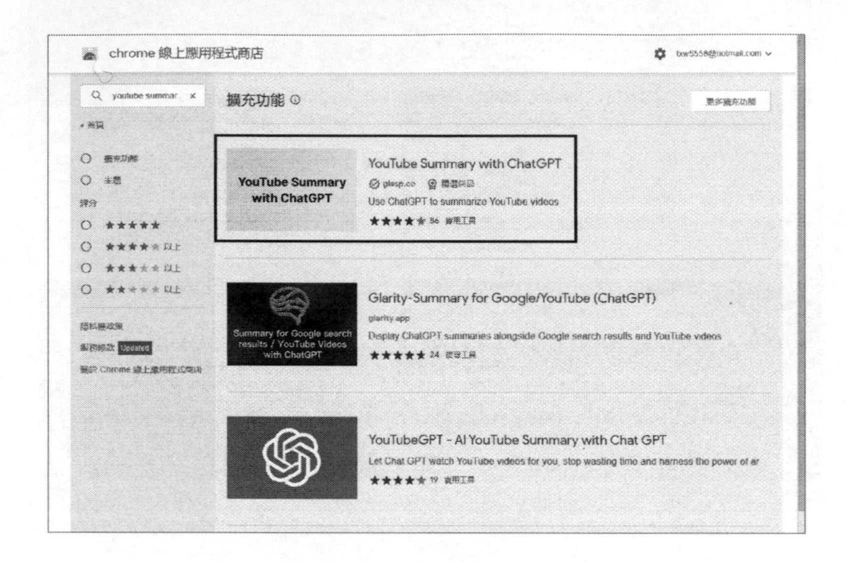


接著會出現下圖畫面，請按下「加到 Chrome」鈕：

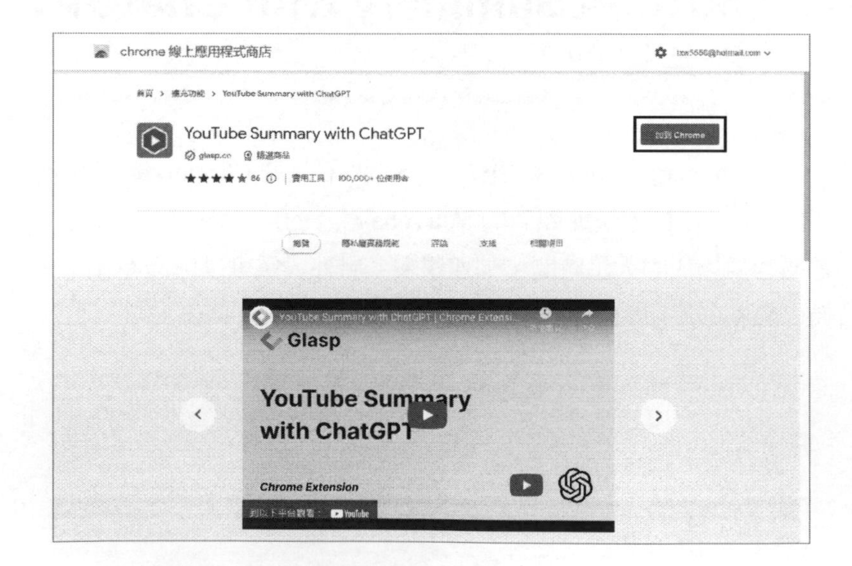

出現下圖視窗後，再按「新增擴充功能」鈕：

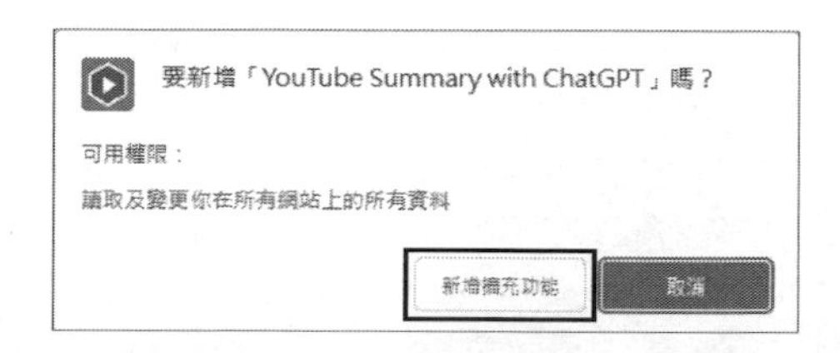


完成安裝後，各位可以先看一下有關「YouTube Summary with ChatGPT」擴充功能的影片介紹，就可以大概知道這個外掛程式的主要功能及使用方式：

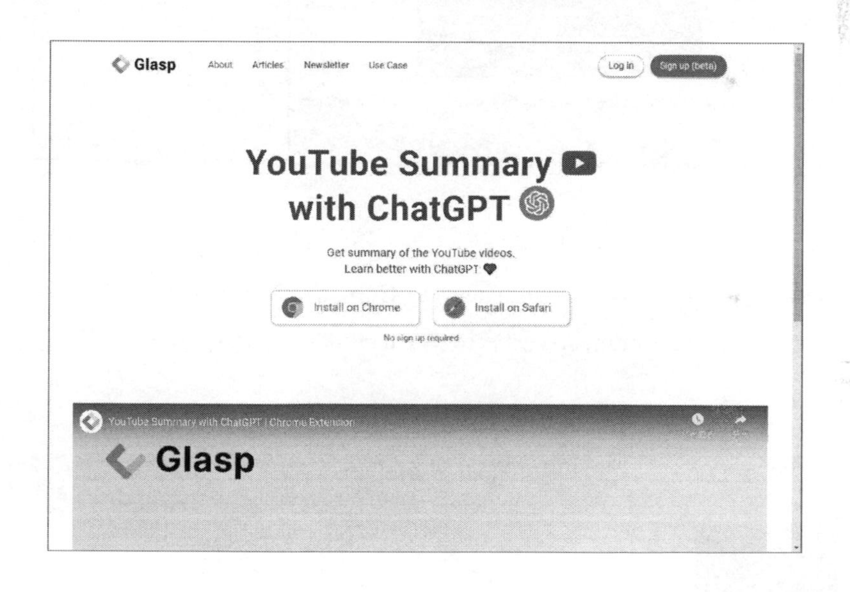


接著我們就以實際例子來示範如何利用這項外掛程式的功能，首先請連上 YouTube 觀看想要快速摘要了解的影片，接著按「YouTube Summary with ChatGPT」擴充功能右方的展開鈕：

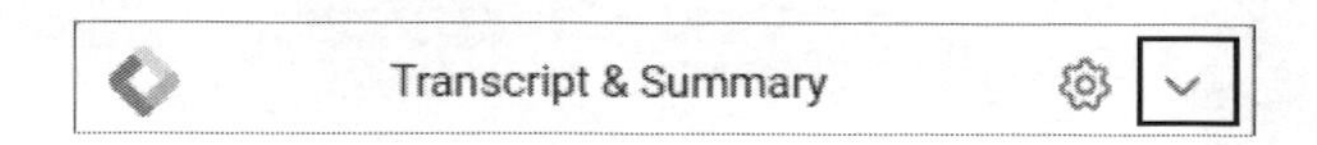


就可以看到這支影片的摘要說明，如下圖所示：

網址：youtube.com/watch?v=s6g68rXh0go

在上圖中各位可以看到一個工具列，由左到右的功能分別為「View AI Summary」、「Jump to Current Time」、「Copy Transcript（Plain Text）」三項功能。其中「View AI Summary」鈕會啟動 ChagGPT 來查看該影片的摘要功能，如下圖所示：

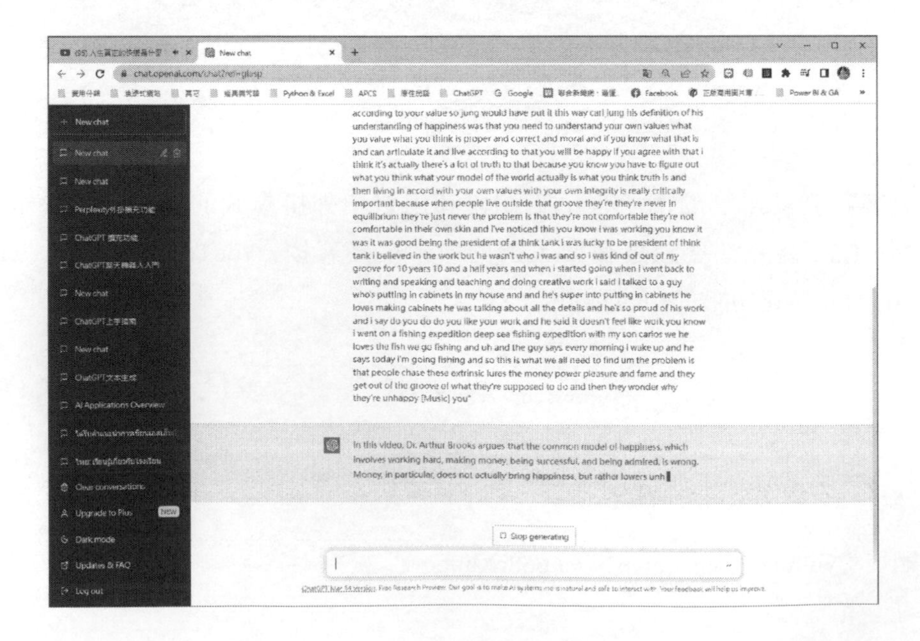

其中「Jump to Current Time」」鈕則會直接跳到目前影片播放位置的摘要文字說明，如下圖所示：

其中「Copy Transcript（Plain Text）」鈕則會複製摘要說明的純文字檔，各位可以依自己的需求貼上到指定的文字編輯器來加以應用。例如下圖為摘要文字內容貼到 Word 文書處理軟體的畫面，

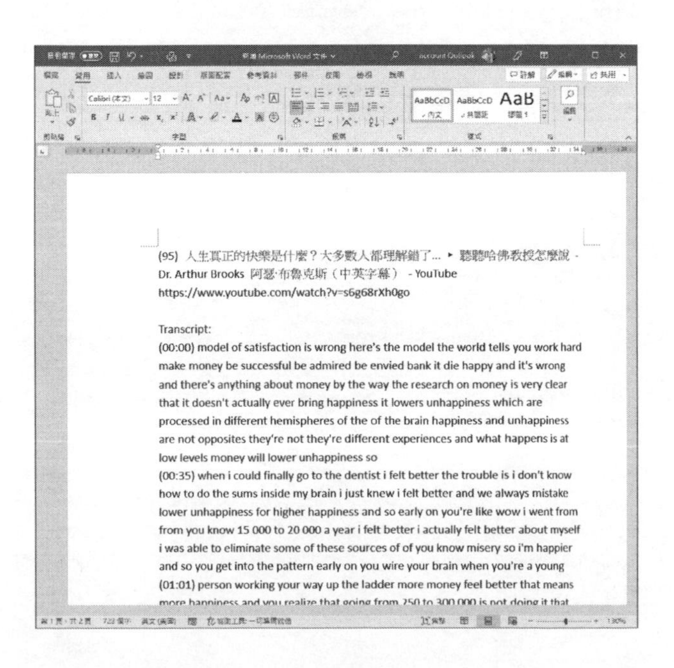

其實 YouTube Summary with ChatGPT 這款擴充功能，它的原理就是將 YouTube 影片字幕提供給 ChatGPT，而 ChatGPT 就可以根據這個字幕的文字內容，快速摘要出這支影片的主要重點。在方框旁有一個複製的按鈕，就可以將文字丟入 ChatGPT，ChatGPT 就會幫我們摘要一段英文。如下圖所示：

In this video, Dr. Arthur Brooks, a Harvard professor, discusses the misconception that many people have about happiness. He argues that the common model of satisfaction, which suggests that working hard, making money, being successful, admired, and envied will lead to happiness, is wrong.

Dr. Brooks explains that research shows that money does not actually bring happiness. Instead, it may only lower unhappiness temporarily. People often mistake lower unhappiness for higher happiness and believe that more money will make them happier. However, this is not the case.

According to Dr. Brooks, true happiness comes from being in the zone of what you love to do and what you appreciate most in life. It has to do with being in line with your own values and living according to your own integrity. He quotes Carl Jung, who believed that to be happy, you need to understand your own values and live according to them.

Dr. Brooks encourages people to find what they truly love to do and to pursue that, rather than chasing extrinsic lures like money, power, pleasure, and fame. He believes that people who live outside their groove and do not follow their own values are never in equilibrium and are never truly comfortable in their own skin.

Overall, Dr. Brooks argues that true happiness comes from being true to yourself and doing what you love, rather than from external factors like money or status.

接著我們再輸入「請將上述英文翻譯成繁體中文」，就可以馬上翻譯成如下的成果：

請將上述英文翻譯成繁體中文

在這段影片中，哈佛大學教授阿瑟·布魯克斯談到了關於快樂的一個常見誤解。他認為常見的滿足模式是錯誤的，這種模式告訴你要努力工作、賺錢、成功、受人敬仰、被人羨慕、存錢、然後開心地死去。然而，這是錯誤的。除了金錢，研究顯示金錢並不能帶來真正的快樂。金錢能夠暫時降低不快感，但快樂和不快樂是不同的體驗，並不是相反的。

人們常常把不快感誤認為快樂，認為越賺錢越幸福。但事實並非如此。布魯克斯教授指出，真正的快樂來自於做自己真正喜愛和欣賞的事情。當你與自己的價值觀相符合，按照自己的價值觀生活時，你才會真正快樂。卡爾·榮格曾這樣解釋快樂：你需要了解自己的價值觀，了解自己認為什麼是正確的、道德的，如果你知道這些並能表達出來，按照這些價值觀生活，你就會快樂。

> 人們常常把不快感誤認為快樂，認為越賺錢越幸福。但事實並非如此。布魯克斯教授指出，真正的快樂來自於做自己真正喜愛和欣賞的事情，當你與自己的價值觀相符合，按照自己的價值觀生活時，你才會真正快樂。卡爾·榮格曾這樣解釋快樂：你需要了解自己的價值觀，了解自己認為什麼是正確的、道德的，如果你知道這些並能表達出來，按照這些價值觀生活，你就會快樂。
>
> 如果你同意這種觀點，那麼布魯克斯教授認為這是有很多道理的，因為你需要找到自己的世界觀，知道自己認為什麼是真理，然後按照自己的價值觀、自己的正直生活。當人們生活在這個軌道之外時，他們永遠不會達到平衡，他們永遠不會真正感到自在。因此，布魯克斯教授鼓勵人們找到自己真正喜愛的事情，而不是追逐金錢、權力、享樂和名望等外在誘惑。他認為，那些生活在軌道之外、沒有按照自己的價值觀生活的人，永遠無法真正感到舒適自在。

如果你已經拿到 New Bing 的權限的話，可以直接使用 New Bing 上面的問答引擎，輸入「請幫我摘要這個網址影片：https://www.youtube.com/watch?v=s6g68rXh0go」，萬一如果輸入 YouTube 上瀏覽器的網址，沒有成功，建議影片的網址改放 YouTube 上面分享的短網址，例如：「請幫我摘要這個網址影片：https://youtu.be/s6g68rXh0go」，也能得到這個影片的摘要。

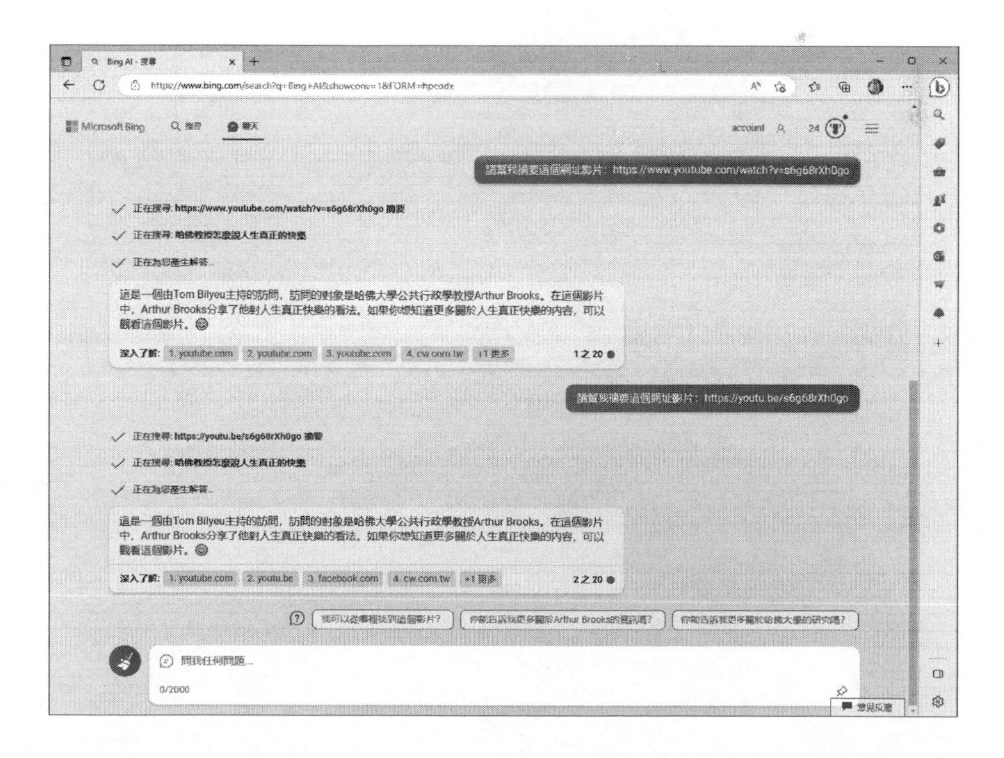

# 8-5 Summarize 摘要高手

Summarize 擴充功能是使用 OpenAI 的 ChatGPT 對任何文章進行總結。Summarize 這個 AI 助手可以幫助立即摘要文章。使用 Summarize 擴充功能，只要透過滑鼠的點擊就可以取得任頁面的主要思想，而且可以不用離開頁面，這些頁面的內容可以是閱讀新聞、文章、研究報告或是部落格。Summarize 擴充功能具備人工智慧（由 ChatGPT 提供支援）的摘要能力，且不斷地精進，可以提供全面、準確、可靠的摘要。

首先請在「chrome 線上應用程式商店」輸入關鍵字「YouTube Summary with ChatGPT」，接著點選「YouTube Summary with ChatGPT」擴充功能：

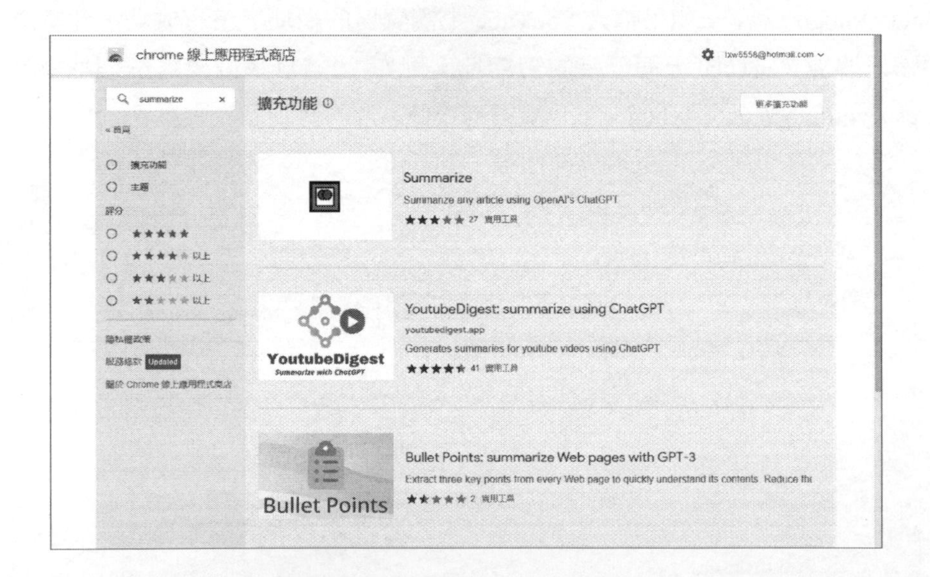

接著會出現下圖畫面，請按下「加到 Chrome」鈕：

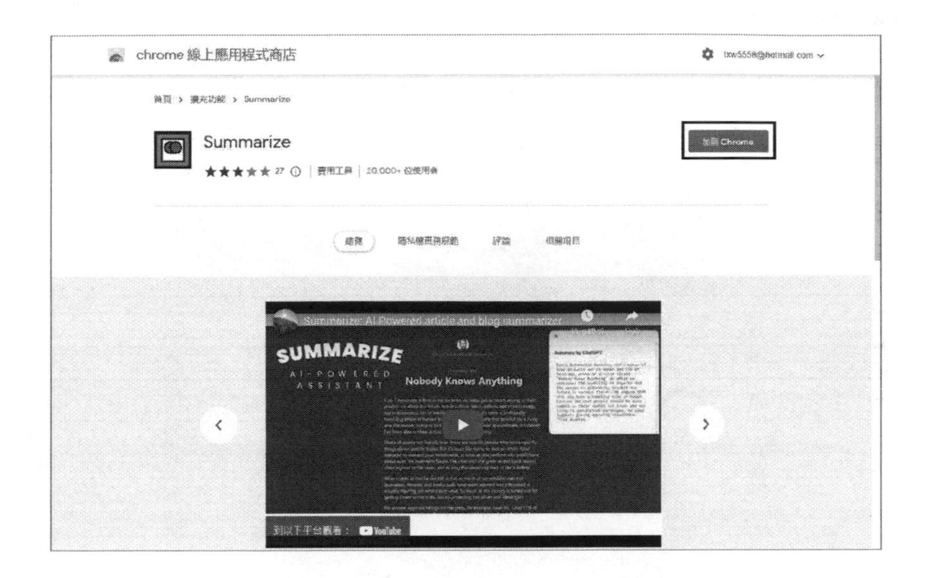


我們可以按鈕，將這個外掛程式固定在瀏覽器的工具列上，當該圖釘鈕圖示變更成外觀時，就可以將這個擴充功能固定在工具列之上，如下圖所示：

當在工具列上按下 ■ 圖示鈕啟動 Summarize 擴充功能時，會先要求登入 OpenAI ChatGPT，如下圖所示：

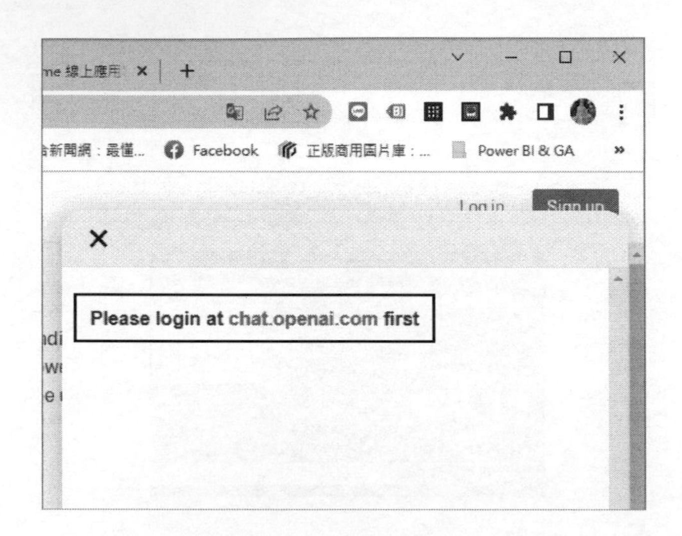


當用戶登入 ChatGPT 之後，以後只要在所瀏覽的網頁按下 ■ 圖示鈕啟動 Summarize 擴充功能時，就會開始請求 OpenAI ChatGPT 的回應，之後就可以快速透過 Summarize 這個 AI 助手立即摘要該網頁內容或部落格文章，如下列二圖所示：

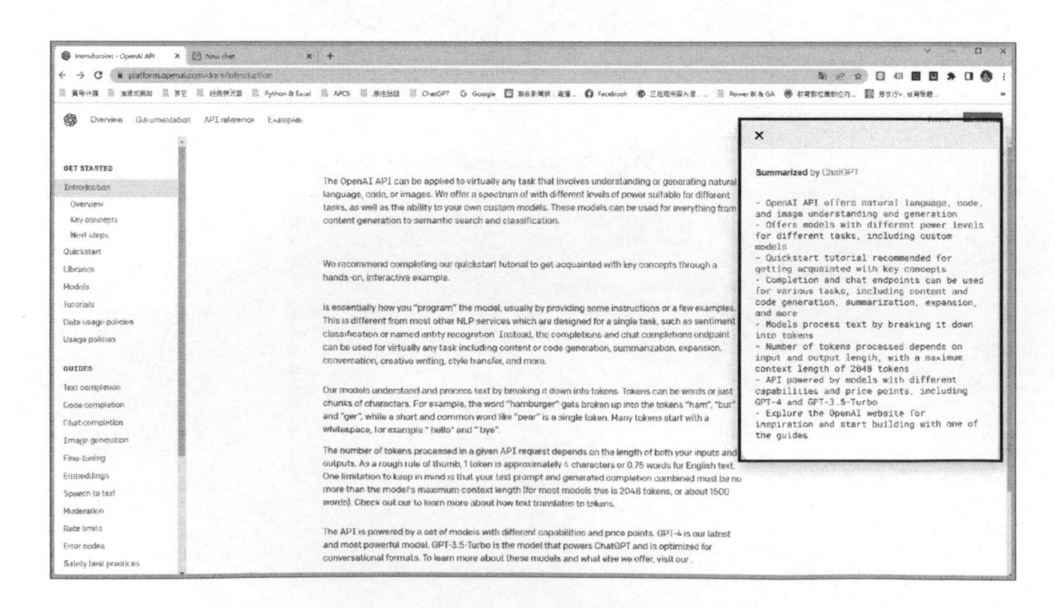

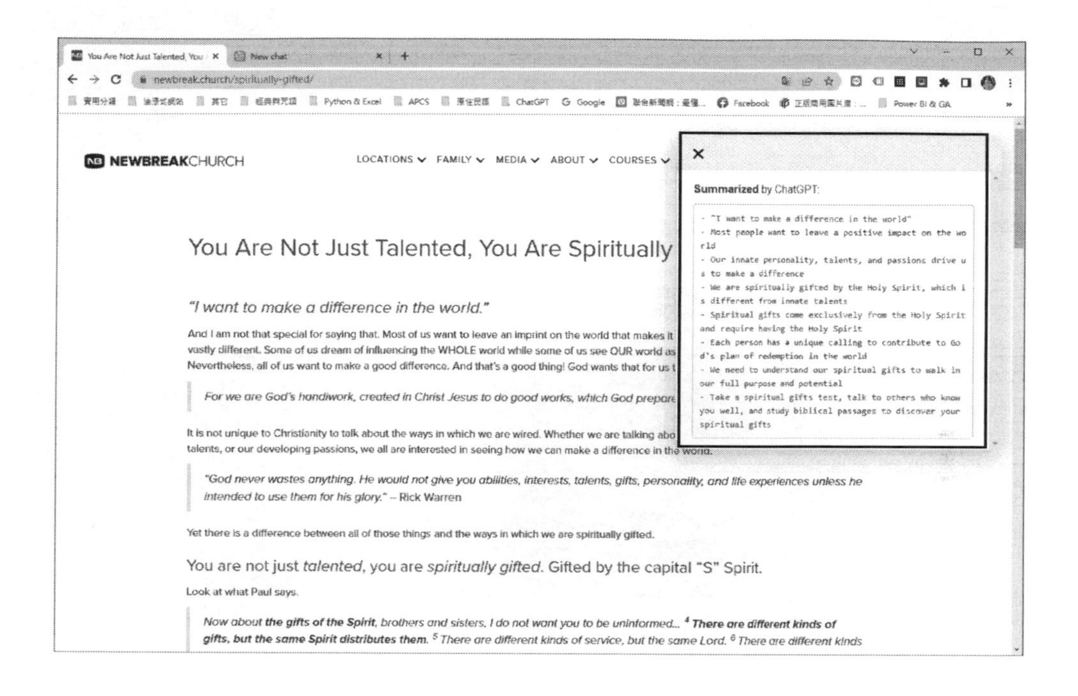


# 8-6 Merlin - ChatGPT Plus app on all websites

Merlin 可以幫助您在 Google 搜尋、YouTube、Gmail、LinkedIn、Github 和數百萬個其他網站上使用 ChatGPT 進行交流，而且是免費的。

首先請在「Chrome 線上應用程式商店」輸入關鍵字「Merlin」，接著點選「Merlin - ChatGPT Assistant for All Websites」擴充功能：

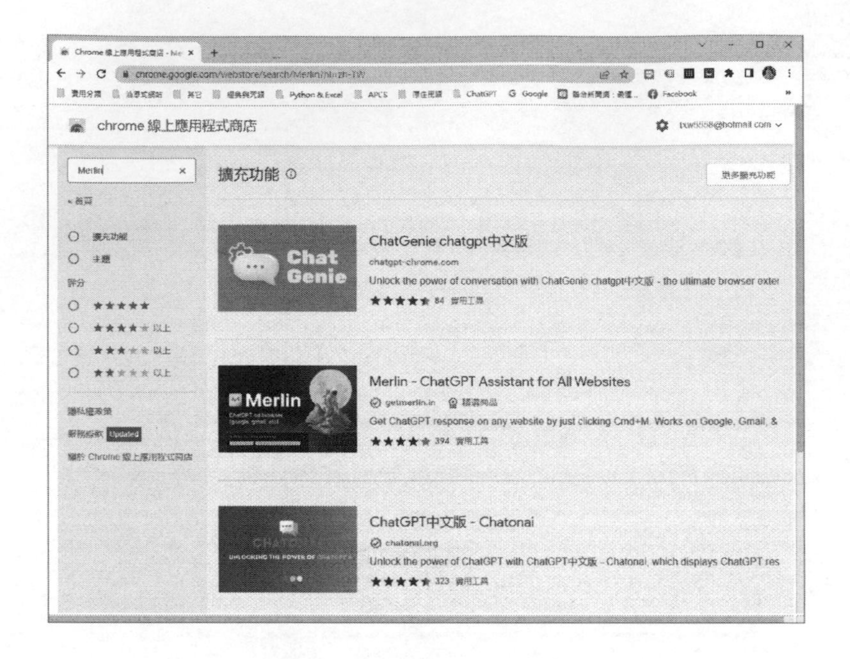


接著會出現下圖畫面，請按下「加到 Chrome」鈕：

啟動 Merlin 擴充功能會被要求先行登入帳號：

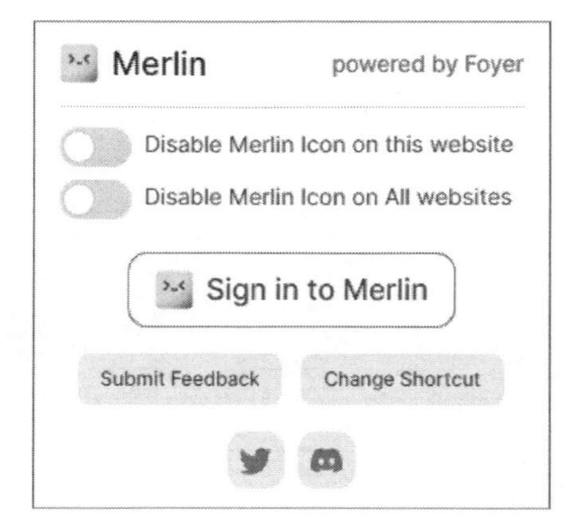


例如下圖筆者按了「Continue with Google」進行登入動作：

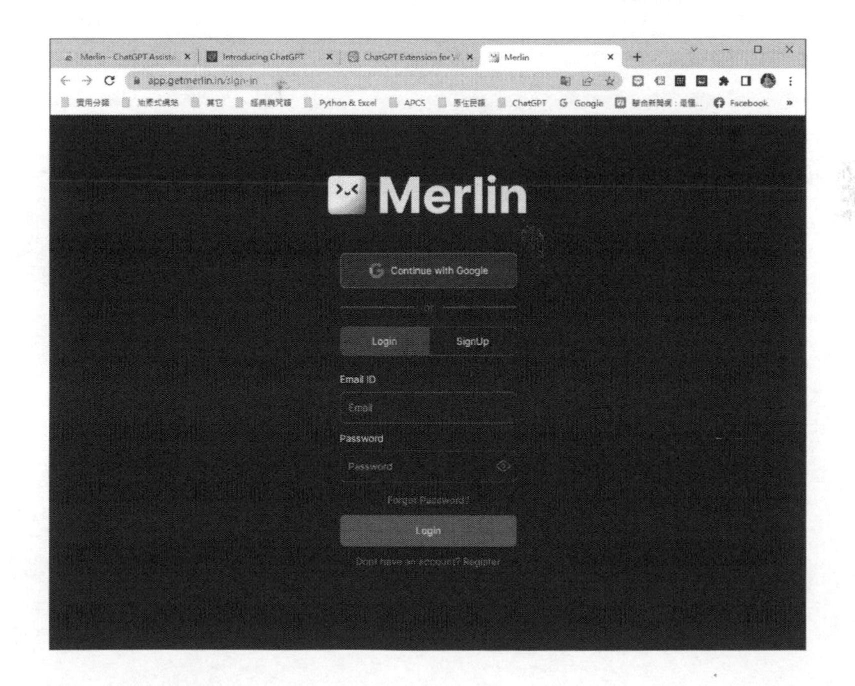


接著只要在要了解問題的網頁上，選取要了解的文字，並按右鍵，在快顯功能表中執行「Give Context to Merlin」指令：

接著就會出現如下圖的視窗：

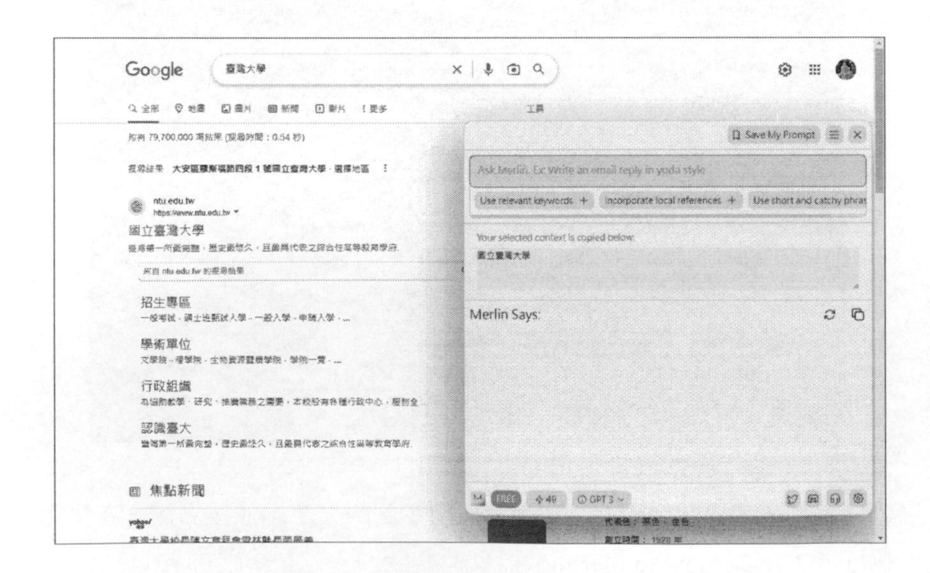

只要直接按下 Enter 鍵，Merlin 就會回答關於所選取文字「國立臺灣大學」的摘要重點。

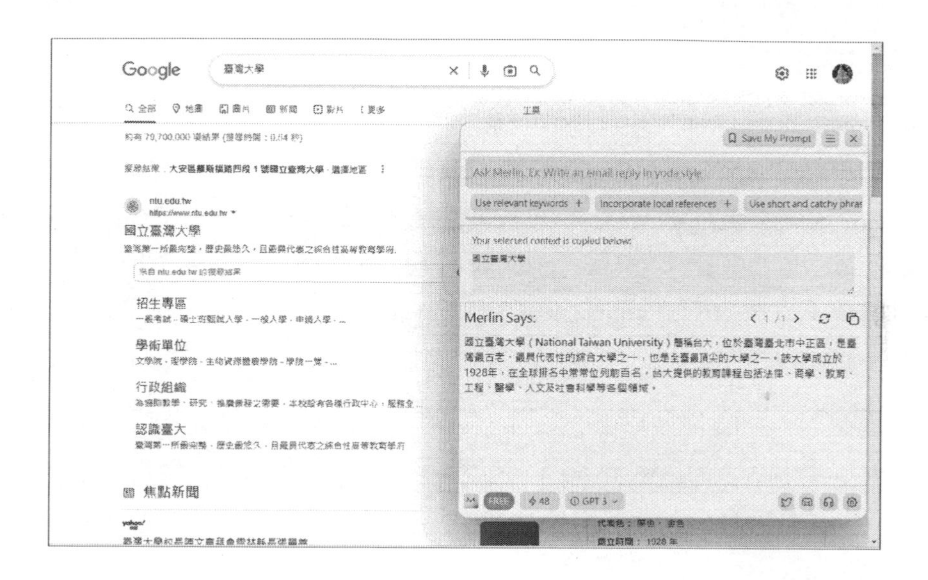


如果您還有其它問題要問 Merlin，還可以直接在提問框輸入問題，例如下圖為「請簡介該校的學術成就」，Merlin 就會立即給予它的摘要性回答，如下圖所示：

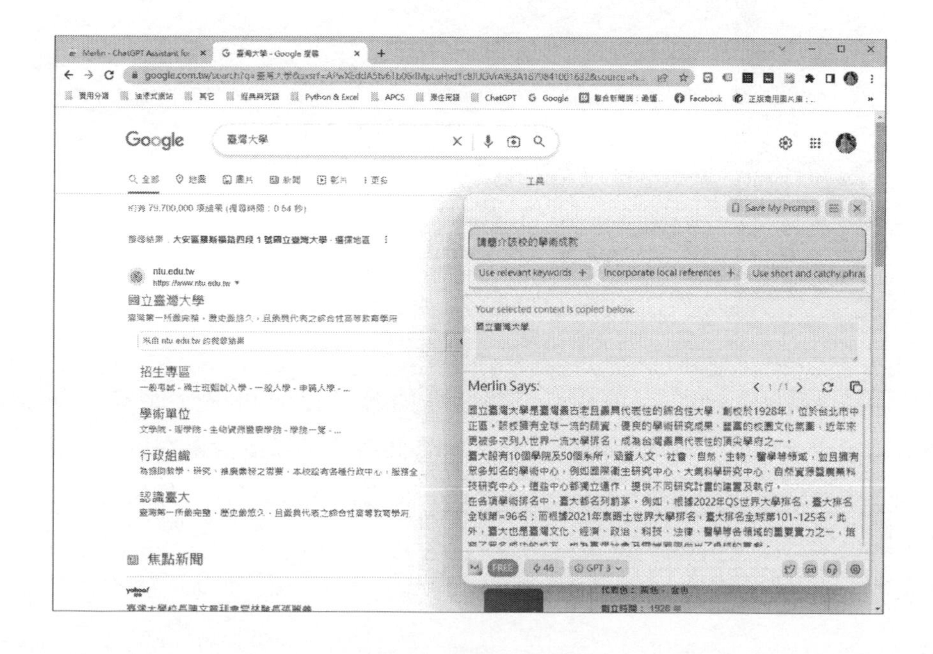

# 8-7 ChatGPT Prompt Genius（ChatGPT 智慧提示）

如果你想將與 ChatGPT 的對話內容也能儲存起來，這種情況下就可以安裝「ChatGPT Prompt Genius」（ChatGPT 智慧提示 ），它可以將與 ChatGPT 的互動方式儲存成圖檔或 PDF 文字檔。當安裝了這個外掛程式之後，在 ChatGPT 的提問環境的左側就會看到「Share & Export」功能，按下該功能表單後，可以看到四項指令，分別為「Download PDF」、「Download PNG」、「Export md」、「Share Link」，如下圖所示：

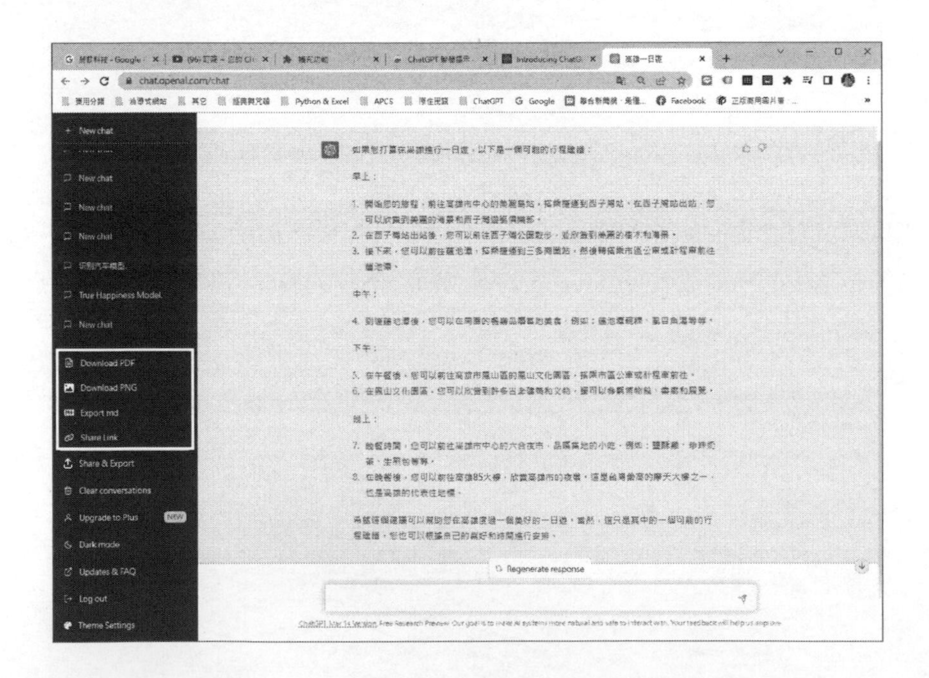


其中「Download PDF」指令可以將回答內容儲存成 PDF 文件。「Download PNG」指令可以將回答內容儲存成 PNG，方便各位可以按滑鼠右鍵，並在快顯功能表中選擇「另存圖片」指令將內容是 PNG 圖片格式保存。如果想要分享連結，則可以執行「Share Link」指令。

# 09 Chapter

# AI 音質革命：追求完美的錄音體驗

AI 錄音是指利用人工智慧技術對音訊進行智慧化處理和分析，例如語音辨識、聲音合成和聲音增強等。AI 錄音可以更準確地識別語音指令，實現更自然的語音合成，並幫助音訊設備在不同情境中進行更智慧化的應用。我們將透過具體案例呈現 AI 錄音領域效果，以及它為音訊技術帶來的嶄新突破。

## 9-1 ChatGPT 與聲音有關的應用

在當今數位時代，人工智慧不再只是文字和圖像的領域，它已進入了我們的耳朵，成為聲音。從智慧音箱到音樂生成，AI 在聲音領域的角色日益凸顯。本章節將重點介紹 ChatGPT 在聲音應用上的潛能和實際案例。當 AI 遇上聲音會擦出怎樣的火花？讓我們一探究竟。

### 9-1-1 ChatGPT 在語音辨識領域的應用

ChatGPT 的語言理解能力使得它在語音辨識方面有著卓越的表現。語音辨識是將語音訊號轉換成可識別文字的過程，對於語音助手、自動語音轉文字等應用具有重要意義。

在語音助手方面，ChatGPT 可以幫助語音助手更準確地識別使用者的語音指令。傳統的語音助手往往受限於固定的指令模板，對於一些複雜或非標準的指令可能無法正確理解。而 ChatGPT 的語言理解能力讓它可以更靈活地處理使用者的語音指令，進而提供更智慧化、個性化的服務。例如，使用者可以透過語音向語音助手詢問複雜的問題，而 ChatGPT 可以根據其豐富的語言知識，理解使用者的需求並給予適切的回答。

此外，ChatGPT 還可以應用於自動語音轉文字技術中。在會議記錄、語音筆記等應用情境中，自動將語音轉換成文字是提高工作效率的重要手段。ChatGPT 的語言理解能力使得它能夠更準確地識別語音內容並轉換成文字，減少語音辨識的錯誤率，提高文字轉換的準確性和可靠性。這對於業務會議記錄、語音教學錄製等情境都非常實用。

## 9-1-2 ChatGPT 在聲音合成領域的應用

聲音合成是 AI 錄音中的另一個重要應用領域，指的是利用人工智慧技術生成自然流暢的語音或聲音。ChatGPT 的生成能力使得它在聲音合成方面有著獨特的應用價值。傳統的語音合成技術常常聽起來呆板且不自然，而 ChatGPT 能夠根據其強大的語言模型生成更自然、流暢的聲音。

在語音合成應用中，ChatGPT 可以用於語音合成引擎的優化。語音合成引擎是將文字轉換成自然語音的核心組件，而 ChatGPT 可以透過對文字輸入的理解和生成，幫助優化合成引擎的演算法和模型。這樣的優化可以讓合成的語音聽起來更加自然、流暢，增強使用者的使用體驗。

此外，ChatGPT 還可以應用於聲音合成產品的開發。傳統的語音合成產品常常需要大量的人工設計和語音庫支持，而 ChatGPT 可以透過學習大量的語言資料，生成更多樣化、個性化的聲音。這樣的應用讓聲音合成產品更具創造性和靈活性，滿足使用者不同需求。

## 9-1-3 ChatGPT 在 AI 音樂中的應用範例

AI 音樂利用先進的技術在生成、創作及演奏音樂上開創新範疇。在此背景下，ChatGPT 透過其語言生成技巧為音樂開創新的方向。透過特定演算法和規則，ChatGPT 能夠按照給定的語言描述如風格或情感來創作音樂。

對音樂家而言，ChatGPT 成為一項工具，協助他們基於特定的主題和風格生成樂譜，擴充他們的創作視野。例如，Google 的 AI 音樂工具 MusicLM 允許使用者簡單地提供提示，如「比賽冠軍的歡樂音樂」，隨後系統便會提供不同的音樂版本供選擇。

圖片來源：https://dacota.tw/blog/post/google-musiclm

MusicLM 是由 Google 推出的音樂生成 AI 模型，能從文字轉化為高品質音樂。該模型提升了電腦音樂創作的品質到前所未有的高度。

只需簡單的一至兩個單詞提示，MusicLM 就能夠產生長達 5 分鐘的完整曲目，無論是電子樂、搖擺樂或輕爵士。簡單描述後，它便能自動創作出相對應的音樂。

更令人印象深刻的是，MusicLM 能夠在現有旋律基礎上進一步創作。不論是基於哼唱、歌唱、口哨或樂器，它都能繼續延伸音樂，確保音樂品質，拓展了創作的邊界，其效果優於其他相似工具。

AI 音樂在音樂演奏方面具有重要價值。這不僅指 AI 技術能模擬樂器的演奏過程，還意味著它可以如真實音樂家般呈現出音樂。ChatGPT 能透過描述來學習和模仿各種樂器的風格和技巧，例如，對於挑戰性較高的古典樂器如古琴或古箏，它能更精確地模仿其特有風格。

此外，ChatGPT 也能協助音樂家優化音樂表演，透過其語言生成能力來捕捉和傳達表演中的情感和細節，增強表演的感染力。它幫助音樂家更深入地理解和詮釋作品。

也就是說，ChatGPT 在音樂領域的應用不僅增強了音樂創作和風格模仿的能力，還提升了音樂表演的真實感和多樣性，使音樂更加生動和多彩。

# 9-2 認識常見的 AI 錄音平台

在 AI 科技不斷進步的時代，錄音技術也經歷了翻天覆地的變革。過去仰賴的傳統錄音設備和方法已逐步被新型的 AI 錄音工具取代，這些工具不僅提供更出色的音質，更帶來無比便捷的操作體驗。接下來，我們將探討目前市場上五款廣受好評的 AI 錄音平台，並深入剖析其各自的獨特功能與亮點。

例如，其中一款 PlayHT 平台是一個由 AI 驅動的語音生成平台，可以使用先進的機器學習技術建立超逼真的文字轉語音（TTS）。使用 PlayHT，您可以立即將文字轉換為自然聽起來像人類的語音，跨越任何語言和口音。您可以免費生成 AI 語音或預定專門的示範以聽取使用 PlayHT 建立的 AI 語音。PlayHT 受到各種規模的個人和團隊的信任，並提供一系列產品，包括 AI 文字轉語音、語音複製和語音生成 API。

## 9-2-1 Voicebooking

Voicebooking 不僅是一個錄音平台，它結合了 AI 的強大功能，為使用者提供多樣化的錄音選擇。Voicebooking 提供了一套線上的專業錄音及語音產品服務。以下是 Voicebooking 的一些功能特點：

- **線上語音演員預訂**：Voicebooking 允許用戶直接預訂專業的語音演員，且他們的語音資料庫覆蓋了各種語言和口音。
- **即時預覽**：用戶可以即時預覽選定語音演員的樣本，以確定其是否適合特定的項目。
- **自動化語音生成器**：他們提供一個免費的語音生成工具，讓用戶可以生成語音內容，無需真實的語音演員。
- **迅速的交付**：Voicebooking 強調他們能夠在短時間內提供高品質的錄音，對於需要快速交付的專案特別有幫助。

- **全球範疇的服務**：無論您身在何處，都可以使用 Voicebooking 的服務，且其提供多種語言選擇。
- **整合型的後製服務**：除了錄音服務，他們還提供後期製作、音效和音樂添加等完整的後製服務。

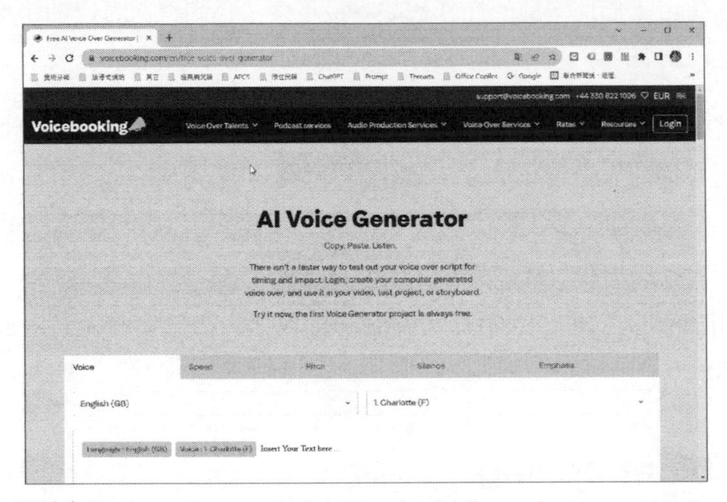


圖片來源：https://www.voicebooking.com/en/free-voice-over-generator

價格方案參考資訊：

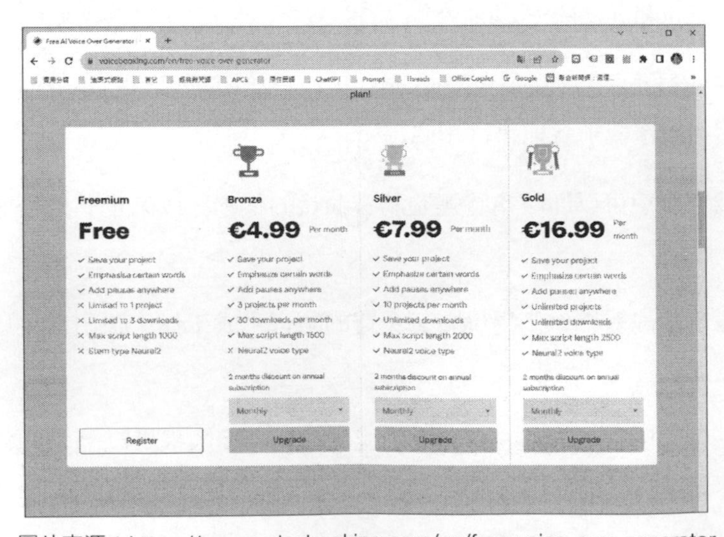


圖片來源：https://www.voicebooking.com/en/free-voice-over-generator

## 9-2-2 PlayHT 線上工具

PlayHT 是一個線上工具，可以幫助你將文字內容轉成語音。對於想要提供聲音版本的部落格、新聞或其他文章的創作者來說超級方便。PlayHT 使用先進的語音合成技術，輸出的語音跟真人說的很像。

透過 PlayHT，你可以選擇不同的語言和語音，還能調整說話的速度和語調。使用這樣的工具，不只可以讓內容更加生動，也方便那些比較喜歡聽文章而不是讀的使用者。

PlayHT 是許多專業人士和一般消費者的首選，其線上功能強大且操作簡單。接下來，我們會探討 PlayHT 的獨特之處，以及為何它能在眾多平台中脫穎而出。如果你想深入了解或是看看他們最新的功能，建議你直接上 PlayHT 的官網去試用。

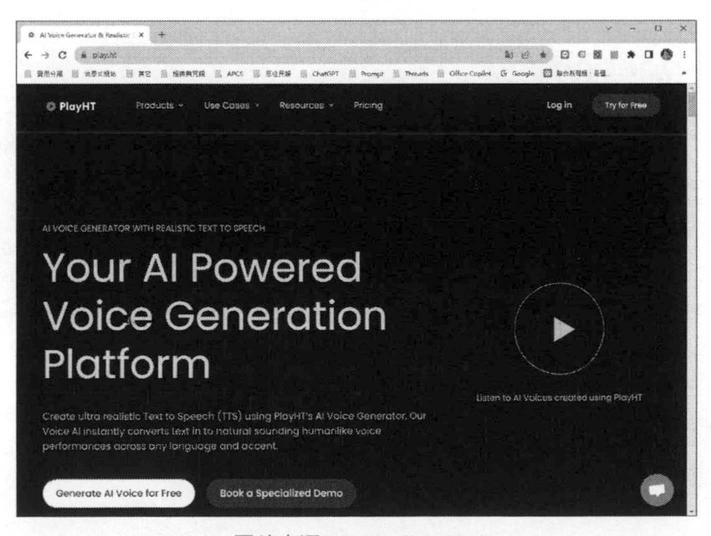


圖片來源：https://play.ht/

價格方案參考資訊：

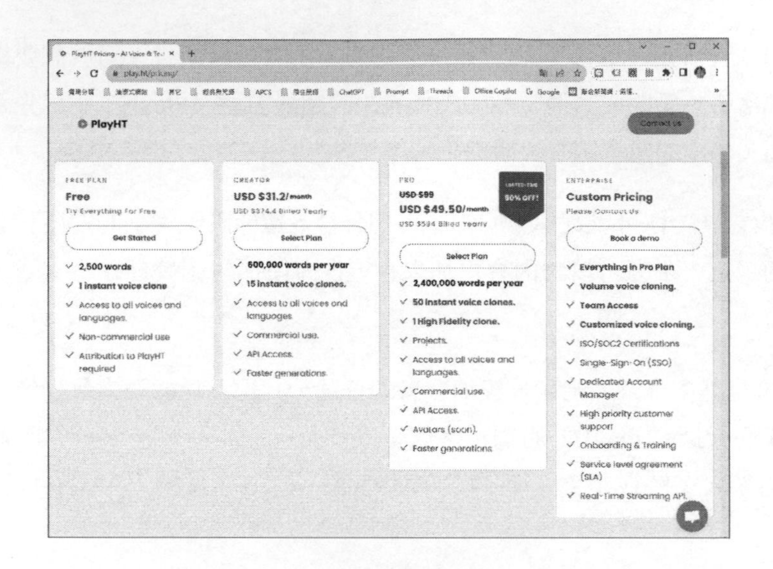


## 9-2-3 speechify

Speechify 不僅提供優質的錄音服務，更重視使用者的操作體驗。Speechify 是一個專為將文字轉換成語音而設計的工具。它幫助用戶將電子書、文章、郵件等文本內容轉化為有情感的、自然的語音。以下是一些 Speechify 的核心功能特點：

- **多平台支援**：Speechify 不只是一個桌面應用程式，它同時支援移動設備，允許用戶在各種設備上使用。
- **自然語音技術**：該工具使用先進的語音合成技術，產生接近真實人聲的語音，使得聆聽體驗更自然、更流暢。
- **多語言支援**：Speechify 可以轉換多種語言的文本，為全球用戶提供方便。
- **調整語速和語音選擇**：用戶可以根據自己的需要調整語音的速度，還可以選擇不同的語音選項。
- **掃描和聆聽**：具有掃描實體書籍或文件的功能，將其轉化為可聆聽的音訊內容。

- **離線模式**：即使沒有網際網路連接，用戶也可以使用其離線功能聆聽已下載的內容。
- **內置高效能 OCR**：該工具內建了光學字元識別（OCR）功能，可以識別並轉換圖像或掃描文檔中的文字。
- **一鍵分享**：用戶可以輕鬆分享轉換後的語音內容給他人。

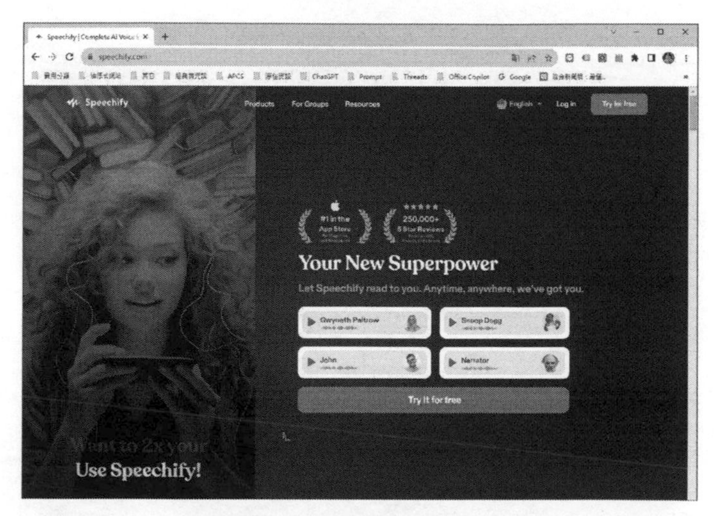


圖片來源：https://speechify.com/

價格方案參考資訊：

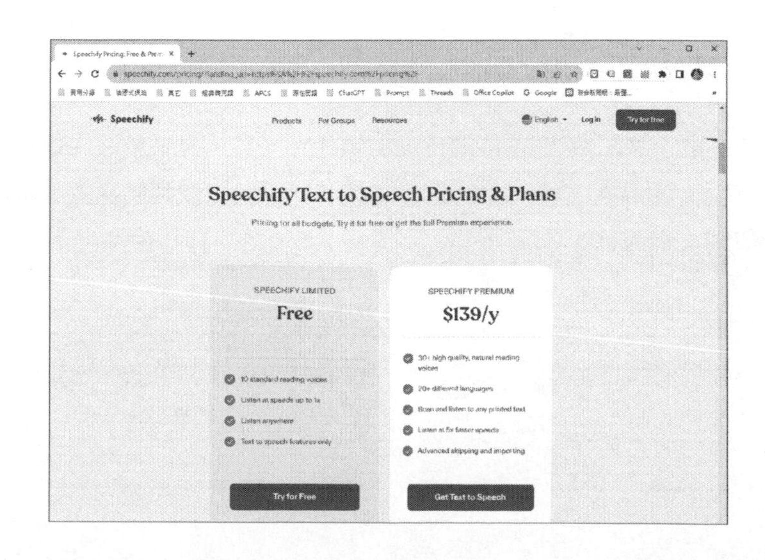

## 9-2-4 Vocol.ai

這是一個語音協作平台，它透過多種自然語言模型、GPT 和 AI 技術，為個人和企業用戶提供更精確的語音轉文字內容，並以 AI 生成對話逐字稿、摘要和主題，進而提高團隊協作效率。Vocol.ai 是一個集多功能於一身的 AI 錄音平台。從基本錄音到專業編輯，它都能輕鬆應對。在這裡，我們將深入了解 Vocol.ai 的主要功能和優勢。

圖片來源：https://www.vocol.ai/tw/home

## 9-2-5 Cleanvoice AI

Cleanvoice 是一款配備 AI 功能的自動編輯錄音工具，專業於最佳化音訊並便捷地產生逐字稿。透過 AI 技術，Cleanvoice 使音訊編輯更快速且高效，確保提供的錄音品質清晰、無雜音。

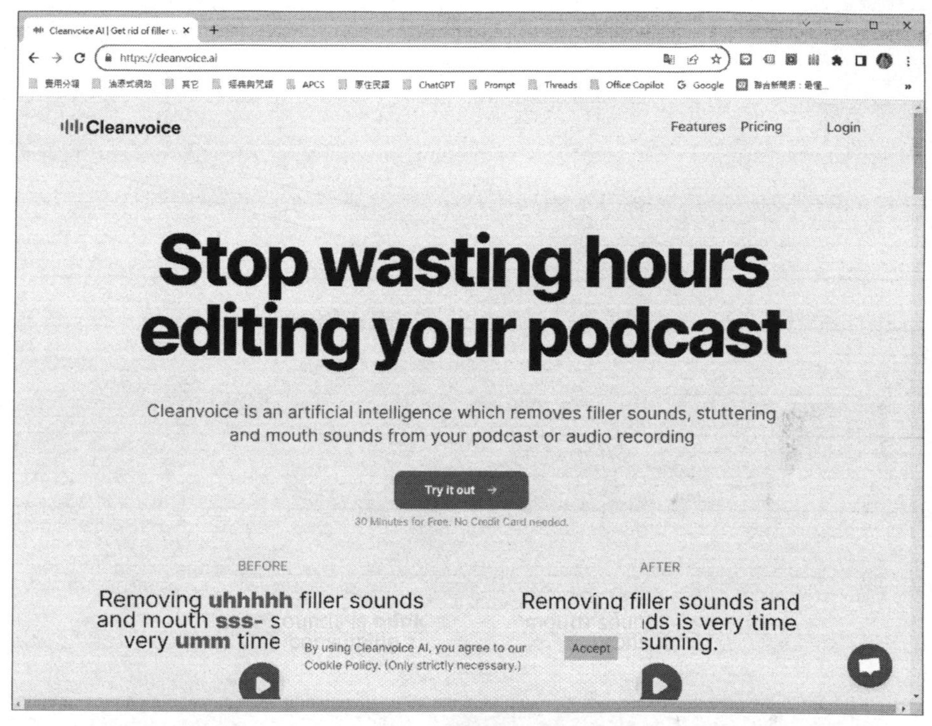


圖片來源：https://cleanvoice.ai/

## 9-3 AI 錄音應用實例 - 以 play.ht 為例

在 AI 技術日新月異的進化下，聲音的錄製和處理早已超越了傳統方法。play.ht 站在 AI 錄音技術的尖端，提供了功能齊全且用戶友好的介面，為用戶呈現獨特的錄音體驗。接著，我們將深入剖析 play.ht 的獨到之處和功能，助您全面了解此工具。

## 9-3-1 支援的語言別

隨著全球化不斷深化，多語言支援已變得日益重要。那麼，play.ht 在語言支援方面做得如何？ play.ht 這 AI 錄音工具擁有 100 多種語言的支援。若想詳細了解它支援的語言列表，請參考以下網站連結：

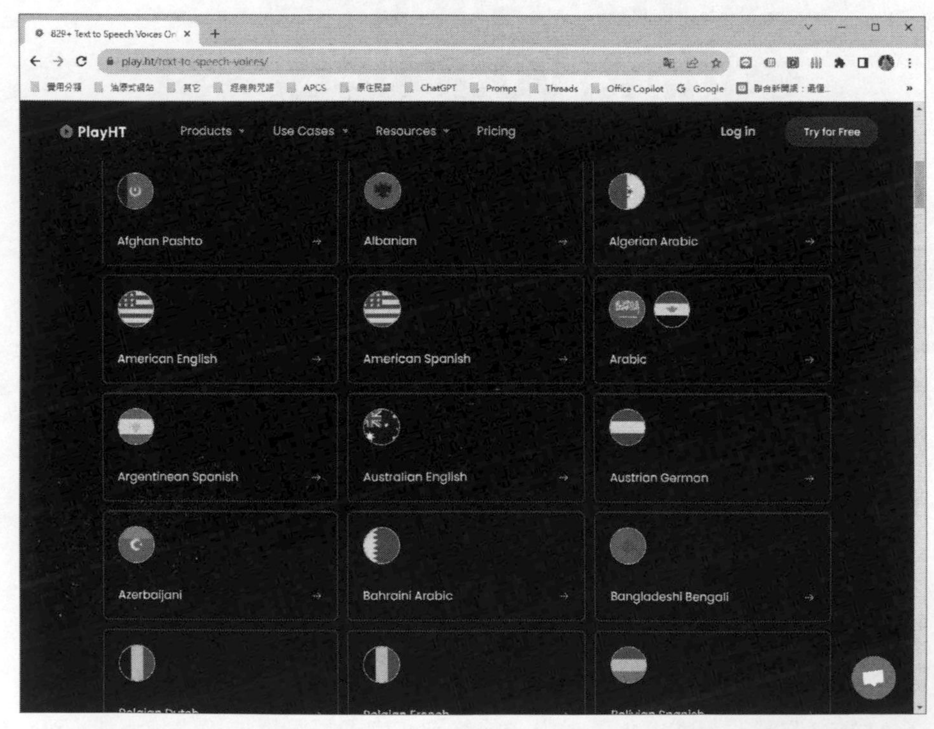


圖片來源：https://play.ht/text-to-speech-voices/

## 9-3-2 如何開啟錄音

當我們嘗試新工具時，首先要解決的疑問通常是如何著手使用。在這部分，我們會指導您如何在 play.ht 快速開始錄音。

首先請連上 play.ht 官網 https://play.ht/，如果想免費錄製產生 AI 聲音檔案，請直接按下圖中的「Generate AI Voice for free」鈕：

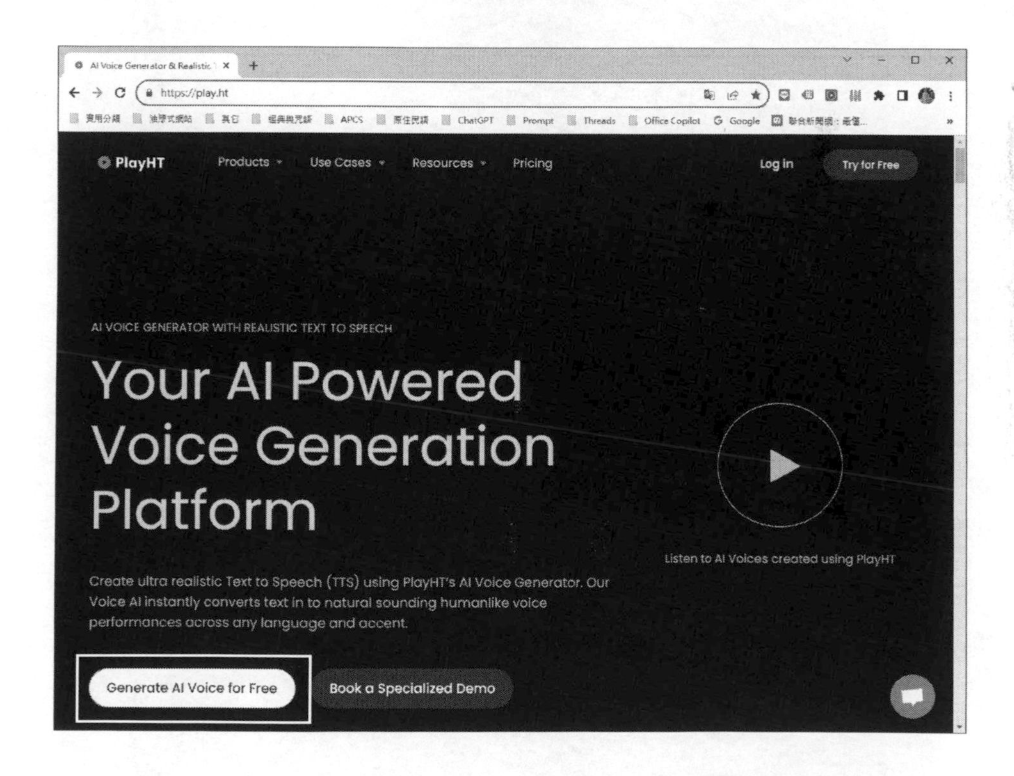

接著就可以註冊相關資訊或直接以 Google 帳號登入：

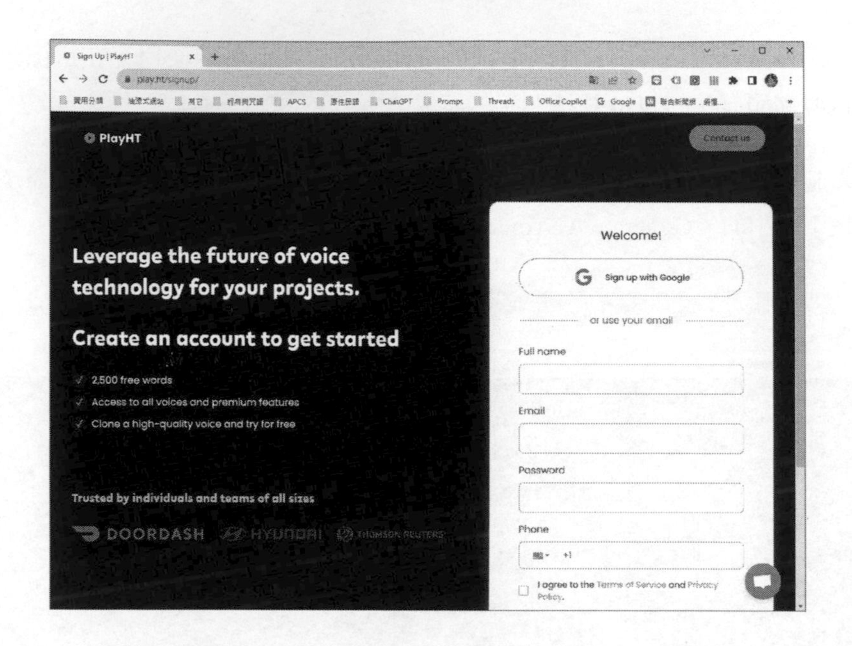


登入後，接著就可以在視窗中輸入要產生 AI 聲音的句子或文字，例如筆者這裡輸入「He put her aboard an airplane bound for Boston.」，之後按輸入文字左側的 ▶ 鈕，就可以開始產出 AI 聲音。

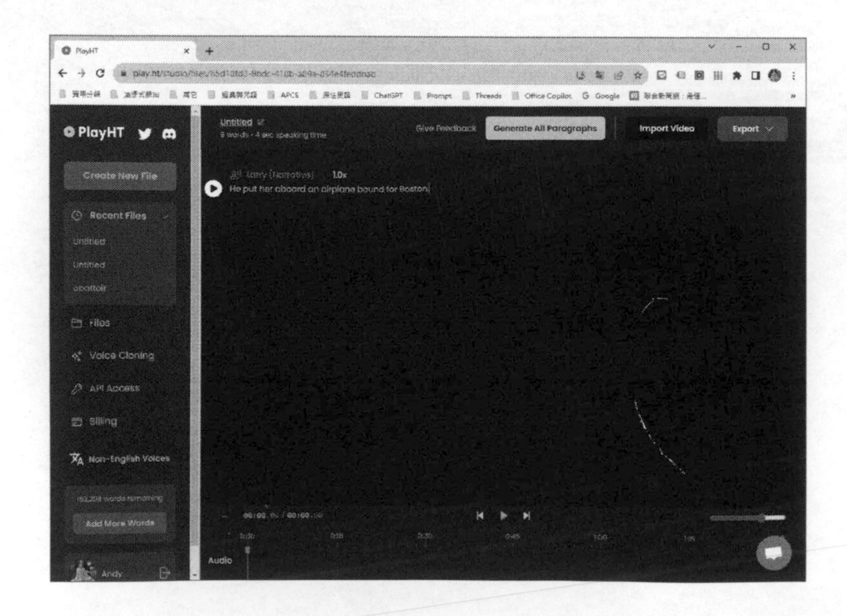

然後就可以在視窗右側看到該聲音檔，還可以反覆聆聽效果。如果不滿意，還可以按下「Regenerate」鈕重新產生新的 AI 錄音檔。

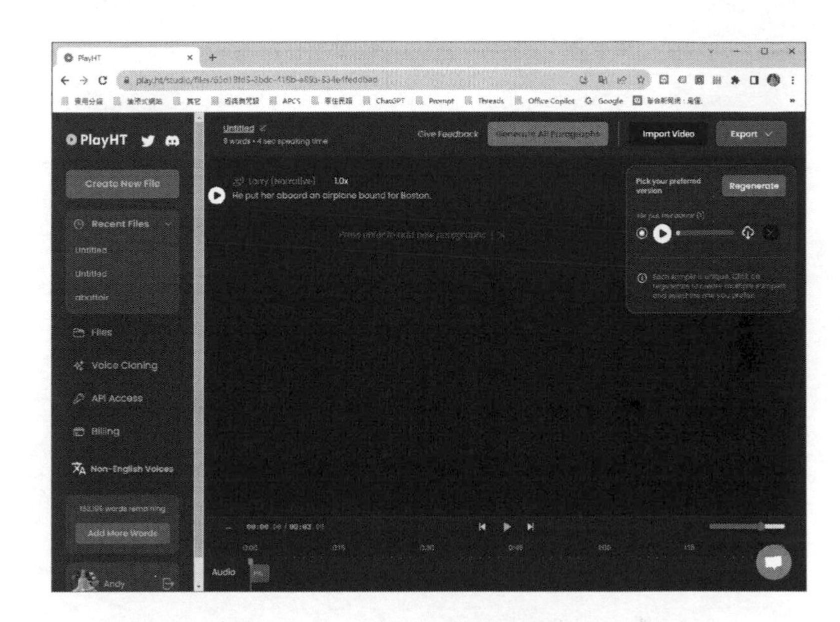


如下圖中，我們可以看到已出現兩個錄音檔，各位可以比較後，選擇較滿意的音檔，再按下「 」鈕從該平台下載音檔到自己的電腦中：

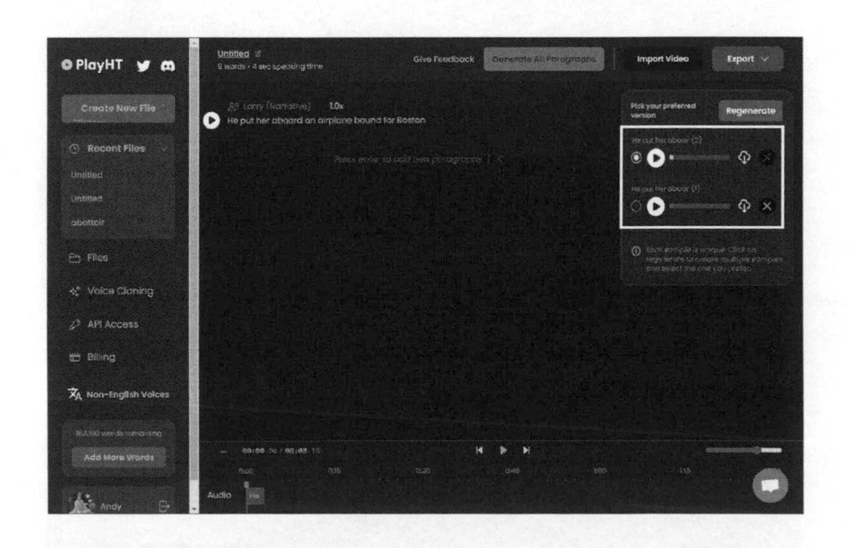

接著只要開啟各位的本機端的「下載」資料夾，就可以看到該 AI 聲音檔已成功下載到自己的電腦中。

另外，如果各位在使用上有任何問題，還可以在該錄音視窗的右下方按下「」鈕，就可以啟動如下的線上客服視窗進行要各種問題的對話：

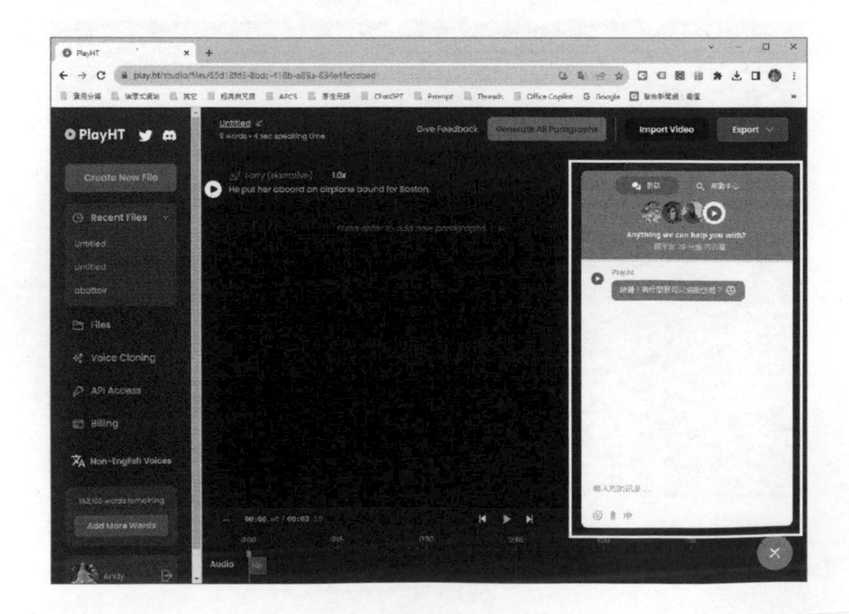

## 9-3-3 設定口音

口音的獨特性為聲音賦予了魅力和個性。play.ht 不僅允許使用者選擇語言，還可以設定特定的口音。接著，我們將深入介紹這一特點如何操作，以及它為使用者帶來的優勢。首先請根據下圖「Change voice」指示位置，用滑鼠點選一下：

接著就會出現各種下圖的選單，各位可以依自己的需求或喜好，挑選錄音主角的名字（Name）、性別（Gender）、口音或腔調（Accent）及語言（Language）。如下圖所示：

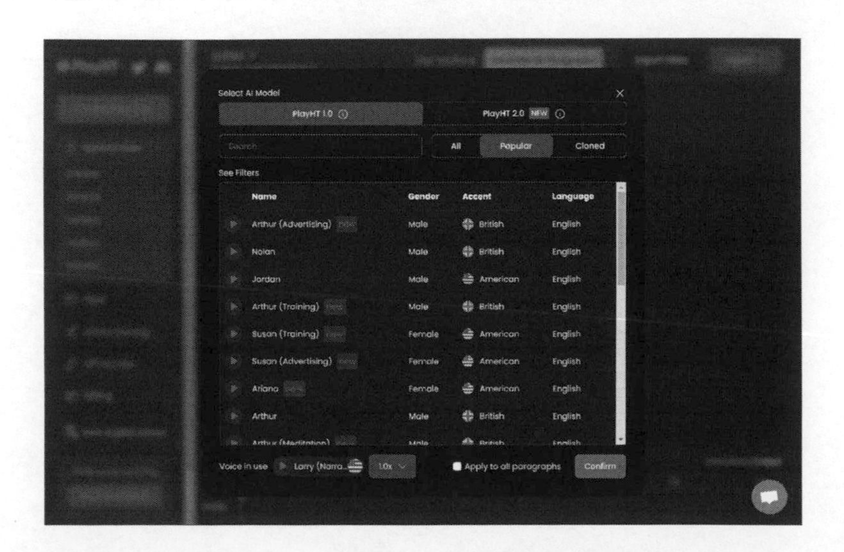

## 9-3-4 設定輸出聲音速度

在各種應用中，從數位助理到多媒體播放器，聲音速度的調整已成為一項核心功能，以提供更佳的用戶體驗。無論是為了提高聆聽的清晰度、適應不同的學習速度，或是為了音效設計，聲音速度的調整都扮演了關鍵角色。如果想要設定輸出聲音速度，可以參考下圖位置叫出聲音速度的選單就可以輕易變更輸出聲音的速度。

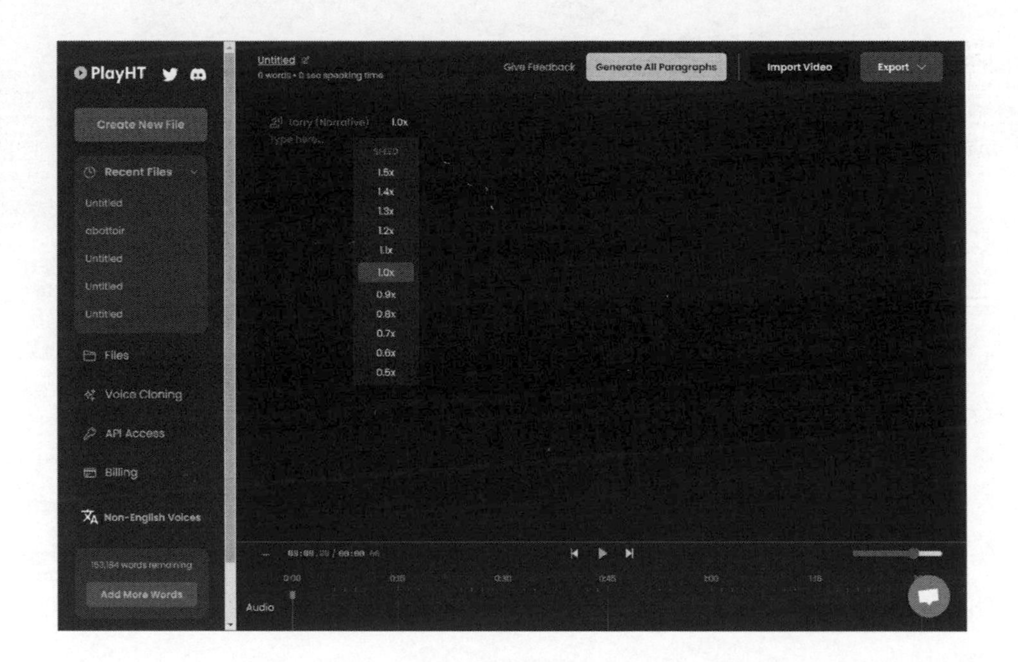

# 10 Chapter

# 高 CP 值的生成式 AI 繪圖藝術

隨著人工智慧技術的進步，越來越多的 AI 平台應運而生，提供各種各樣的功能，如文字轉圖片、AI 繪圖等。這些平台的出現，讓我們能夠更加輕鬆地實現創意想法，同時也拓展了我們的創作領域。本章將介紹幾種千變萬化的 AI 平台，包括文字轉圖片的 DALL-E 2、AI 工具檢索平台 Futurepedia，以及輕鬆繪圖的 Midjourney。我們將探討如何使用這些平台來創造有趣和實用的內容，並且提供詳細的操作指南和技巧，讓讀者可以更好地利用這些強大的 AI 平台。透過本章的閱讀，你將學會使用這些平台與工具，並展開你的高 CP 值的生成式 AI 繪圖藝術創作之旅。

## 10-1 利用 ChatGPT 認識繪圖知識

本小節將引導您透過與 ChatGPT 的互動，深入了解繪圖的基礎概念，從色相的入門認識到色彩模式和影像色彩類型的理解。

### 10-1-1 利用 ChatGPT 了解色相

我們將以 ChatGPT 提問色相的定義以及不同色相之間的關係。透過 ChatGPT 的解說和實例，您將能夠更好地理解和運用色相於您的繪圖創作中。

**Prompt 指令**

請簡述在影像繪圖領域色相的定義以及不同色相之間的關係

**ChatGPT 回答畫面**

TX

請簡述在影像繪圖領域色相的定義以及不同色相之間的關係

在影像繪圖領域，色相是指顏色的基本特徵之一，用於描述色彩在色譜中的位置。它是指色彩的純度，不受亮度（明度）和飽和度的影響。色相可以通過顏色在色譜上所處的位置來定義，常見的色譜包括色相環或彩虹光譜。

色相環是一種環形的色譜圖，將顏色按照色相的連續變化排列。在色相環中，紅色位於圓形頂部，接著是黃色、綠色、青色、藍色，最後是洋紅色，形成一個連續的循環。這意味著色相具有循環性，相鄰的色相之間具有相似的特徵。

不同色相之間的關係可以分為以下兩個方面：

1. 相似色相關係：相鄰的色相在色相環上靠近，它們之間具有相似的基本色調。這些相鄰的色相在視覺上相對較接近，並具有一定的色彩衍生關係。例如，紅色和橙色是相鄰的色相，它們之間具有溫暖的色調。
2. 互補色相關係：互補色相是指在色相環上相隔180度的色相。互補色相之間的關係是相互補充的，它們在視覺上產生強烈對比，常用於色彩平衡和創造動態效果。例如，紅色和綠色是互補色相，它們在一起形成強烈的對比效果。

理解色相的定義和不同色相之間的關係可以幫助我們更好地選擇和應用顏色，創造出令人驚艷的視覺效果。無論是平面設計、攝影還是數位繪圖，色相是一個重要的概念，值得我們深入研究和掌握。

## 10-1-2 利用 ChatGPT 了解色彩三要素

色彩是由三個主要要素組成的：色相、飽和度和明度。本小節將深入探討色相、飽和度和明度這三個要素的意義和作用。透過 ChatGPT 的指引，您將學會如何運用這些要素來創造出令人驚艷的色彩效果。

**Prompt 指令**

請簡述在影像繪圖領域色相、飽和度和明度這三個要素的意義和作用。

**ChatGPT 回答畫面**

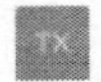

請簡述在影像繪圖領域色相、飽和度和明度這三個要素的意義和作用。

在影像繪圖領域，色相、飽和度和明度是三個重要的色彩要素，它們共同影響著圖像的色彩效果和視覺感受。

1. 色相（Hue）：色相是指顏色的基本特徵，用於描述色彩的純度和基本色調。不同的色相呈現出不同的顏色，例如紅色、綠色、藍色等。色相可以創造出不同的情感和氛圍，它在繪圖中用於選擇和配置顏色，營造特定的視覺效果。
2. 飽和度（Saturation）：飽和度指的是顏色的純度和鮮豔程度，也可以理解為顏色的鮮艷度。飽和度高的顏色顯得鮮明豔麗，而飽和度低的顏色則較灰暗或淡化。通過調整飽和度，我們可以改變圖像中的色彩強度和對比度，使其更加饒富表現力和生動。
3. 明度（Brightness）：明度指的是顏色的明暗程度，也可以理解為亮度。明度高的顏色看起來較亮和明亮，而明度低的顏色則較暗和陰影。通過調整明度，我們可以改變圖像的光線和陰影效果，營造出不同的光影效果和氛圍。

這三個要素在影像繪圖中相互交互作用，共同決定了圖像的色彩表現和視覺感受。透過調整色相、飽和度和明度，我們可以創造出多樣化的色彩效果，表達出不同的情感、氛圍和主題。它們在平面設計、攝影、數位繪畫等領域都扮演著關鍵的角色，幫助我們傳達訊息、引起注意、創造美感和產生視覺效果。

## 10-1-3 利用 ChatGPT 了解色彩模式

在數位繪圖中，色彩模式是影響圖像顯示和處理的重要因素。不同的色彩模式可以帶來不同的色彩表現和文件大小。在本小節中，我們將介紹一些常見的色彩模式，例如 RGB、CMYK 和灰階模式。

### Prompt 指令

請簡述在影像繪圖領域 RGB 色彩模式的特點和適用場景。

### ChatGPT 回答畫面

請簡述在影像繪圖領域RGB色彩模式的特點和適用場景。

在影像繪圖領域，RGB 色彩模式是一種使用紅色（Red）、綠色（Green）和藍色（Blue）三原色來表示顏色的模式。它具有以下特點和適用場景：

特點：

1. 廣色域：RGB 色彩模式可以呈現極廣的色彩範圍，能夠表達出生動、飽滿的顏色效果。
2. 加法混色：通過不同強度的紅、綠、藍三原色的組合，產生各種顏色。三原色的混合可以創造出數量龐大的顏色變化。
3. 光源依賴：RGB 是建立在光線的加法混色原理上，對光源的顏色和亮度非常敏感。

適用場景：

1. 數位顯示：由於大多數數位設備（如電腦螢幕、數位攝影機、顯示器）使用紅、綠、藍燈光來顯示影像，因此 RGB 色彩模式是最常用的模式之一。它能夠準確地呈現影像在數位設備上的色彩效果。
2. 平面設計：RGB 色彩模式常用於平面設計，如網頁設計、圖標、海報等。它可以呈現鮮豔、飽滿的顏色效果，並在數位媒體上得到準確顯示。
3. 數位攝影：數位相機捕捉的影像通常以 RGB 色彩模式保存。RGB 能夠準確再現攝影中的色彩細節，並提供後期編輯和校色的彈性。
4. 視訊編輯：視訊編輯中常使用 RGB 色彩模式來處理和調整影像。RGB 可以確保視訊影像在不同顯示設備上的一致性和精確性。

總結來說，RGB 色彩模式在影像繪圖領域具有廣泛應用。它的廣色域、加法混色特性以及適應數位顯示設備的能力使其成為呈現真實顏色和創造多彩影像的理想選擇。

### Prompt 指令

請簡述在影像繪圖領域 CMYK 色彩模式的特點和適用場景。

### ChatGPT 回答畫面

TX 請簡述在影像繪圖領域CMYK色彩模式的特點和適用場景。

CMYK色彩模式在影像繪圖領域中具有以下特點和適用場景：

特點：

1. 顏色減法：CMYK色彩模式使用青色（Cyan）、洋紅色（Magenta），黃色（Yellow）和黑色（Key）的組合來表示顏色。這是一種顏色減法模式，通過減少顏色的混合來產生其他顏色。
2. 有限色域：相較於RGB色彩模式，CMYK色彩模式的色域較窄，無法呈現一些極飽和和亮度較高的顏色。
3. 印刷專用：CMYK色彩模式主要用於印刷行業，它能夠準確再現印刷品的顏色效果，因為印刷過程使用的是青、洋紅、黃和黑色墨水。

適用場景：

1. 印刷設計：CMYK色彩模式是印刷設計中最常用的模式。它能夠準確呈現印刷品的顏色，提供可靠的顏色預覽和色彩管理，確保印刷品與設計意圖一致。
2. 印刷預備：在進行印刷前的預備工作中，將圖像轉換為CMYK色彩模式可以確保顏色的一致性和印刷品的準確呈現，以達到印刷需求。
3. 印刷品後期處理：在印刷品的後期處理中，CMYK色彩模式可用於調整顏色平衡、校色和印刷色彩校準，以獲得更準確的印刷效果。
4. 印刷流程控制：CMYK色彩模式有助於控制印刷流程中的色彩管理，確保印刷品與預期的顏色一致，並優化印刷成本和效率。

總結來說，CMYK色彩模式在影像繪圖領域中適用於印刷設計、印刷預備和印刷品後期處理等相關領域，以確保印刷品的色彩準確性和一致性。

## 10-2 生成式 AI 繪圖簡介

本節將首先介紹生成式 AI 繪圖的基本概念和原理。生成式 AI 繪圖是指利用深度學習和生成對抗網路（Generative Adversarial Networks，簡稱 GAN）等技術，使機器能夠生成逼真、創造性的圖像和繪畫。

深度學習算是 AI 的一個分支，也可以看成是具有更多層次的機器學習演算法，深度學習蓬勃發展的原因之一，無疑就是持續累積的大數據。

生成對抗網路是一種深度學習模型，用來生成逼真的假資料。GAN 由兩個主要組件組成：產生器（Generator）和判別器（Discriminator）。

產生器是一個神經網路模型，它接收一組隨機噪音作為輸入，並試圖生成與訓練資料相似的新資料。換句話說，產生器的目標是生成具有類似統計特徵的資料，例如圖片、音訊、文字等。產生器的輸出會被傳遞給判別器進行評估。

判別器也是一個神經網路模型，它的目標是區分產生器生成的資料和真實訓練資料。判別器接收由產生器生成的資料和真實資料的樣本，並試圖預測輸入資料是來自產生器還是真實資料。判別器的輸出是一個概率值，表示輸入資料是真實資料的概率。

GAN 的核心概念是產生器和判別器之間的對抗訓練過程。產生器試圖欺騙判別器，生成逼真的資料以獲得高分，而判別器試圖區分產生器生成的資料和真實資料，並給出正確的標籤。這種競爭關係迫使產生器不斷改進生成的資料，使其越來越接近真實資料的分佈，同時判別器也隨之提高其能力以更好地辨別真實和生成的資料。

透過反覆迭代訓練產生器和判別器，GAN 可以生成具有高度逼真性的資料。這使得 GAN 在許多領域中都有廣泛的應用，包括圖片生成、影片合成、音訊生成、文字生成等。

生成式 AI 繪圖是指利用生成式人工智慧（AI）技術來自動生成或輔助生成圖像或繪畫作品。生成式 AI 繪圖可以應用於多個領域，例如：

- **圖像生成**：生成式 AI 繪圖可用於生成逼真的圖像，如人像、風景、動物等。這在遊戲開發、電影特效和虛擬實境等領域廣泛應用。
- **補全和修復**：生成式 AI 繪圖可用於圖像補全和修復，填補圖像中的缺失部分或修復損壞的圖像。這在數位修復、舊照片修復和文化遺產保護等方面具有實際應用價值。
- **藝術創作**：生成式 AI 繪圖可作為藝術家的輔助工具，提供創作靈感或生成藝術作品的基礎。藝術家可以利用這種技術生成圖像草圖、著色建議或創造獨特的視覺效果。
- **概念設計**：生成式 AI 繪圖可用於產品設計、建築設計等領域，幫助設計師快速生成並視覺化各種設計概念和想法。

總而言之，生成式 AI 繪圖透過深度學習模型和生成對抗網路等技術，能夠自動生成逼真的圖像，在許多領域中展現出極大的應用潛力。

## 10-2-1 實用的 AI 繪圖生圖神器

在本節中，我們將介紹一些著名的 AI 繪圖生成工具和平台，這些工具和平台將生成式 AI 繪圖技術應用於實際的軟體和工具中，讓普通用戶也能輕鬆地創作出美麗的圖像和繪畫作品。這些 AI 繪圖生成工具和平台的多樣性使用戶可以根據個人喜好和需求選擇最適合的工具。一些工具可能提供照片轉換成藝術風格的功能，讓用戶能夠將普通照片轉化為令人驚艷的藝術作品。其他工具則可能專注於提供多種繪畫風格和效果，讓用戶能夠以全新的方式表達自己的創意。以下是一些知名的 AI 繪圖生成工具和平台的例子：

- **Midjourney**：Midjourney 是一個 AI 繪圖平台，它讓使用者無須具備高超的繪畫技巧或電腦技術，僅需輸入幾個關鍵字，便能快速生成精緻的圖像。這款繪圖程式不僅高效，而且能夠提供出色的畫面效果。

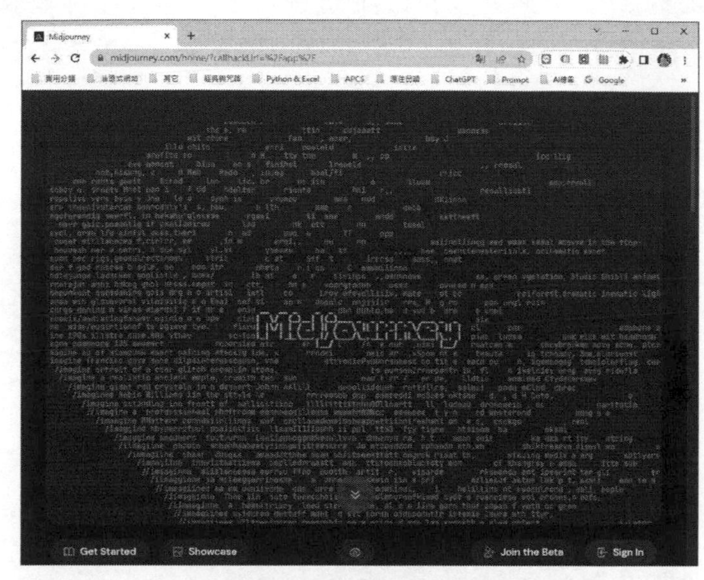


圖片來源：https://www.midjourney.com

- **Stable Diffusion**：Stable Diffusion 是一個於 2022 年推出的深度學習模型，專門用於從文字描述生成詳細圖像。除了這個主要應用，它還可應用於其他任務，例如內插繪圖、外插繪圖，以及以提示詞為指導生成圖像翻譯。

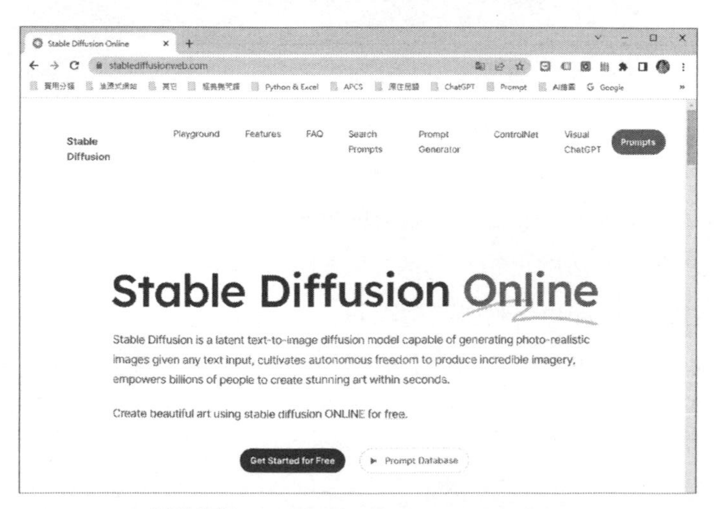


圖片來源：https://stablediffusionweb.com/

- **DALL-E 2**：非營利的人工智慧研究組織 OpenAI 在 2021 年初推出了名為 DALL-E 的 AI 製圖模型。DALL-E 這個名字是藝術家薩爾瓦多．達利（Salvador Dali）和機器人瓦力（WALL-E）的合成詞。使用者只需在 DALL-E 這個 AI 製圖模型中輸入文字描述，就能生成對應的圖片。而 OpenAI 後來也推出了升級版的 DALL-E 2，這個新版本生成的圖像不僅更加逼真，還能夠進行圖片編輯的功能。

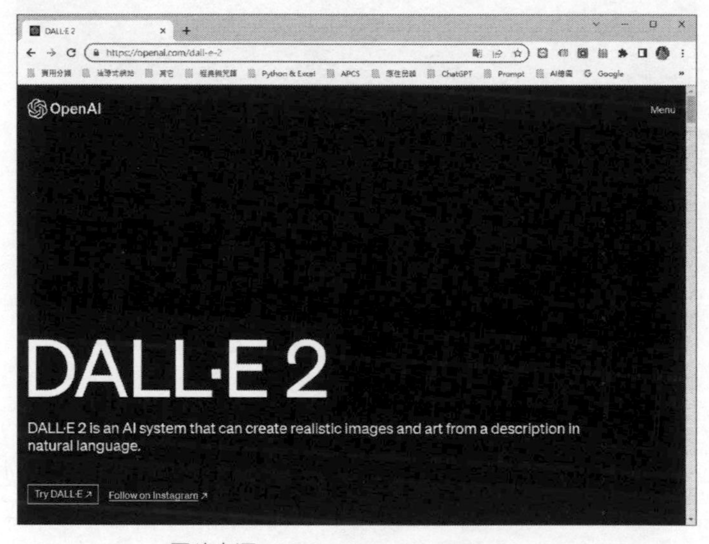


圖片來源：https://openai.com/dall-e-2

- **Bing Image Creator**：微軟 Bing 針對台灣用戶推出了一款免費的 AI 繪圖工具，名為「Bing Image Creator」（影像建立者）。這個工具是基於 OpenAI 的 DALL-E 圖片生成技術開發而成。使用者只需使用他們的微軟帳號登入該網頁，即可免費使用，並且對於一般用戶來說非常容易操作。使用這個工具非常簡單，圖片生成的速度也相當迅速（大約幾十秒內完成）。只需要在提示語欄位輸入圖片描述，即可自動生成相應的圖片內容。不過需要注意的是，一旦圖片生成成功，每張圖片的左下方會帶有微軟 Bing 的小標誌，使用者可以自由下載這些圖片。

圖片來源：https://www.bing.com/create

- **Playground AI**：Playground AI 是一個簡易且免費使用的 AI 繪圖工具。使用者不需要下載或安裝任何軟體，只需使用 Google 帳號登入即可。每天提供 1000 張免費圖片的使用額度，相較於其他 AI 繪圖工具的限制更大，讓你有足夠的測試空間。使用上也相對簡單，提示詞接近自然語言，不需調整複雜參數。首頁提供多個範例供參考，當各位點擊「Remix」可以複製設定重新繪製一張圖片。請注意使用量達到 80% 時會通知，避免超過 1000 張限制，否則隔天將限制使用間隔時間。

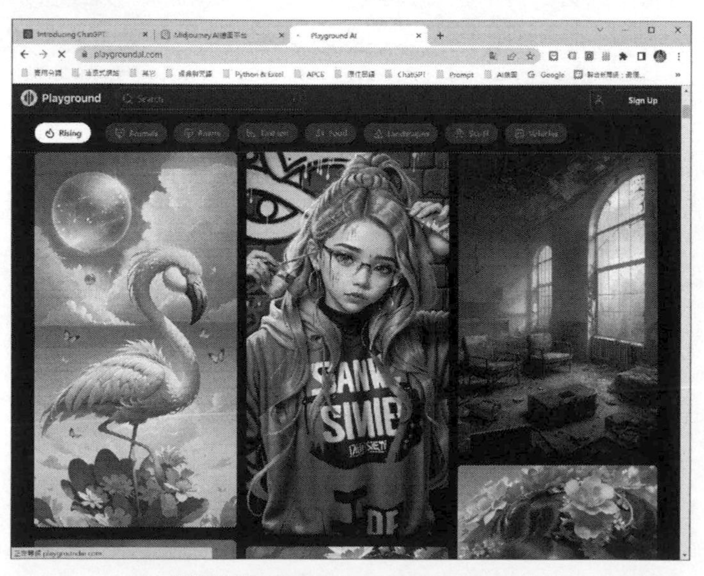


圖片來源：https://playgroundai.com/

這些知名的 AI 繪圖生成工具和平台提供了多樣化的功能和特色，讓用戶能夠嘗試各種有趣和創意的 AI 繪圖生成。然而，需要注意的是，有些工具可能需要付費或提供高級功能時需付費。在使用這些工具時，請務必遵守相關的使用條款和版權規定，尊重原創作品和知識產權。

在使用這些工具時，除了遵守使用條款和版權規定外，也要注意隱私和資料安全。確保你的圖像和個人資訊在使用過程中得到妥善保護。此外，瞭解這些工具的使用限制和可能存在的水印或其他限制，以便做出最佳選擇。

藉助這些 AI 繪圖生成工具和平台，你可以在短時間內創作出令人驚艷的圖像和繪畫作品，即使你不具備專業的藝術技能。請享受這些工具帶來的創作樂趣，並將它們作為展示你創意的一種方式。

## 10-2-2　生成的圖像版權和知識產權

生成的圖像是否侵犯了版權和知識產權是生成式 AI 繪圖中一個重要的道德和法律問題。這個問題的答案並不簡單，因為涉及到不同國家的法律和法規，以及具體情境的考量。

首先，生成式 AI 繪圖是透過學習和分析大量的圖像資料來生成新的圖像。這意味著生成的圖像可能包含了原始資料集中的元素和特徵，甚至可能與現有的作品相似。如果這些生成的圖像與已存在的版權作品相似度非常高，可能會引發版權侵犯的問題。

然而，要確定是否存在侵權，需要考慮一些因素，如創意的獨創性和原創性。如果生成的圖像是透過模型根據大量的數據自主生成的，並且具有獨特的特點和創造性，可能被視為一種新的創作，並不侵犯他人的版權。

此外，法律對於版權和知識產權的保護也是因地區而異的。不同國家和地區有不同的版權法律和法規，其對於原創性、著作權期限以及著作權歸屬等方面的規定也不盡相同。因此，在判斷生成的圖像是否侵犯版權時，需要考慮當地的法律條款和案例判例。

總之，生成式 AI 繪圖引發的版權和知識產權問題是一個複雜的議題。確定是否侵犯版權需要綜合考慮生成的圖像的原創性、獨創性以及當地法律的規定。對於任何涉及版權的問題，建議諮詢專業法律意見以確保遵守當地法律和法規。

## 10-2-3 生成式 AI 繪圖中的欺詐和偽造問題

生成式 AI 繪圖的欺詐和偽造問題需要綜合的解決方法。以下是幾個關鍵的措施：

首先，技術改進是處理這個問題的重點。研究人員和技術專家應該致力於改進生成式模型，以增強模型的辨識能力。這可以透過更強大的對抗樣本訓練、更好的資料正規化和更深入的模型理解等方式實現。這樣的技術改進可以幫助識別生成的圖像，並區分真實和偽造的內容。

其次，資料驗證和來源追蹤是關鍵的措施之一。建立有效的資料驗證機制可以確保生成式 AI 繪圖的資料來源的真實性和可信度。這可以包括對資料進行標記、驗證和驗證來源的技術措施，以確保生成的圖像是基於可靠的資料。

第三，倫理和法律框架在生成式 AI 繪圖中也扮演重要作用。建立明確的倫理準則和法律框架可以規範使用生成式 AI 繪圖的行為，限制不當使用。這可能涉及監管機構的參與、行業標準的制定和相應的法律法規的制定。這樣的框架可以確保生成式 AI 繪圖的合理和負責任的應用。

第四，大眾的教育和啟迪也是重要的面向。對於一般使用者而言，了解生成式 AI 繪圖的能力和限制是相當重要的。大眾教育的活動和資源可以提高大眾對這些問題的認知，同時提供指南和建議，協助他們更輕鬆的使用。這包括提供使用者辨識偽造圖像的工具和資源，以及教育使用者如何正確使用生成式 AI 繪圖技術。

此外，合作和多方參與也是解決這個問題的關鍵。政府、學術界、技術公司和社會組織之間的合作是處理生成式 AI 繪圖中的欺詐和偽造問題的關鍵。這些利害相關者可以共同努力，透過知識共享、經驗交流和協作合作來制定最佳實踐和標準。

另外，技術公司和平台提供商可以加強內部審查機制，確保生成式 AI 繪圖技術的合規和遵守相關政策。還有政府和監管機構在處理生成式 AI 繪圖的欺詐和偽造問題方面發揮著關鍵作用。他們可以制定相應的法律法規，明確生成式 AI 繪圖的使用限制和義務，確保技術的負責任和規範。

### 10-2-4 生成式 AI 繪圖隱私和資料安全

生成式 AI 繪圖引發了一系列與隱私和資料安全相關的議題。以下是對這些議題的簡要介紹：

1. **資料隱私**：生成式 AI 繪圖需要大量的資料作為訓練資料，這可能涉及用戶個人或敏感訊息的收集和處理。

2. **資料洩露和滲透**：生成式 AI 繪圖系統涉及大量的資料處理和儲存，因此存在資料洩露和滲透的風險。這可能導致個人敏感訊息的外洩或用於惡意用途。

3. **社交工程和欺詐攻擊**：生成式 AI 繪圖技術的濫用可能導致社交工程和欺詐攻擊的增加。這可能包括使用生成的圖像進行偽裝、身份詐騙或虛假訊息的傳播。防止這些攻擊需要加強用戶教育、增強識別偽造圖像的能力，並建立有效的監測和反制機制。

## 10-3 Futurepedia AI 工具檢索平台

Futurepedia 是一個 AI 工具庫，想要知道目前有哪些 AI 應用工具，都可以在這裡進行搜尋。網址為：https://www.futurepedia.io/

網站上共有 50 種類別，1500 多種 AI 工具。在類別方面，包含 3D、藝術、聲音編輯、影像編輯、音樂、電子商務、文字轉語音、翻譯、文案寫作、視訊產生器、設計助理等，因為每個人的專長與工作領域都不同，如果你想要知道有那些工具對你的工作有幫助，就可以來透過類別來探詢一下。

## 10-3-1 搜尋特定的 AI 工具

目前網路上經常討論的 AI 工具，像是 Midjourney、Stable Diffusion、DallE-2 等 AI 繪圖工具，在這裡都可以搜尋的到，然後連結到該網站。例如目前最夯且探討度最高的 Midjourney，我們來搜尋一下：

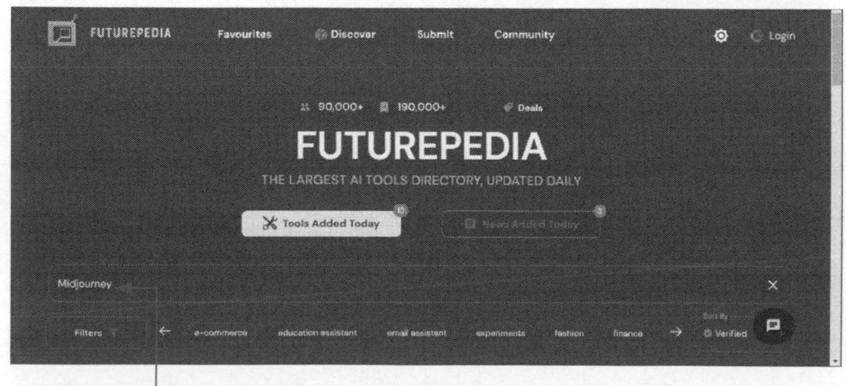

## 10-3-2 使用過濾器和排序方式篩選工具

由於 Futurepedia 提供的工具多達 1500 種，在找尋工具時，你可透過「Sort by」和「Filter」兩個功能來幫忙過濾工具。

### Sort by

右側的排序的方式有驗證、新的、受歡迎的三種選擇。

## Filter

很多 AI 工具是需要付費才能使用，如果你沒有足夠的經費，可以透過過濾器幫你找到免費的、免費試用、或是無須註冊就可以使用的工具。

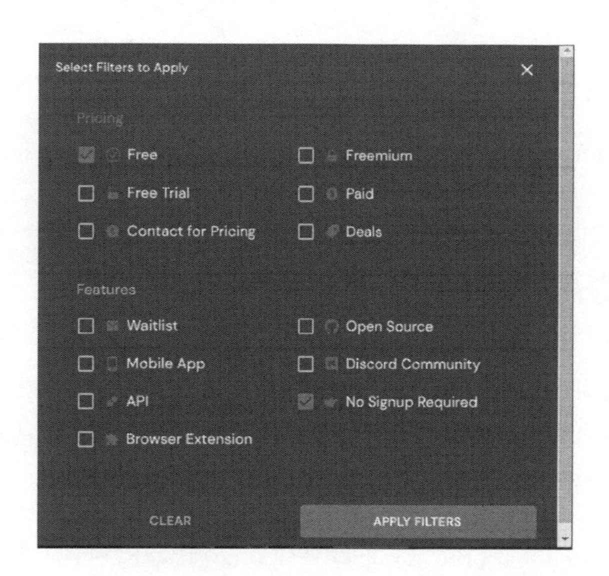


例如我是設計工作者，我可以先在「Sort by」選擇「Popular」受歡迎的工具，接著點選「Design assistant」類別，此時會在下方顯示五十多種的工具。

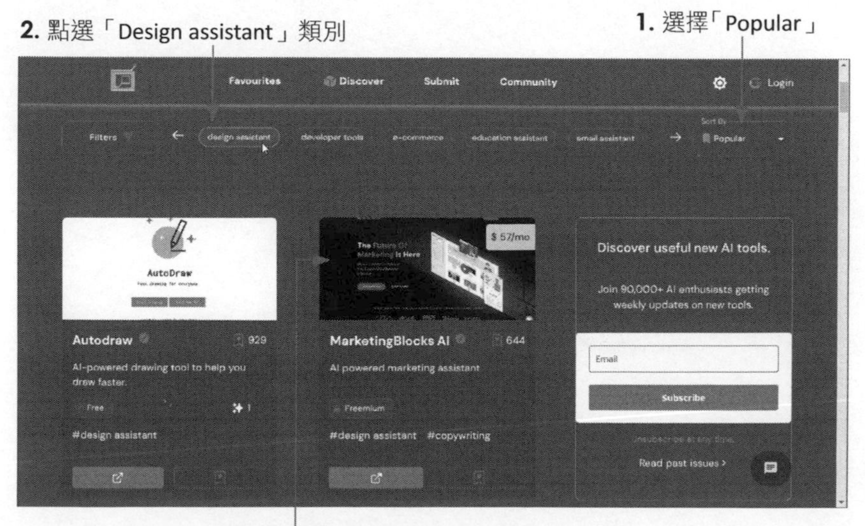

五十多種工具要一一查看可要耗費不少時間，接下來按下 Filter 進行過濾，勾選「Free」、「Free Trial」、「No Signup Required」，如此一來，經過過濾後的軟體只剩 5 個，既可以免費試用或免費使用，且無需註冊就可使用的工具，就可以來使用看看囉！

# 10-4 DALL-E 2（文字轉圖片）

DALL-E 2 利用深度學習和生成對抗網路（GAN）技術來生成圖像，並且可以從自然語言描述中理解和生成相應的圖像。例如，當給定一個描述「請畫出有很多氣球的生日禮物」時，DALL-E 2 可以生成對應的圖像。

DALL-E 2 模型的重要特點是它的圖像生成品質較好且具備更大的圖像生成能力，因此可以創造出更複雜、更具細節和更逼真的圖像。DALL-E 2 模型的應用非常廣，而且商機無窮，可以應用於視覺創意、商業設計、教育和娛樂等各個領域。

## 10-4-1　利用 DALL-E 2 以文字生成高品質圖像

要體會這項文字轉圖片的 AI 利器，可以連上 https://openai.com/dall-e-2/

網站，接著請按下圖中的「Try DALL-E」鈕：

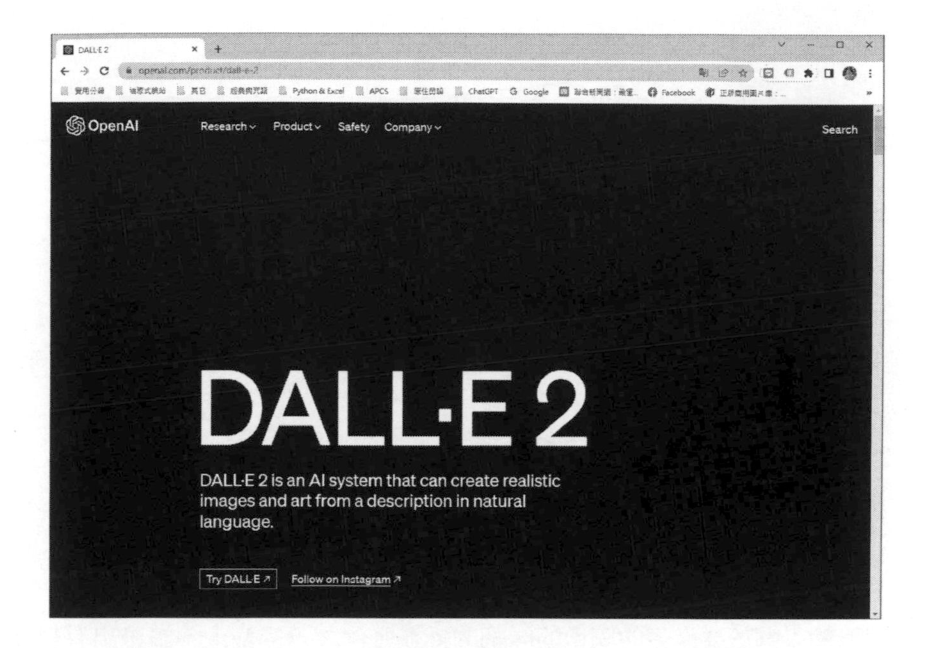


再按下「Continue」鈕表示同意相關條款：

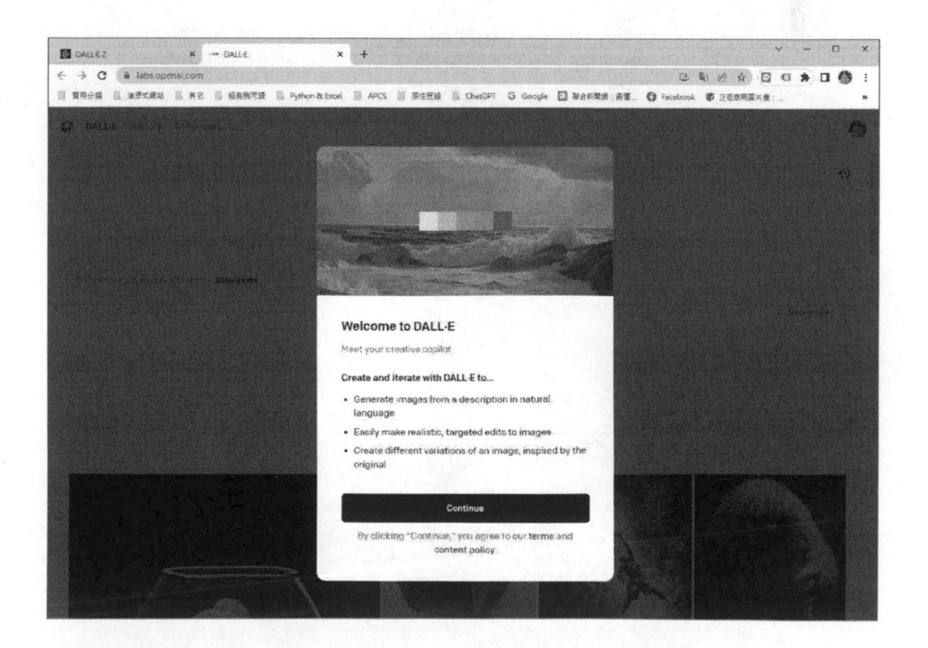

如果想要馬上試試，就可以按下圖的「Start creating with DALL-E」鈕：

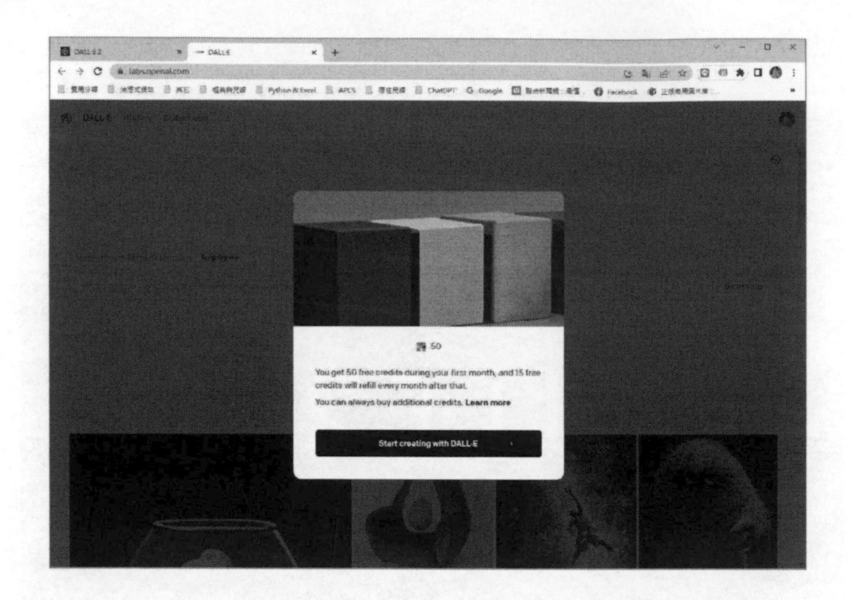


接著請輸入關於要產生的圖像的詳細的描述，例如下圖輸入「請畫出有很多氣球的生日禮物」，再按下「Generate」鈕：

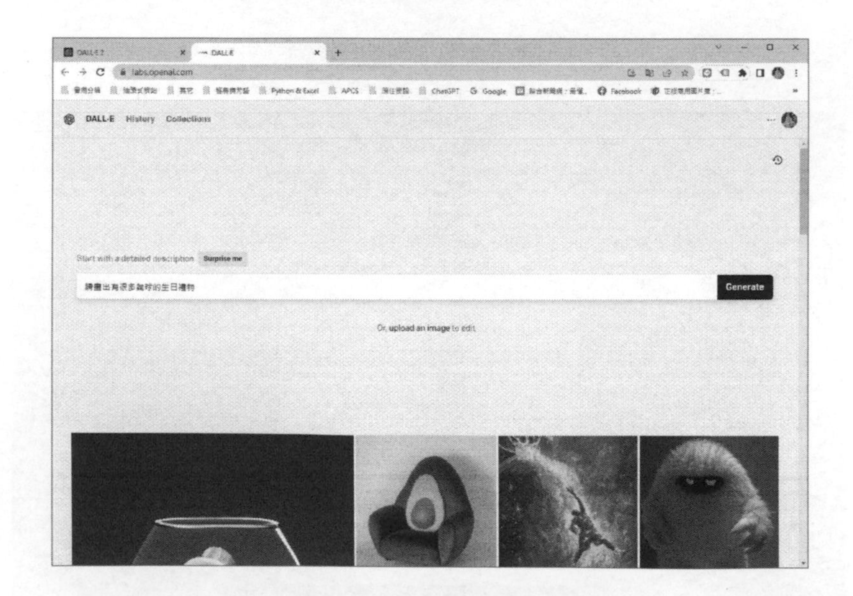

之後就可以快速生成畫質相當高的圖像。如下圖所示：

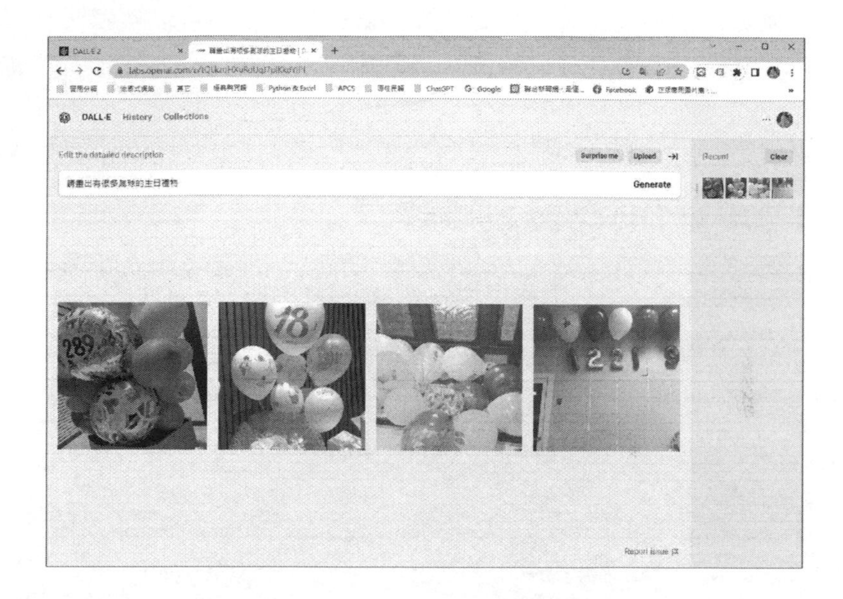


## 10-5 使用 Midjourney 輕鬆繪圖

Midjourney 是一款輸入簡單的描述文字，就能讓 AI 自動幫您創建出獨特而新奇的圖片程式，只要 60 秒的時間內，就能快速生成四幅作品。

由 Midjourney 產生的長髮女孩

想要利用 Midjourney 來嘗試作圖，你可以先免費試用，不管是插畫、寫實、3D 立體、動漫、卡通、標誌，或是特殊的藝術格，它都可以輕鬆幫你設計出來。不過免費版是有限制生成的張數，之後就必須訂閱付費才能夠使用，而付費所產生的圖片可做為商業用途。

## 10-5-1 申辦 Discord 的帳號

要使用 Midjourney 之前必須先申辦一個 Discord 的帳號，才能在 Discord 社群上下達指令。各位可以先前往 Midjourney AI 繪圖網站，網址為：https://www.midjourney.com/home/。

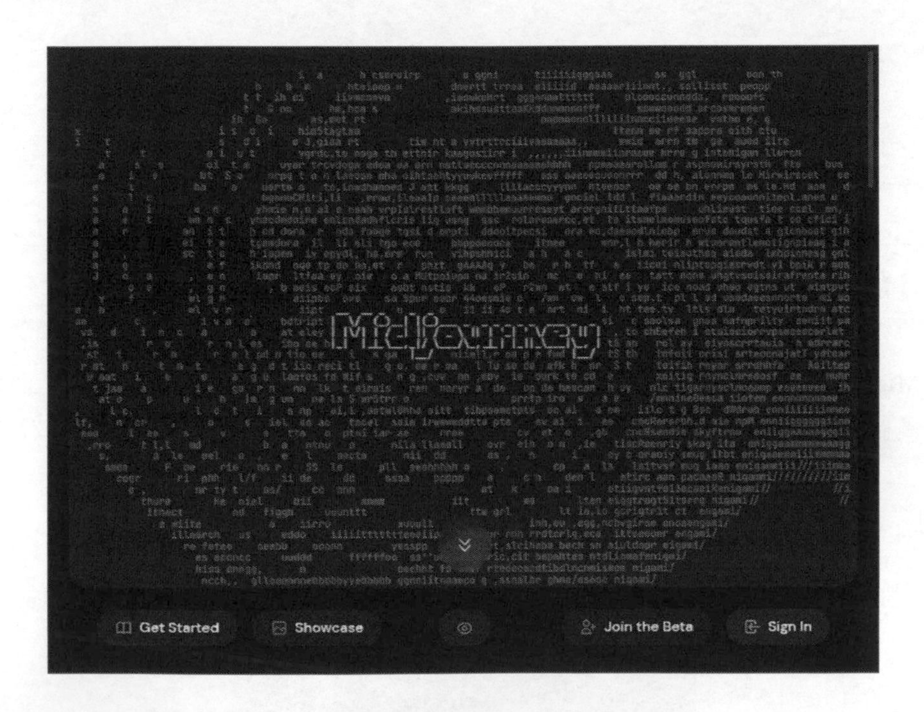


請先按下底端的「Join the Beta」鈕，它會自動轉到 Discord 的連結，請自行申請一個新的帳號，過程中需要輸入個人生日、密碼、電子郵件等相關資訊。由於目前，需要幾天的等待時間才能被邀請加入 Midjourney。

不過 Midjourney 原本開放給所有人免費使用，但由於申請的人數眾多，官方已宣布不再提供免費服務，費用為每月 10 美金才能繼續使用。

## 10-5-2 登入 Midjourney 聊天室頻道

Discord 帳號申請成功後，每次電腦開機時就會自動啟動 Discord。當你受邀加入 Midjourney 後，你會在 Discord 左側看到⛵鈕，按下該鈕就會切換到 Midjourney。

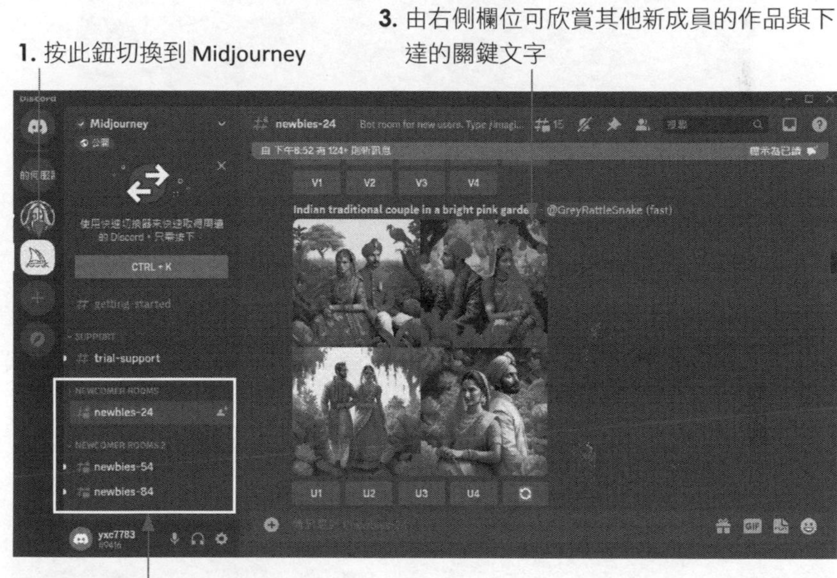


對於新成員，Midjourney 提供了「newcomer rooms」，點選其中任一個含有「newbies-#」的頻道，就可以讓新進成員進入新人室中瀏覽其他成員的作品，也可以觀摩其他人如何下達指令。

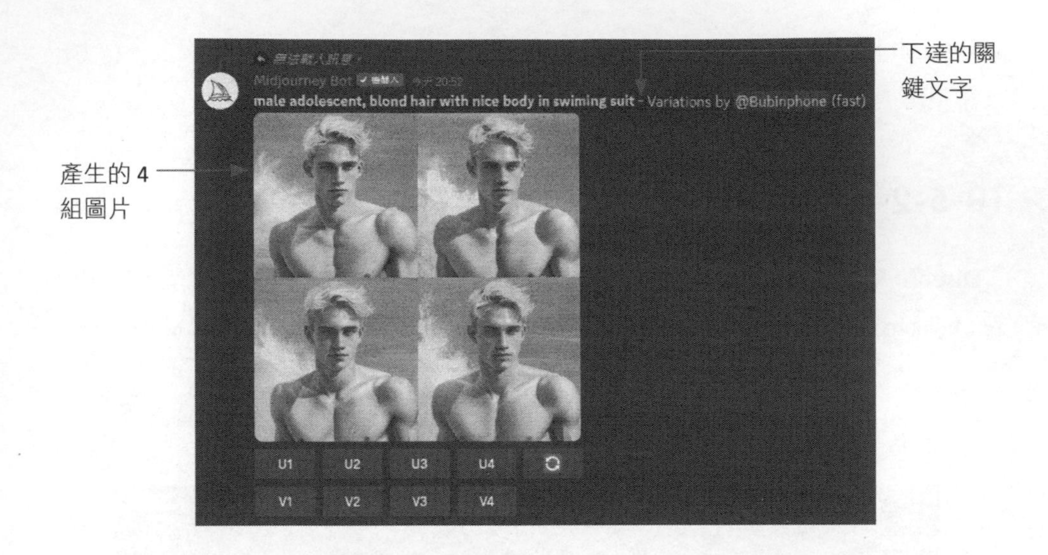


## 10-5-3　下達指令詞彙來作畫

當各位看到各式各樣精采絕倫的畫作，是不是也想實際嘗試看看！下達指令的方式很簡單，只要在底端含有「+」的欄位中輸入「/imagine」，然後輸入英文的詞彙即可。你也可以透過以下方式來下達指令：

3. 再點選此項

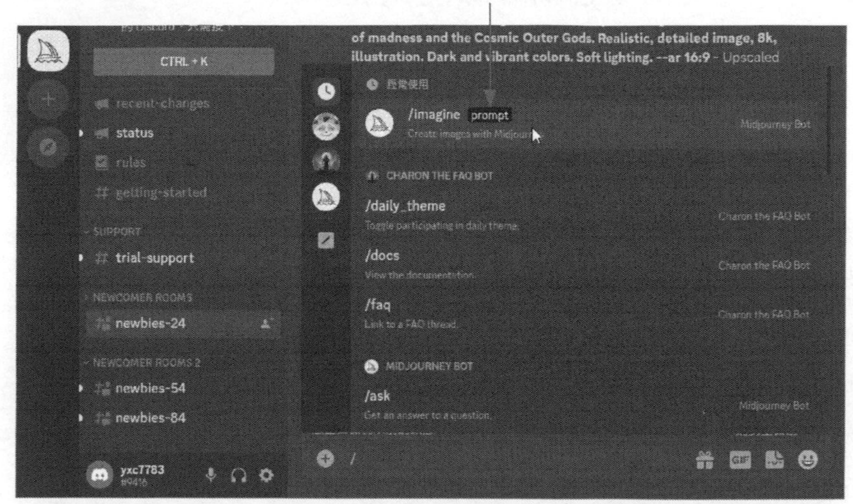

4. 在 Prompt 後方輸入你想要表達的英文字句，按下「Enter」鍵

5. 約莫幾秒鐘，就會在上方顯示的作品

上方會顯示你所下達的指令和你的帳號

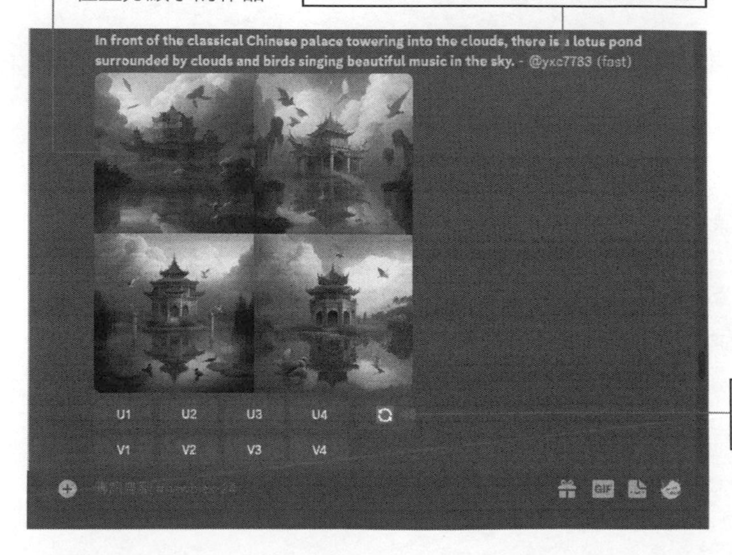


不滿意可按此鈕重新整理

## 10-5-4 英文指令找翻譯軟體幫忙

對於如何在 Midjourney 下達指令詞彙有所了解後，再來說說它的使用技巧吧！首先是輸入的 prompt，輸入的指令詞彙可以是長文的描述，也可以透過逗點來連接詞彙。

在觀看他人的作品時，對於喜歡的畫風，你可以參閱他的描述文字，然後應用到你的指令詞彙之中。如果你覺得自己英文不好也沒有關係，可以透過 Google 翻譯或 DeepL 翻譯器之類的翻譯軟體，把你要描述的中文詞句翻譯成英文，再貼入 Midjourney 的指令區即可。同樣地，看不懂他人下達的指令詞彙，也可以將其複製後，以翻譯軟體幫你翻譯成中文。

特別注意的是，由於目前試玩 Midjourney 的成員眾多，洗版的速度非常快，你若沒有看到自己的畫作，就往前後找找就可以看到。

## 10-5-5 重新整理畫作

再您下達指令詞彙後，萬一呈現出來的四個畫作與你期望的落差很大，一種方式是修改你所下達的英文詞彙，另外也可以在畫作下方按下 重新整理鈕，Midjourney 就會重新產生新的 4 個畫作出來。

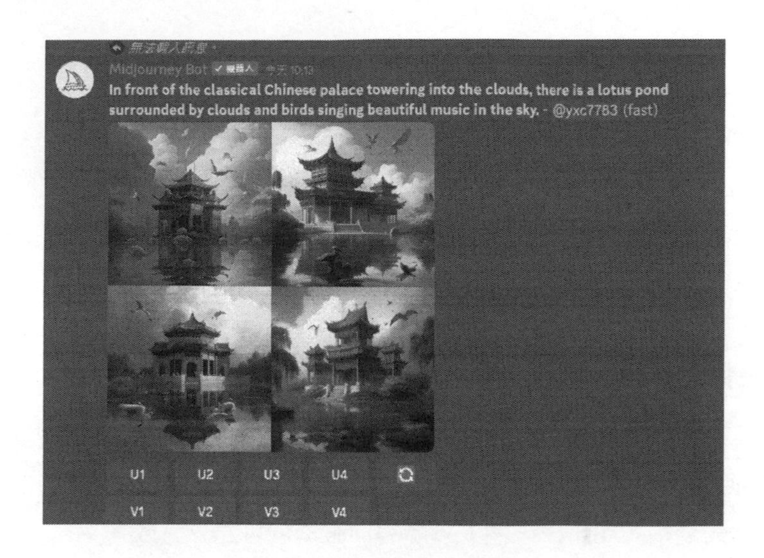


如果你想以某一張畫作來進行延伸的變化，可以點選 V1 到 V4 的按鈕，其中 V1 代表左上、V2 是右上、V3 左下、V4 右下。

## 10-5-6　取得高畫質影像

當產生的畫作有符合你的需求，你可以考慮將它保留下來。在畫作的下方可以看到 U1 到 U4 等 4 個按鈕。其中的數字是對應四張畫作，分別是 U1 左上、U2 右上、U3 左下、U4 右下。如果你喜歡右上方的圖，可按下 U2 鈕，它就會產生較高畫質的圖給你，如下圖所示。按右鍵於畫作上，執行「開啟連結」指令，會在瀏覽器上顯示大圖，再按右鍵執行「另存圖片」指令，就能將圖片儲存到你指定的位置。

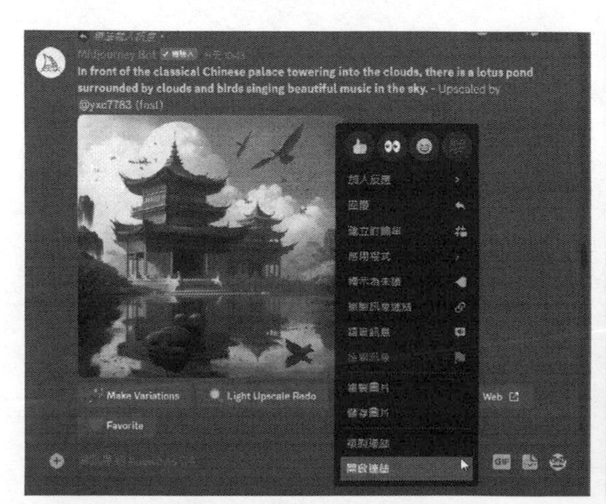

## 10-5-7　新增 Midjourney 至個人伺服器

由於目前使用 Midjourney 來建構畫作的人很多，所以當各位下達指令時，常常因為他人的洗版，讓你要找尋自己的畫作也要找半天。如果你有相同的困擾，可以考慮將 Midjourney 新增到個人伺服器中，如此一來就能建立一個你與 Midjourney 專屬的頻道。

### 新增個人伺服器

首先你要擁有自己的伺服器。請在 Discord 左側按下「+」鈕來新增個人的伺服器，接著你會看到「建立伺服器」的畫面，按下「建立自己的」的選項，再輸入個人伺服器的名稱，如此一來個人專屬的伺服器就可建立完成。

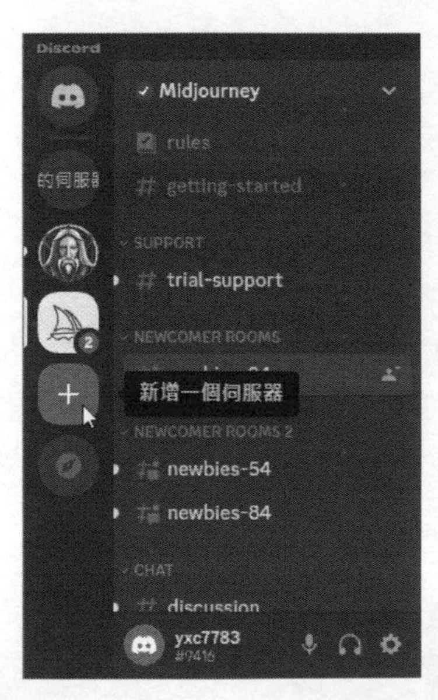

### 將 Midjourney 加入個人伺服器

有了自己專屬的伺服器後，接下來準備將 Midjourney 加入到個人伺服器之中。

**1.** 切換到個人伺服器

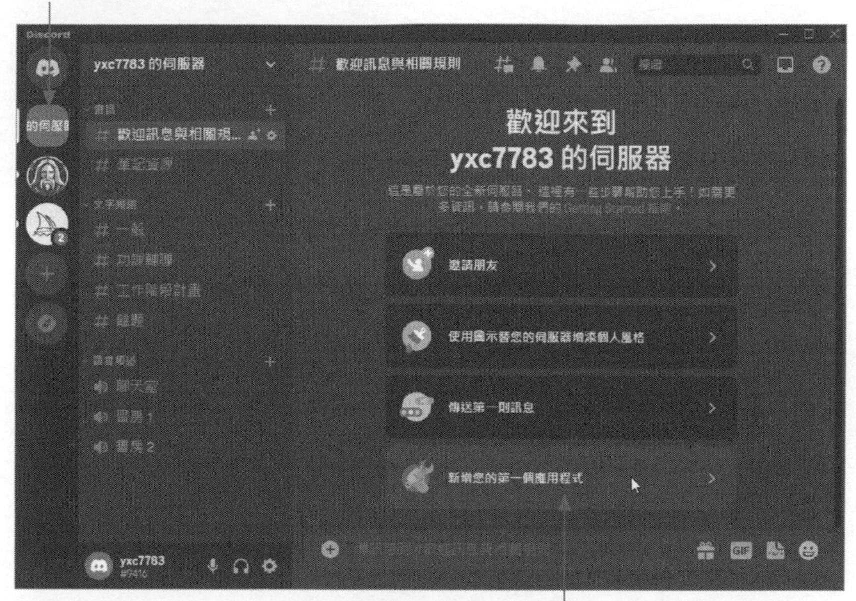


**2.** 按此新增你的第一個應用程式

**3.** 輸入 Midjourney，按下「Enter」鍵進行搜尋

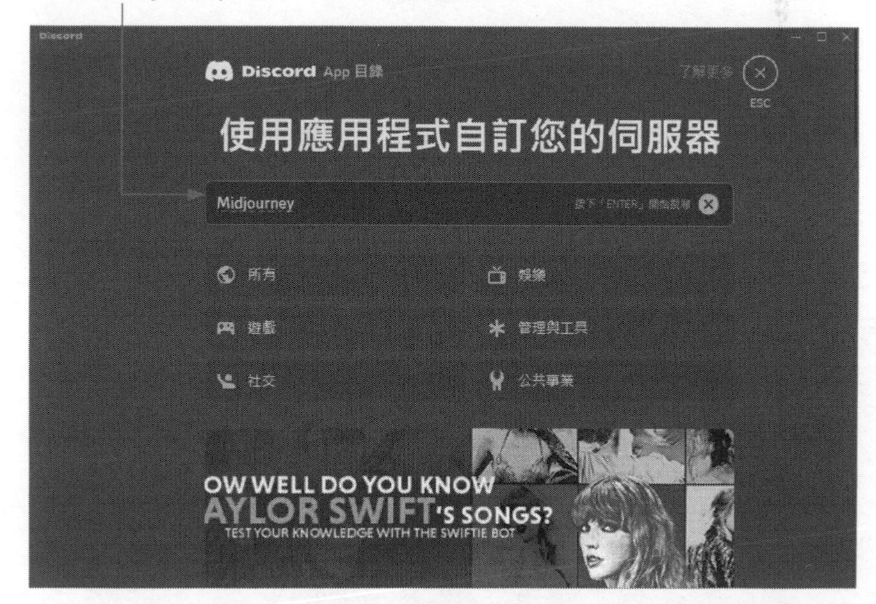

**4.** 找到並點選 Midjourney Bot，接著選擇「新增至伺服器」鈕

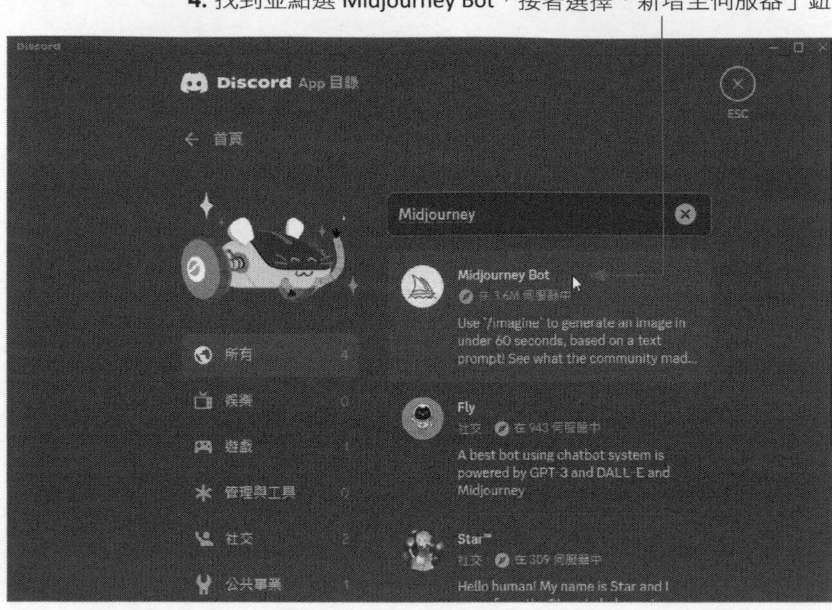


接下來還會看到如下兩個畫面，告知你 Midjourney 將存取你的 Discord 帳號，按下「繼續」鈕，保留所有選項預設值後再按下「授權」鈕，就可以看到「已授權」的綠勾勾，順利將 Midjourney 加入到你的伺服器當中。

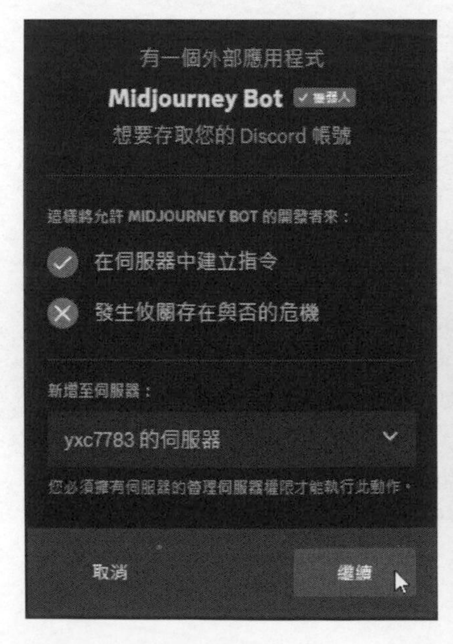


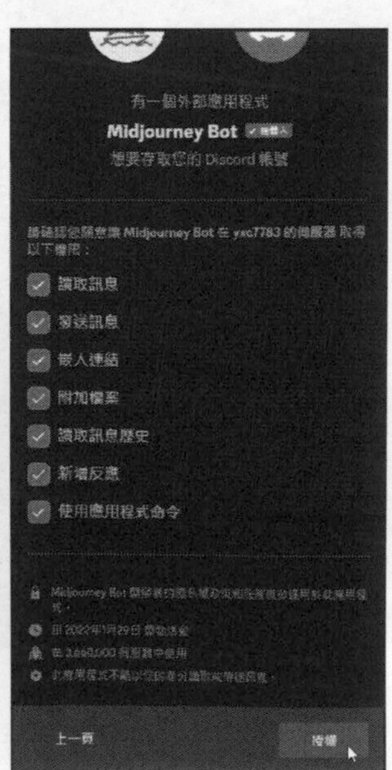

完成如上的設定後，依照前面介紹的方式使用 Midjourney，就不用再怕被洗版了！

## 10-6 功能強大的 Playground AI 繪圖網站

在本單元中，我們將介紹一個便捷且強大的 AI 繪圖網站，它就是 Playground AI。這個網站免費且不需要進行任何安裝程式，並且經常更新，以確保提供最新的功能和效果。Playground AI 目前提供無限制的免費使用，讓使用者能夠完全自由地客製化生成圖像，同時還能夠以圖片作為輸入生成其他圖像。使用者只需先選擇所偏好的圖像風格，然後輸入英文提示文字，最後點擊「Generate」按鈕即可立即生成圖片。網站的網址為 https://playgroundai.com/。這個平台提供了簡單易用的工具，讓您探索和創作獨特的 AI 生成圖像體驗。

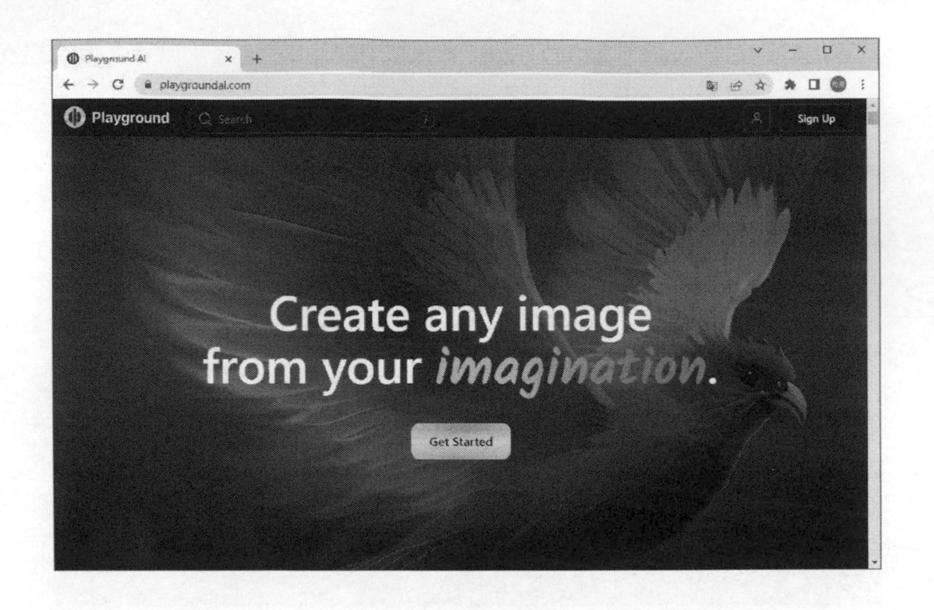


## 10-6-1　學習圖片原創者的提示詞

首先，讓我們來探索其他人的技巧和創作。當您在 Playground AI 的首頁向下滑動時，您會看到許多其他使用者生成的圖片，每一張圖片都展現了獨特且多樣化的風格。您可以自由地瀏覽這些圖片，並找到您喜歡的風格。只需用滑鼠點擊任意一張圖片，您就能看到該圖片的原創者、使用的提示詞，以及任何可能影響畫面出現的其他提示詞等相關資訊。

這樣的資訊對於學習和獲得靈感非常有幫助。您可以了解到其他人是如何使用提示詞和圖像風格來生成他們的作品。這不僅讓您更好地了解 AI 繪圖的應用方式，也可以啟發您在創作過程中的想法和技巧。無論是學習他們的方法，還是從他們的作品中獲得靈感，都可以讓您的創作更加豐富和多元化。

Playground AI 為您提供了一個豐富的創作社群，讓您可以與其他使用者互相交流、分享和學習。這種互動和共享的環境可以激發您的創造力，並促使您不斷進步和成長。所以，不要猶豫，立即探索這些圖片，看看您可以從中獲得的靈感和創作技巧吧！

**1.** 以滑鼠點選此圖片，使進入下圖畫面

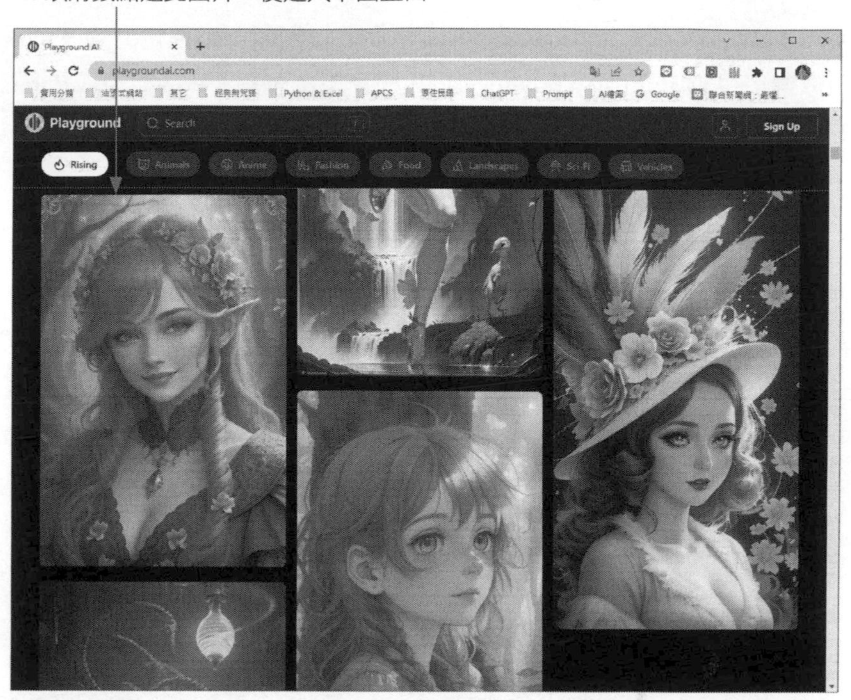


圖片生成者　　此張畫生成的 Prompt

複製 Prompt　　再混合

即使你的英文程度有限，無法理解內容也不要緊，你可以將文字複製到「Google 翻譯」或者使用 ChatGPT 來協助你進行翻譯，以便得到中文的解釋。此外，你還可以點擊「Copy prompt」按鈕來複製提示詞，或者點擊「Remix」按鈕以混合提示詞來生成圖片。這些功能都可以幫助你更好地使用這個平台，獲得你所需的圖像創作體驗。

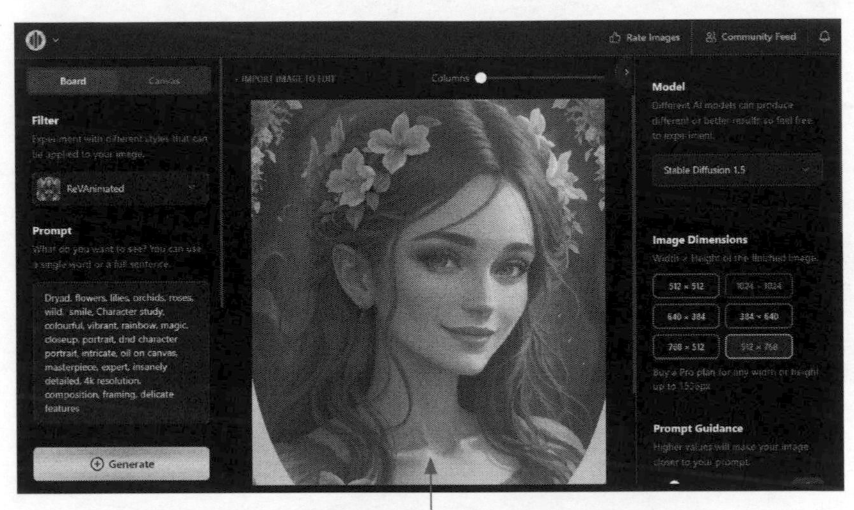


按下「Remix」鈕會進入 Playground 來生成混合的圖片

除了參考他人的提示詞來生成相似的圖像外，你還可以善用 ChatGPT 根據你自己的需求生成提示詞喔！利用 ChatGPT，你可以提供相關的說明或指示，讓 AI 繪圖模型根據你的要求創作出符合你想法的圖像。這樣你就能夠更加個性化地使用這個工具，獲得符合自己想像的獨特圖片。不要害怕嘗試不同的提示詞，挑戰自己的創意，讓 ChatGPT 幫助你實現獨一無二的圖像創作！

## 10-6-2 初探 Playground 操作環境

在瀏覽各種生成的圖片後，我相信你已經迫不及待地想要自己嘗試了。只需在首頁的右上角點擊「Sign Up」按鈕，然後使用你的 Google 帳號登入即可開始。這樣你就可以完全享受到 Playground AI 提供的所有功能和特色。

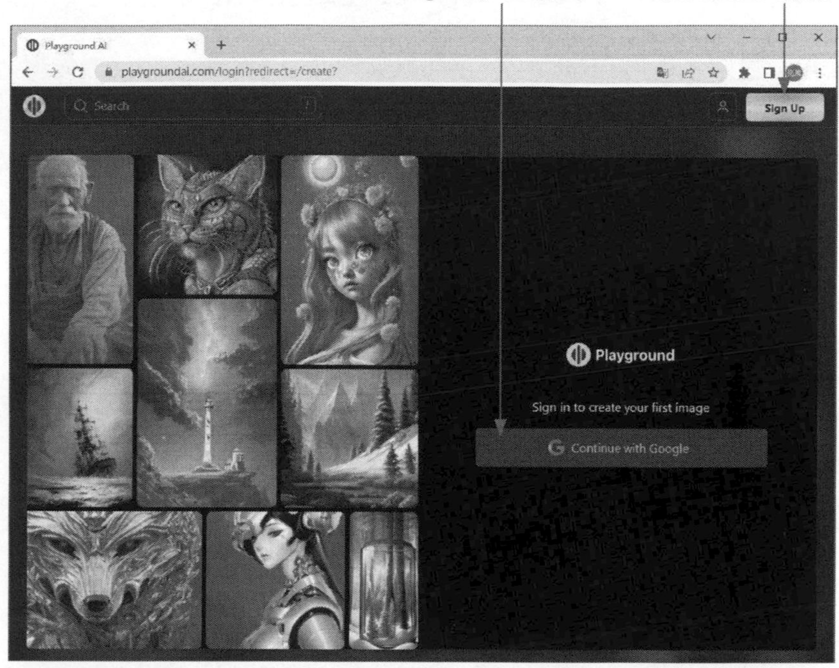
2. 以 Google 帳戶直接登入
1. 按此鈕登入帳號
Playground AI
playgroundai.com/login?redirect=/create?
Search
Sign Up
Playground
Sign in to create your first image
Continue with Google

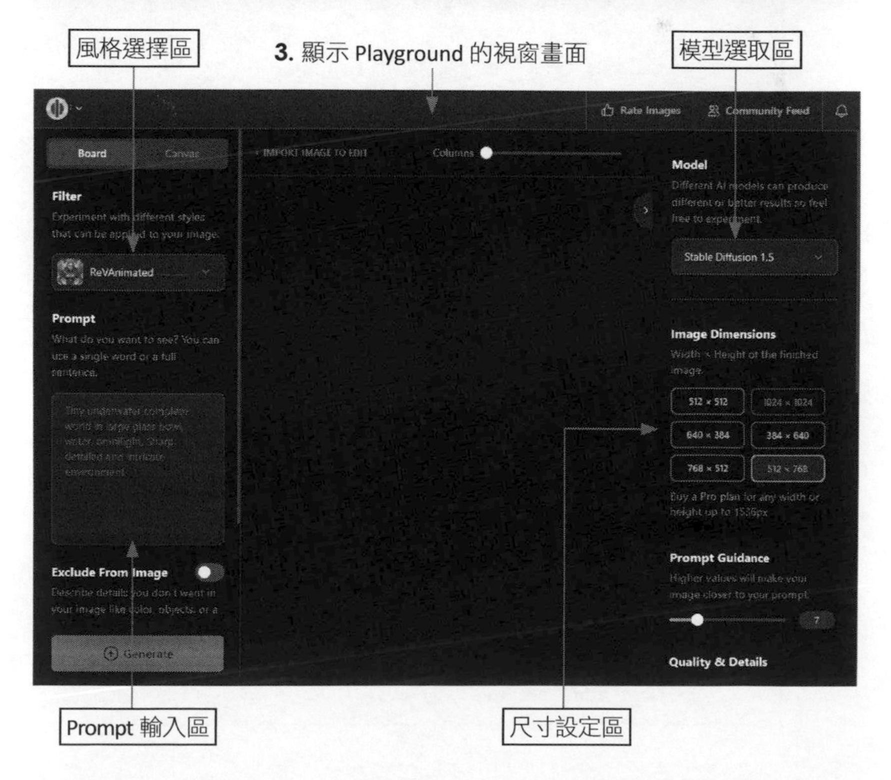
風格選擇區
3. 顯示 Playground 的視窗畫面
模型選取區
Rate Images
Community Feed
Board
Canvas
Columns
Filter
ReVAnimated
Prompt
Exclude From Image
Generate
Model
Stable Diffusion 1.5
Image Dimensions
512 × 512
1024 × 1024
640 × 384
384 × 640
768 × 512
512 × 768
Prompt Guidance
Quality & Details
Prompt 輸入區
尺寸設定區

## 10-6-3 利用 ChatGPT 取得最佳的提示詞

在這裡，我們將利用 ChatGPT 提出問題來獲得最佳的提示詞，然後將這些提示詞複製到 Playground AI 中生成圖片。這樣做可以確保 Playground AI 生成的圖片更符合我們的期望。我們可以讓 ChatGPT 扮演 Playground AI 的提示詞生成器，以獲得更具創意和個性化的繪圖提示。這種結合 ChatGPT 和 Playground AI 的方式將為我們帶來更加豐富和獨特的圖像創作體驗。現在就讓我們開始利用 ChatGPT 來生成最佳的繪圖提示，並在 Playground AI 中展開創作吧！

**prompt 提示**

接下來請你扮演 Playground AI 繪圖提示生成器

TX 接下來請你扮演Playground AI繪圖提示生成器

當然，我很樂意扮演Playground AI繪圖提示生成器的角色。請告訴我您希望生成的圖片內容或提供一些關鍵字，我將努力為您生成一個適合的繪圖提示。請描述您期望的畫面風格、主題或任何您想在圖片中看到的元素。我將嘗試生成一個繪圖提示，讓您可以在Playground AI中繼續創作。請提供您的需求，我將盡力幫助您。

當我們告訴 ChatGPT 我們想要的畫面效果時，接下來就輸入要提示的文字內容。

**prompt 提示**

我想要一個歡樂的籃球總冠軍賽奪冠的慶祝畫面。

TX 我想要一個歡樂的籃球總冠軍賽奪冠的慶祝畫面。

給您的繪圖提示是：「一個歡樂的籃球總冠軍賽奪冠的慶祝畫面」。您可以將這個提示複製並貼到Playground AI的Prompt區塊中，然後按下「Generate」來生成相應的圖片。希望這個繪圖提示能幫助您創作出一個令人歡欣鼓舞的畫面！

如果 ChatGPT 給出的內容符合您的要求，您可以請它將其翻譯成英文。這樣，您就能獲得更優秀的提示詞，並將該段英文文字複製並貼到 Playground AI 中。這將有助於您在 Playground AI 中獲得更理想的生成圖像。

**prompt 提示**

請將上面的繪圖提示翻譯成英文

TX 請將上面的繪圖提示翻譯成英文

The translation of the drawing prompt is: "A joyful celebration scene of winning the basketball championship." You can copy and paste this prompt into the Prompt section of Playground AI, and then click on "Generate" to create the corresponding image. I hope this drawing prompt helps you create an inspiring and joyful artwork!

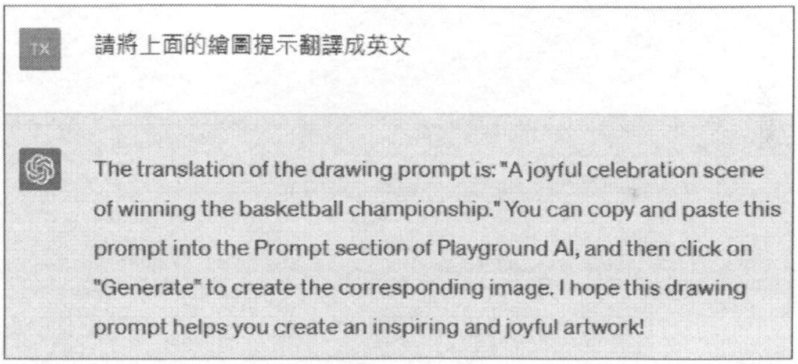

## 10-6-4 實戰 Playground AI 生成圖片

一旦您登入 Playground 帳號，您可以使用左側的篩選器來選擇您喜歡的圖片濾鏡。按下圖示下拉式按鈕後，您將看到各種縮圖，這些縮圖可以大致展示出圖片呈現的風格。在這裡，您可以嘗試更多不同的選項，並發現許多令人驚豔的畫面。不斷探索和試驗，您將發現各種迷人的風格和效果等待著您。

現在，將 ChatGPT 生成的文字內容「複製」並「貼到」左側的提示詞（Prompt）區塊中。右側的「Model」提供四種模型選擇，預設值是「Stable Diffusion 1.5」，這是一個穩定的模型。DALL-E 2 模型需要付費才能使用，因此建議您繼續使用預設值。至於尺寸，免費用戶有五個選擇，其中 1024 x 1024 的尺寸需要付費才能使用。您可以選擇想要生成的畫面尺寸。

**1.** 將 ChatGPT 得到的文字內容貼入

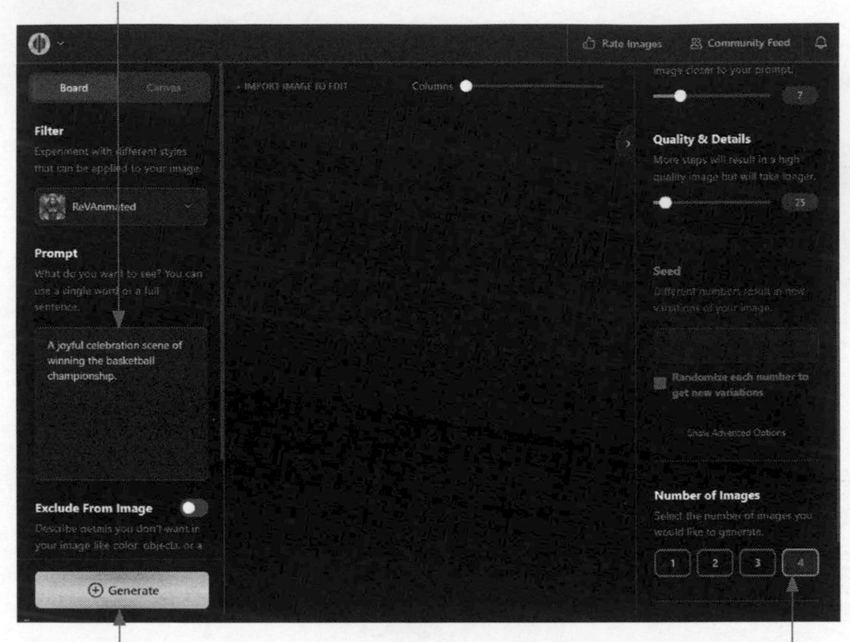


**3.** 按此鈕生成圖片　　　**2.** 這裡設定一次可生成 4 張圖片

完成基本設定後，最後只需按下畫面左下角的「Generate」按鈕，即可開始生成圖片。

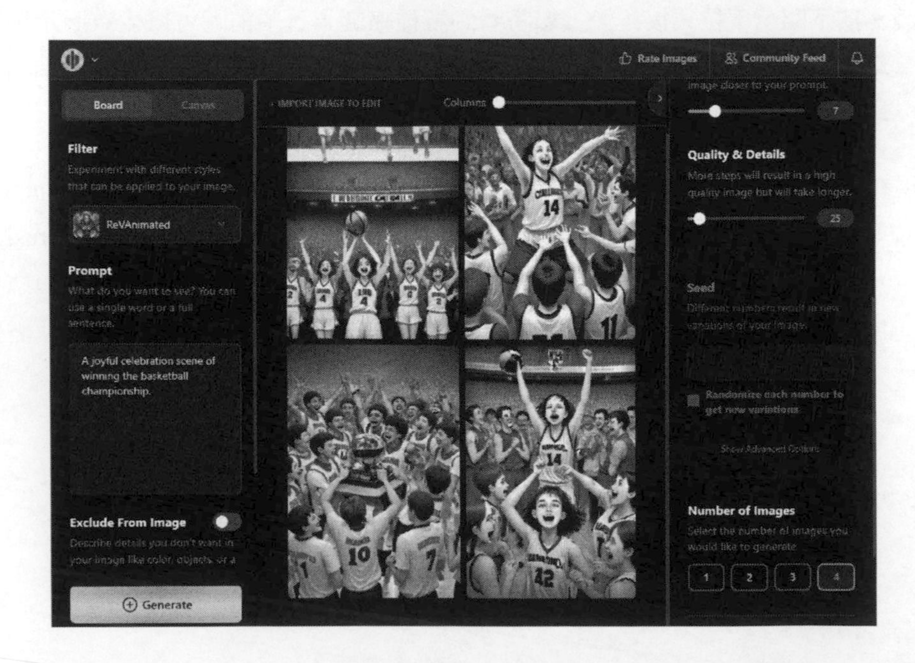

## 10-6-5 放大檢視生成的圖片

生成的四張圖片太小看不清楚嗎？沒關係，可以在功能表中選擇全螢幕來觀看。

1. 按下「Action」鈕，在下拉功能表單中選擇「View Full screen」指令

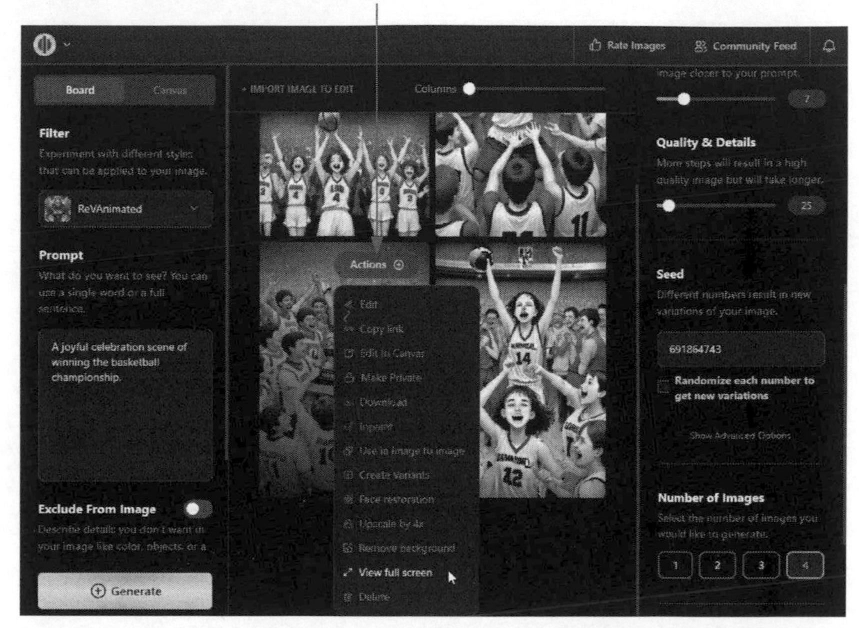


2. 以最大的顯示比例顯示畫面，再按一下滑鼠就可離開

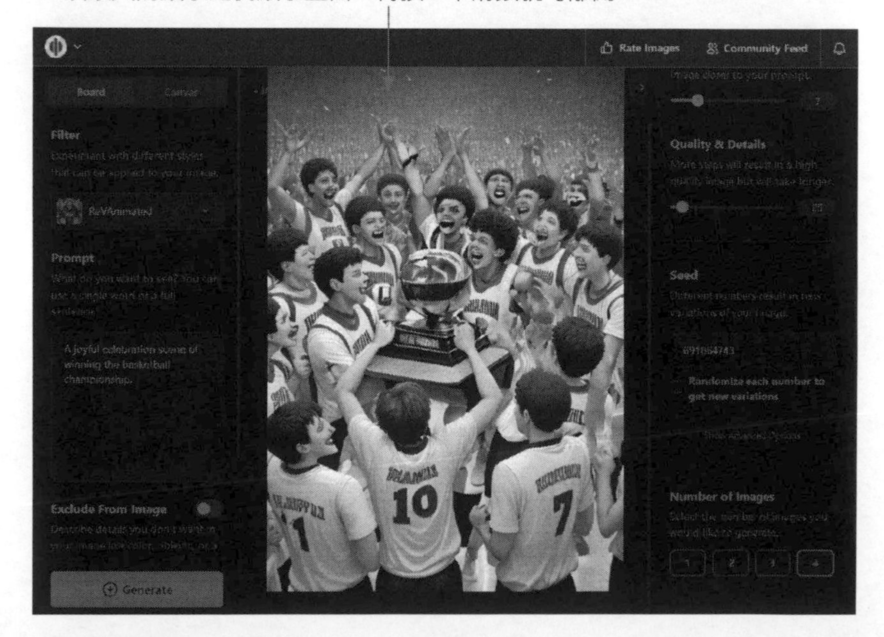

## 10-6-6 利用 Create variations 指令生成變化圖

當 Playground 生成四張圖片後，如果有找到滿意的畫面，就可以在下拉功能表單中選擇「Create variations」指令，讓它以此為範本再生成其他圖片。

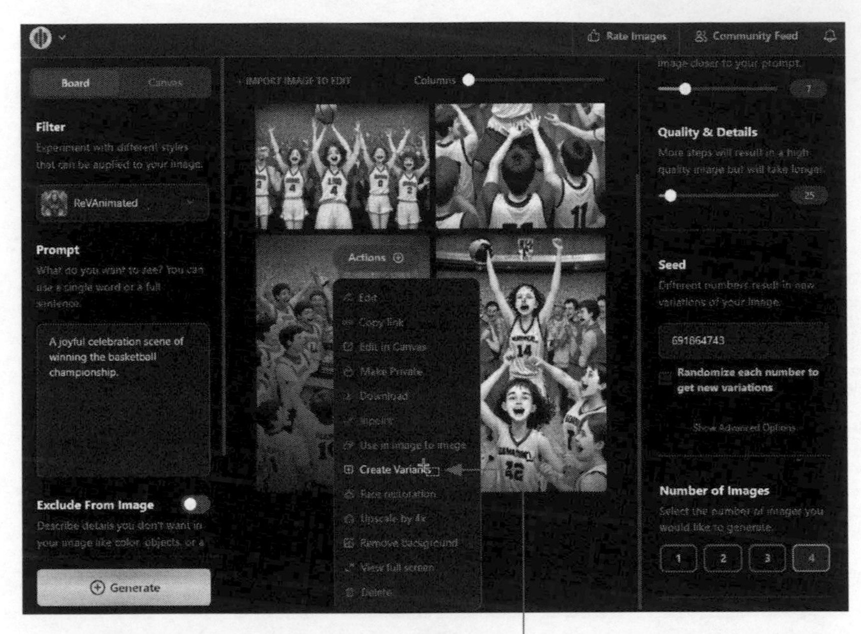


1. 選擇「Create variations」指令生成變化圖

2. 生成四張類似的變化圖

## 10-6-7 生成圖片的下載

當你對 Playground 生成的圖片滿意時，可以將畫面下載到你的電腦上，它會自動儲存在你的「下載」資料夾中。

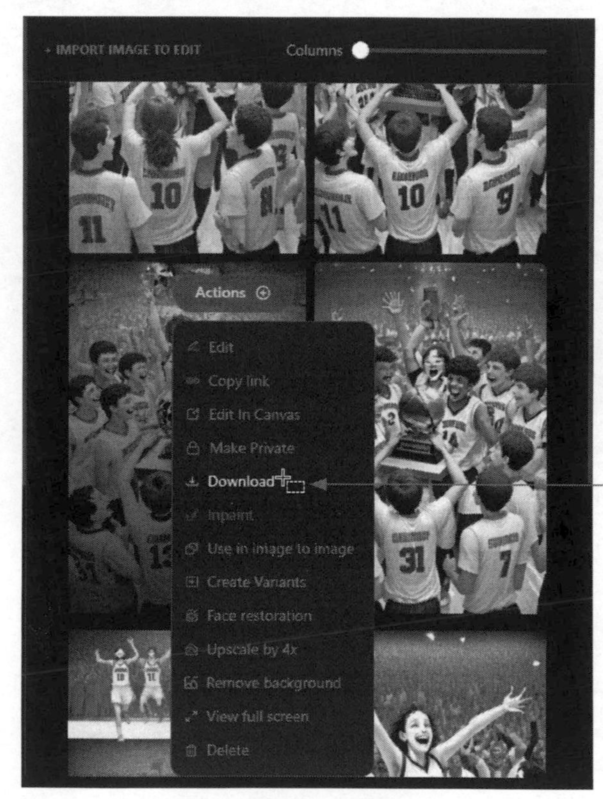


選擇「Download」指令下載檔案

## 10-6-8 登出 Playground AI 繪圖網站

當不再使用時，如果想要登出 Playground，請由左上角按下 鈕，再執行「Log Out」指令即可。

2. 選此指令登出 Playground

# 10-7 Bing 的生圖工具：Bing Image Creator

微軟的 Bing AI 繪圖工具 Image Creator 是一個方便的工具，它能夠幫助使用者輕鬆地將文字轉換成圖片。在 2023 年 2 月，Bing 搜尋引擎和 Microsoft Edge 瀏覽器推出了整合了 ChatGPT 功能的最新版本。而在 3 月份，微軟正式推出了全新的「Bing Image Creator（影像建立者）」AI 影像生成工具，並且這個工具是免費提供給所有使用者的。Bing Image Creator 可以讓使用者輸入中文和英文的提示詞，並將其快速轉換為圖片。

## 10-7-1 從文字快速生成圖片

現在，讓我們來示範如何使用 Bing Image Creator 快速生成圖片。首先請各位先連上以下的網址，請各位參考以下的操作步驟：

https://www.bing.com/create

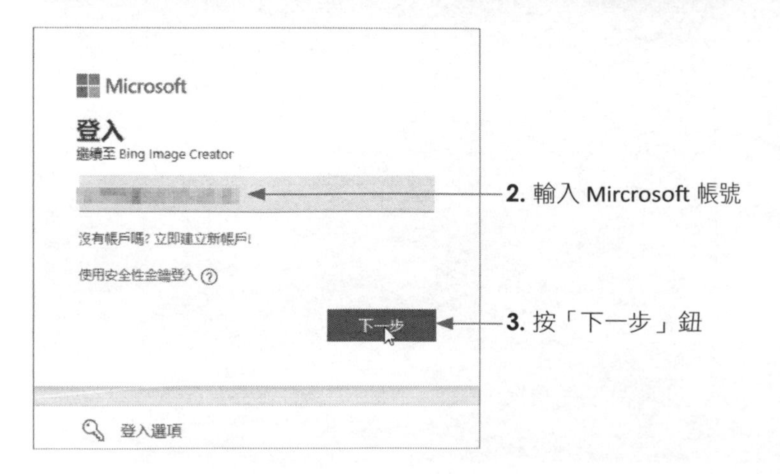

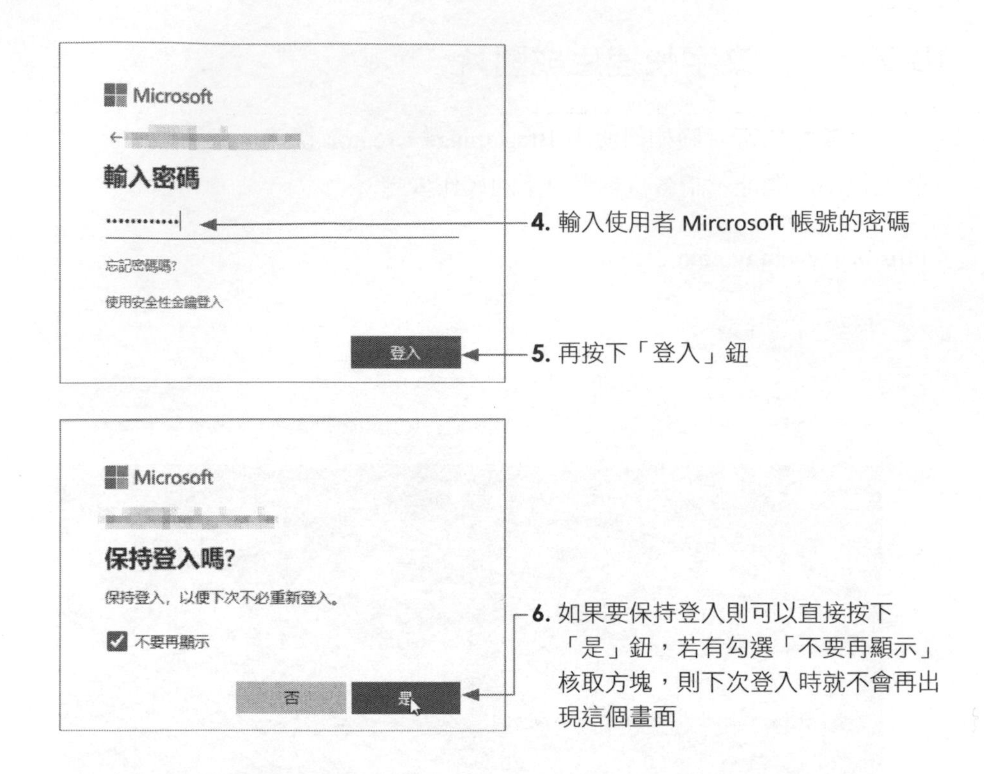


登入後就可以開始使用 Bing Image Creator，下圖為介面的簡易功能說明：

接著我們就來示範如何從輸入提示文字，到如何產生圖片的實作過程：

1. 輸入提示文字「The beautiful hostess is dancing with the male host on the dance floor.」(也可以輸入中文提示詞)

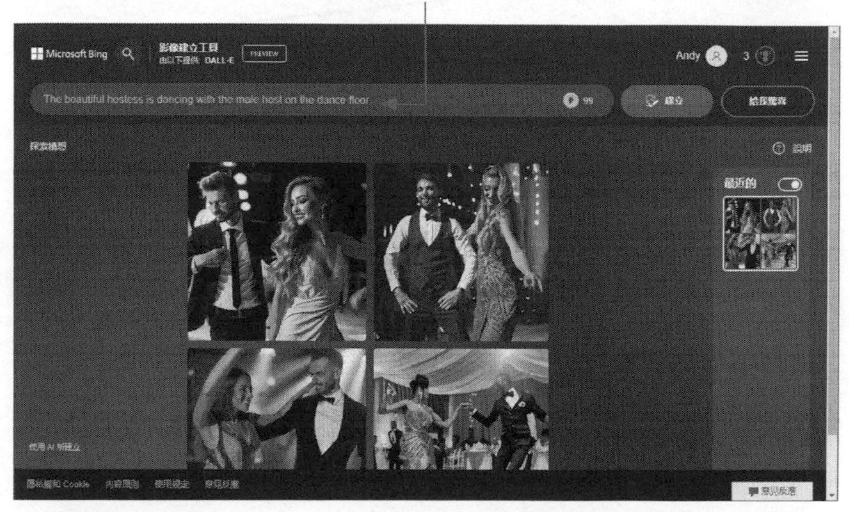


2. 按「建立」鈕可以開始產生圖

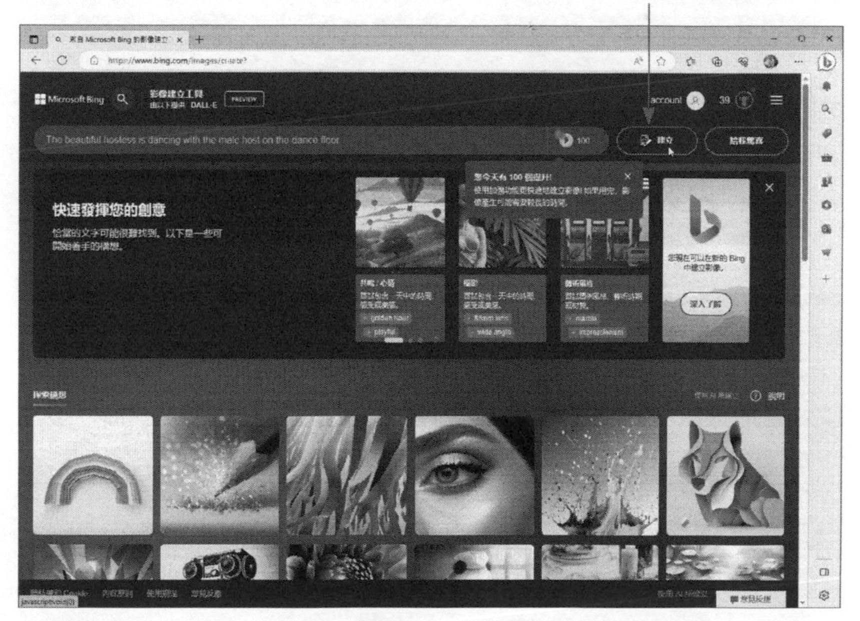

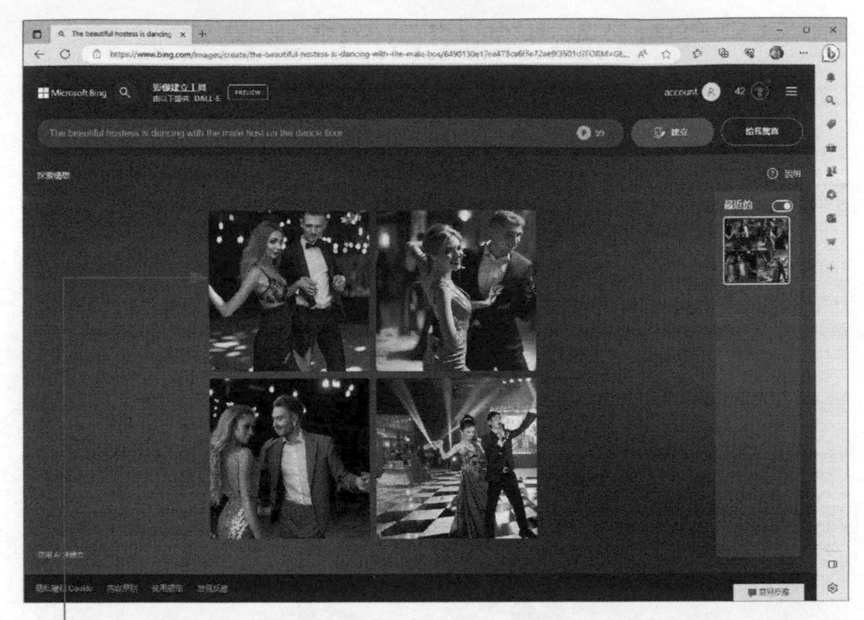


**3.** 一些秒數之後就可以根據提示詞一次生成 4 張圖片，請點按其中一張圖片

**4.** 接著就可以針對該圖片進行分享連結、儲存到網路剪貼簿功能的「集錦」中或下載圖檔等操作。Microsoft Edge 瀏覽器「集錦」功能可收集整理網頁、影像或文字

**5.** 當各位按 Edge 瀏覽器上的集合鈕，就可以查看目前儲存在「集錦」內的圖片

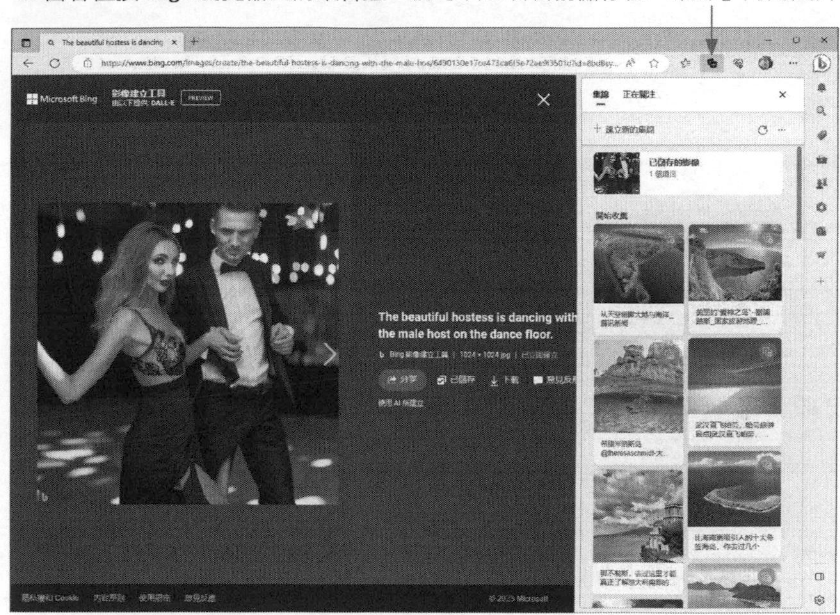


## 10-7-2 「給我驚喜」可自動產生提示詞

如果需要，您可以再次輸入不同的提示詞，以生成更多圖片。這樣，您就可以使用 Bing Image Creator 輕鬆將文字轉換成圖片了。或是按下圖的「給我驚喜」可以讓系統自動產生提示文字。

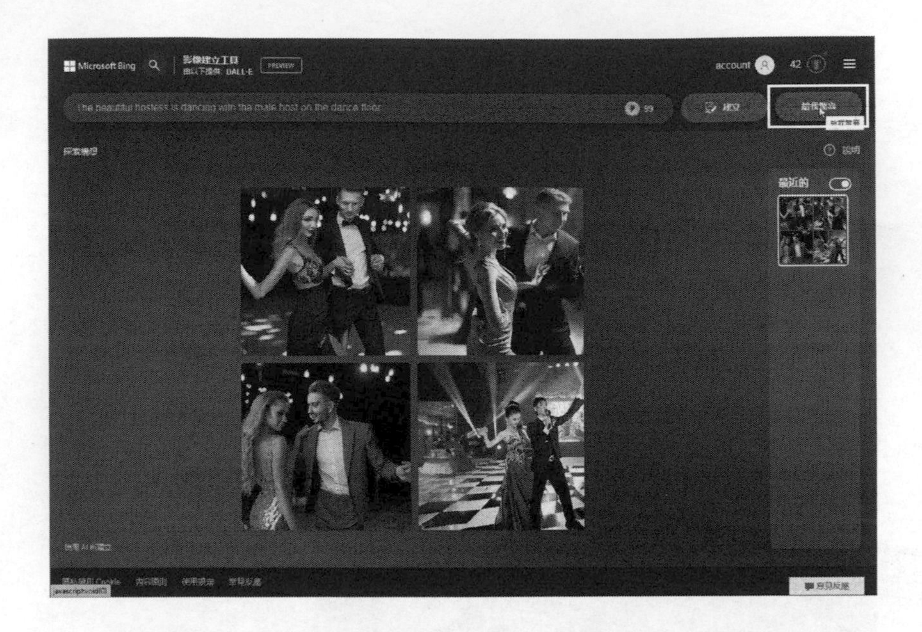


有了提示文字後，只要再按下「建立」鈕就可以根據這個提示文字生成新的四張圖片，如下圖所示：

# 11 Chapter

# 快速與多樣：AI 影片的製作魔法

隨著人工智慧技術的進步，越來越多的 AI 平台應運而生，提供各種各樣的功能，如影片製作、人物動畫等。本章將介紹幾種文字轉影片的 ChatGPT 和剪映軟體、讓照片人物動起來的 D-ID。我們將探討如何使用這些軟體工具或平台來創造快速與多樣有趣的影片。透過本章的閱讀，你將學會使用這些軟體，並且可以開始展開你的 AI 影片創作魔法之旅。

## 11-1 認識剪映軟體

剪映軟體（或稱為影片編輯軟體）用於建立、編輯和加工影片檔案。以下是許多常見的剪映軟體功能：

1. 基礎編輯
   - 裁剪與分割：將影片分為多個部分或刪除不需要的片段。
   - 串接：將多個影片片段連接成一個完整的影片。
   - 旋轉和翻轉：調整影片的方向。
2. 特效和轉場
   - 添加各種特效，如淡入淡出、彩色校正、魚眼效果等。
   - 使用轉場效果在不同的影片片段之間順暢切換。
3. 文字和標題
   - 在影片上添加標題、字幕或注解。
   - 調整字體、大小、顏色和動畫效果。
4. 音效和音樂
   - 添加背景音樂。
   - 調整音量、去除背景噪音。
   - 添加音效。

5. 色彩校正

- 調整影片的亮度、對比度、飽和度和色調。

6. 綠幕和色鍵

- 使用綠幕技術替換背景。
- 刪除特定顏色以達到特效。

7. 速度調整

- 將影片加速或減速，建立慢動作或快進效果。

8. 導出和分享

- 將影片導出為不同的格式和解析度。
- 直接從軟體分享到社交媒體或其他平台。

9. 多軌編輯

- 在多個軌道上同時編輯影片、音頻和圖片。

10. 模板和預設

- 提供現成的編輯模板和效果預設，使編輯更快捷。

隨著技術的進步，剪映軟體越來越先進，許多專業軟體還提供 3D 編輯、360 度影片編輯、動畫製作等高級功能。根據用戶的需求和經驗，他們可以選擇從基本的手機應用程序到專業的桌面軟體。

## 11-2 文字轉影片 - 用 ChatGPT 和剪映軟體製作影片

當 ChatGPT 日益受到大家的關注後，透過它的幫忙可以快速為 YouTuber 製作影片內容，也能透過它來進行產品的宣傳。特別是 ChatGPT 和剪映軟體二者合體，那麼不管是文字腳本、圖片、字幕、旁白錄音、配樂等，只要幾分鐘的時間就可以搞定，而且生成的影片品質可比擬專業水準。這一小節就來為各位說明，如何利用 ChatGPT 和剪映軟體來製作影片。

## 11-2-1 使用 ChatGPT 構思腳本

首先各位可以在 ChatGPT 上，將想要詢問的主題直接詢問機器人，這裡以端午節為例，請 ChatGPT 簡要告知端午節的由來，並請它以美食專家的身分來介紹三款台灣人最喜歡的粽子。如下圖：

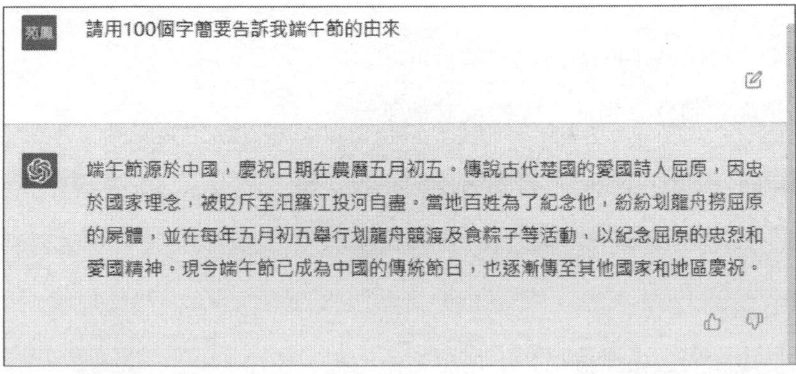


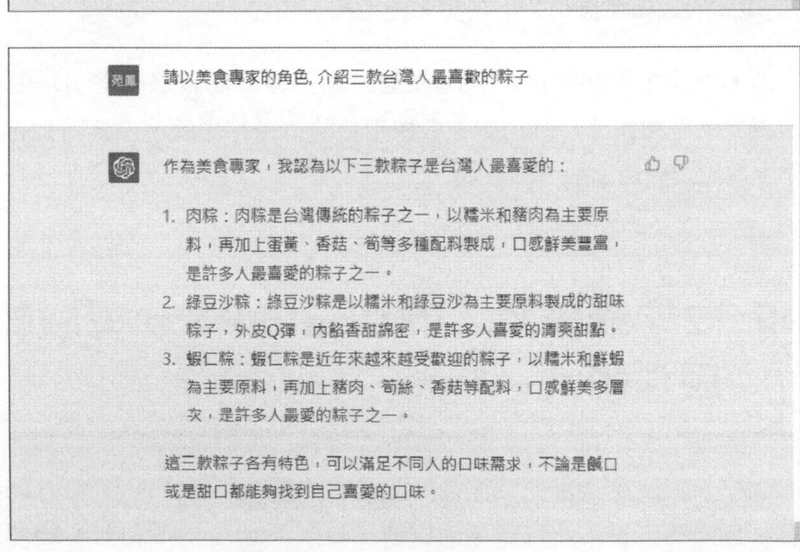

## 11-2-2 使用記事本編輯文案

對於 ChatGPT 所提供的內容，你可以照單全收，如果想要進一步編修，可以利用 Ctrl+C 鍵「複製」機器人的解答，再到記事本中按 Ctrl+V 鍵「貼上」文案，即可在記事本中編修內容。

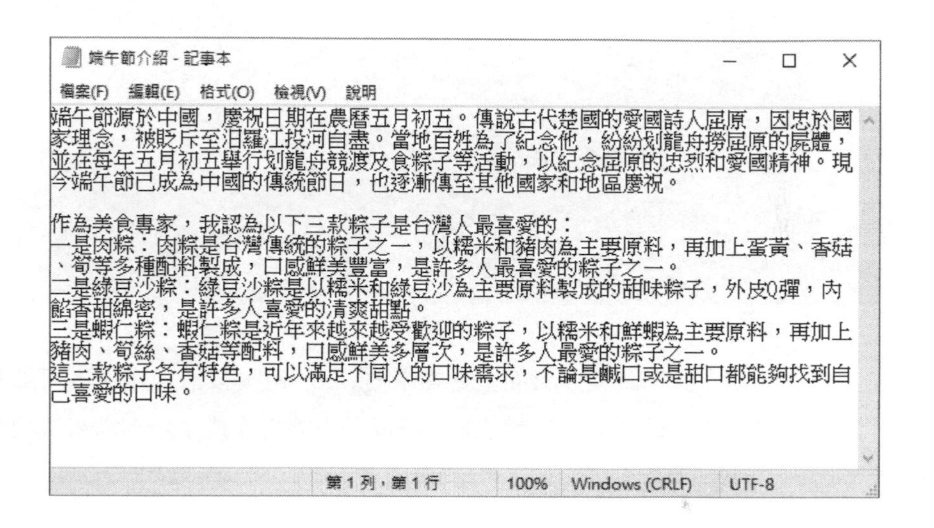


## 11-2-3 使用剪映軟體製作視訊

剪映軟體是一套簡單易用的影片剪輯軟體，可以輸出高畫質且無浮水印的影片，能在 Mac、Windows、手機上使用，不但支援多軌剪輯、還提供多種的素材和濾鏡可以改變畫面效果。剪映軟體可以免費使用，功能又不輸於付費軟體，且支援中文，因此很多自媒體創作者都以它來製作影片。如果要使用剪映軟體，請自行在 Google 搜尋「剪映」，或到它的官網去進行下載。專業版下載網址為：

https://www.capcut.cn/?_trms=67db06e7ac082773.1680246341625

當你完成下載和安裝程式後，桌面上會顯示 圖示鈕，按滑鼠兩下即可啟動程式。啟動程式後會看到如下的首頁畫面，請按下「圖文成片」鈕，即可快速製作影片。

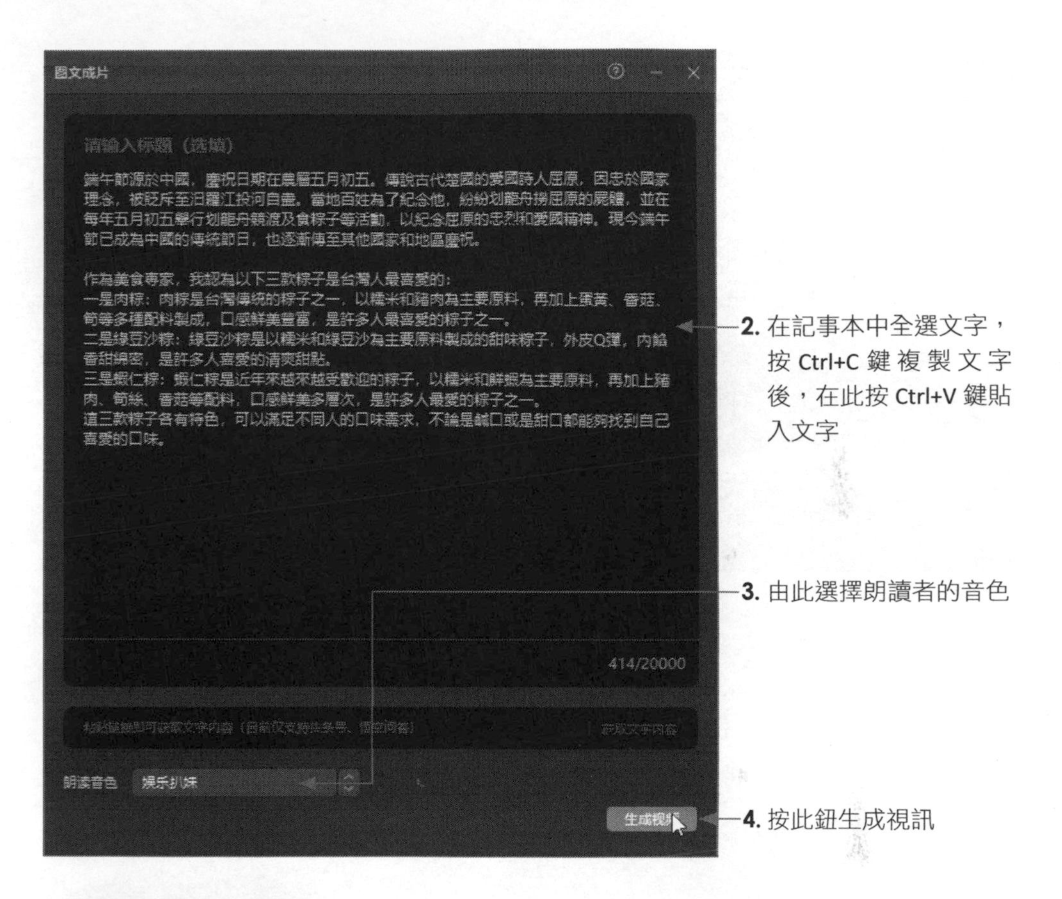


**2.** 在記事本中全選文字，按 Ctrl+C 鍵複製文字後，在此按 Ctrl+V 鍵貼入文字

**3.** 由此選擇朗讀者的音色

**4.** 按此鈕生成視訊

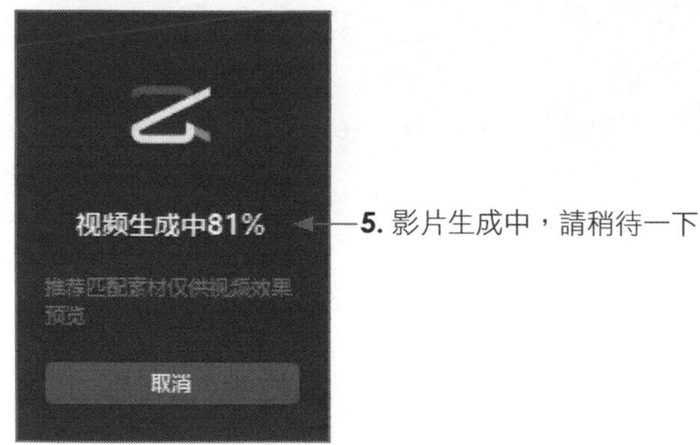


**5.** 影片生成中，請稍待一下

6. 完成影片的生成，包含字幕、旁白、圖片、音樂等，按此鈕預覽影片

一分半的影片只要一分鐘的時間就產生出來了。這樣就不用耗費力氣去找尋適合的圖片或影片素材，旁白和背景音樂也幫你找好。如果有不適合的素材圖片也可以按右鍵來替換素材。

## 11-2-4 輸出影片

影片製作完成，最後就是輸出影片，按下右上角的「導出」鈕，除了輸出影片外，也可以一併輸出音檔和字幕喔！

**1.** 按此鈕輸出影片

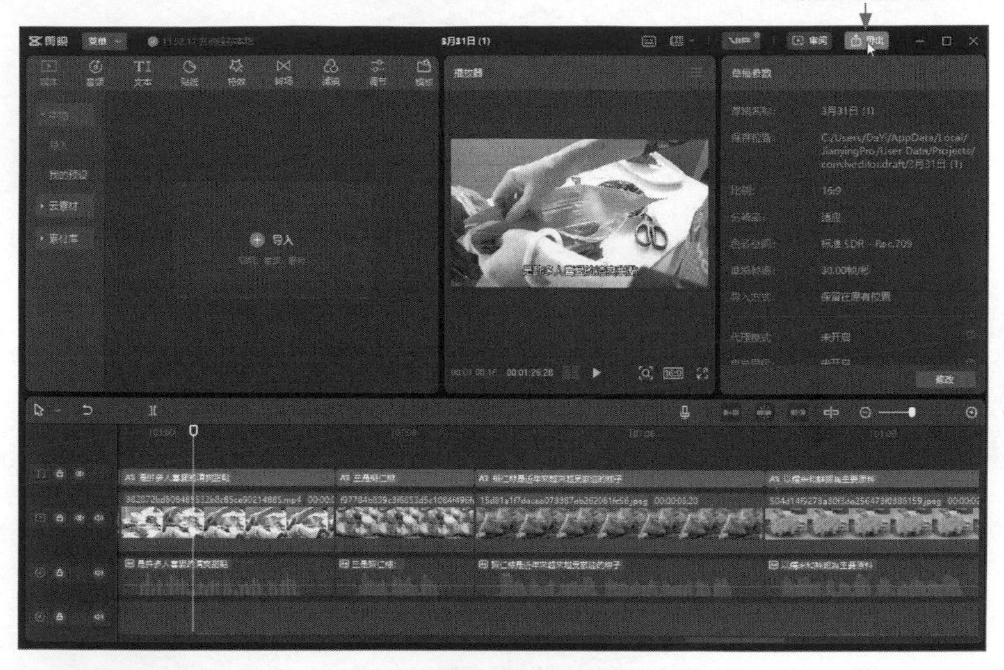

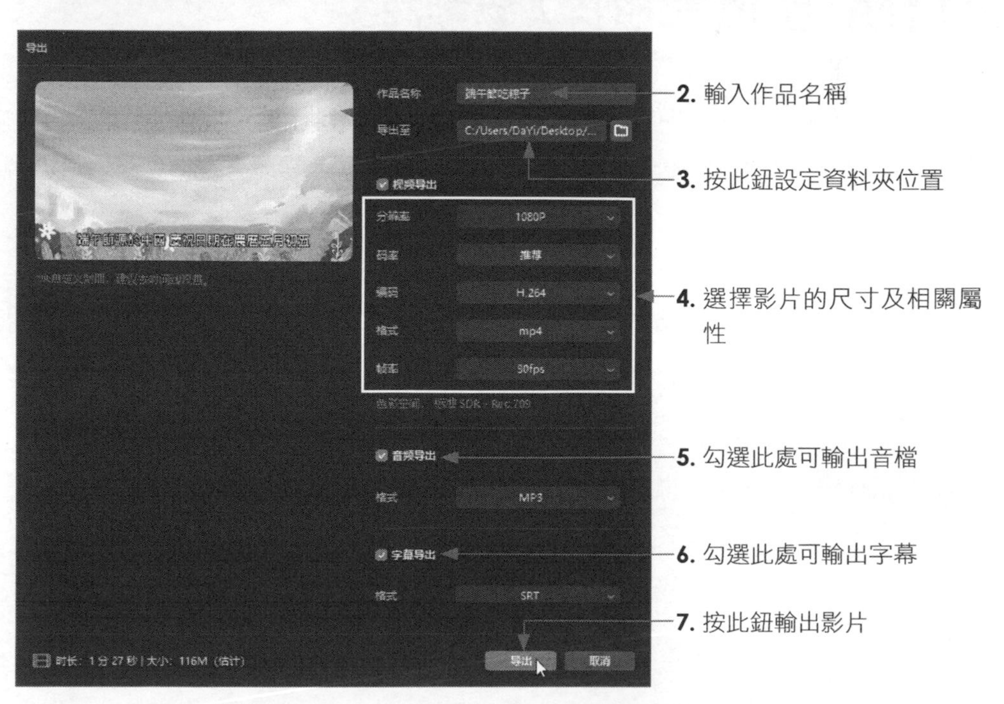
**2.** 輸入作品名稱
**3.** 按此鈕設定資料夾位置
**4.** 選擇影片的尺寸及相關屬性
**5.** 勾選此處可輸出音檔
**6.** 勾選此處可輸出字幕
**7.** 按此鈕輸出影片

按「發布」鈕可發布到抖音或西瓜視頻

按「關閉」鈕離開可在設定的資料夾中看到影片

# 11-3 D-ID 讓照片人物動起來

前面我們介紹了利用 ChatGPT 讓機器人幫我們構思有關端午節的介紹。如果你希望有演講者來解說影片的內容，那麼可以考慮使用 D-ID，讓它自動生成 AI 演講者。

## 11-3-1 準備人物照片

在人物照片方面，你可以選用真人的照片，也可以使用前面介紹的 Midjourney 來生成人物，如下圖所示。如果你有預先將人物照片做去背景處理，屆時匯入到剪映視訊軟體之中，還可以與影片素材整合在一起。

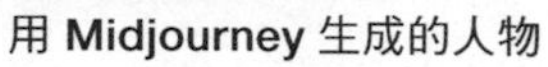
用 **Midjourney** 生成的人物

已做去背景處理的人物

要將人物做去背景處理很簡單，一般的繪圖軟體就可以做到，你也可以使用線上的 removebg 進行快速去背處理。

URL https://www.remove.bg/zh

1. 將相片拖曳到此處

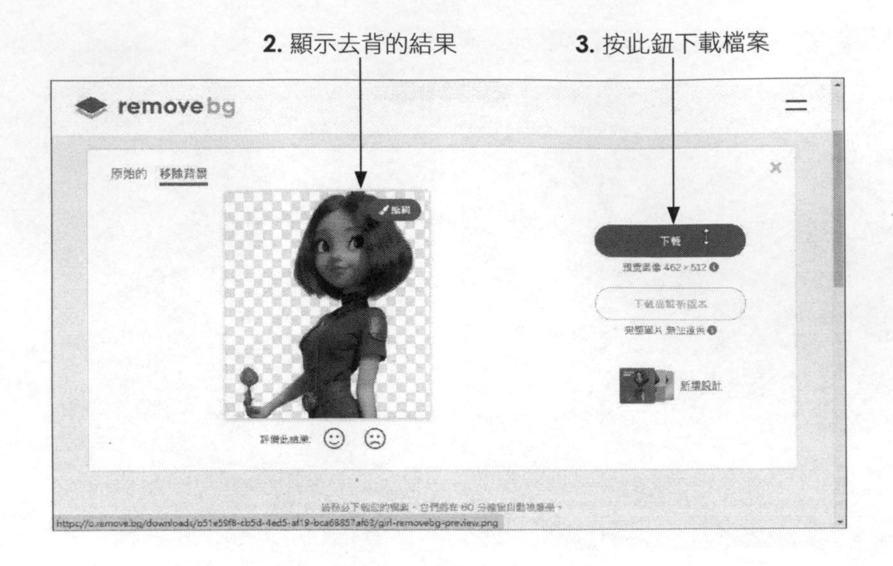


請將相片拖曳到網站上，幾秒鐘的時間就可以看到去背景的成果，按「下載」鈕可下載到你的電腦中，待會我們就以去背景的人物匯入到 D-ID 網站。

## 11-3-2　登入 D-ID 網站

有了人物和解說的內容，接下來開啟瀏覽器，搜尋 D-ID，使顯現如下的畫面。網址為：https://www.d-id.com/

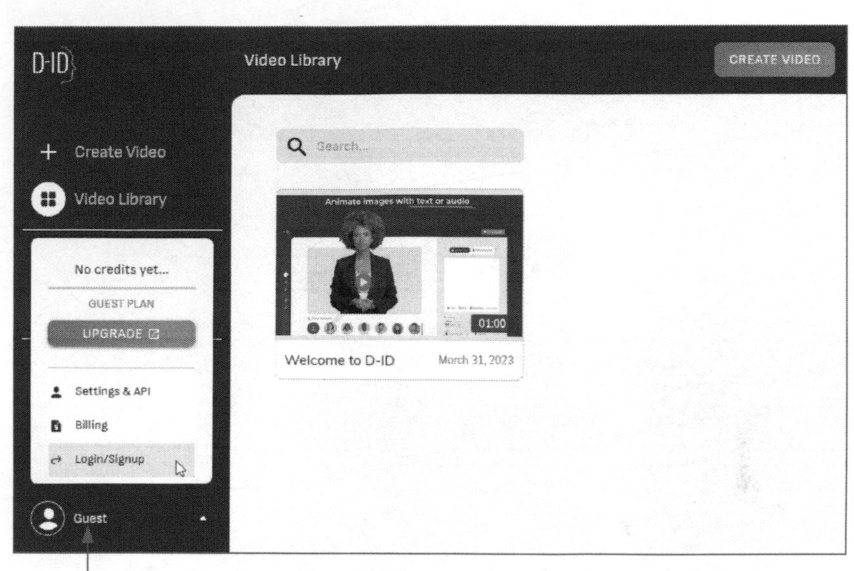


**2.** 按下「Guest」訪客鈕，再選擇「Login / Signup」

**3.** 在此輸入電子郵件和密碼，此處筆者以 Google 帳號進行登入

**5.** 按此鈕開始建立影片

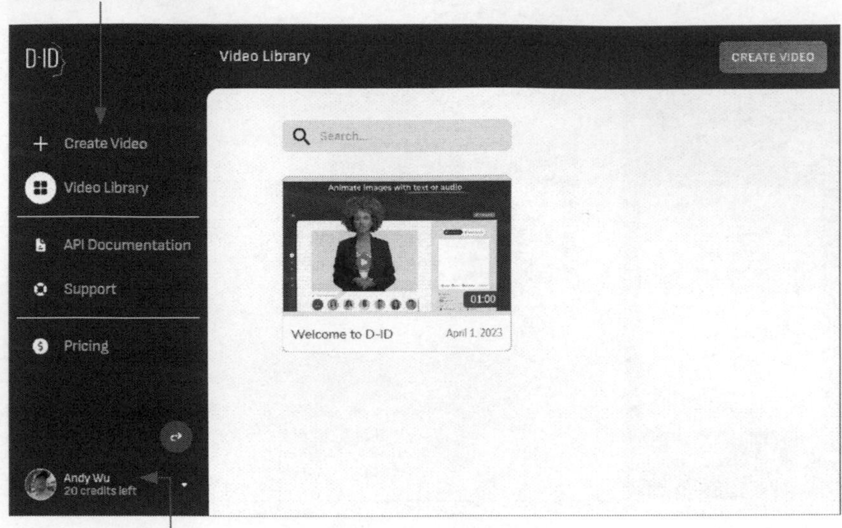


**4.** 進入個人帳號，新帳號有 20 個 Credits 可以試用

進入 D-ID 個人的帳戶後，新用戶有 20 個 Credits 可運用。要建立影片請從左上方按下「Create Video」鈕。

## 11-3-3 D-ID 讓真人說話

請將 ChatGPT 所生成的文字內容複製後，貼入右側的 Script 欄位，接著在 Language 欄位選擇語言，要使用繁體中文就選擇「Chinese（Taiwanese Mandarin, Traditional）的選項，Voice 則有男生和女聲可以選擇。人物的部分，你可以直接套用網站上所提供的人物大頭貼也可以按下中間的黑色圓鈕「Add」來加入自己的照片，或是利用 AI 繪圖所完成的人物圖像，按下 🔊 鈕試聽一下人物角色與聲音是否搭配，最後按下右上方的「Generate video」鈕即可生成視訊。

1. 貼上文案
6. 按此鈕產生影片
D-ID
Create Video
DISCARD VIDEO
GENERATE VIDEO
New creative video
Create Video
Video Library
API Documentation
Support
Pricing
Script
Audio
Choose a presenter
Generate AI presenter
ADD
Chinese (Taiwane...
HsiaoChen
Andy Wu
4. 按此鈕匯入人物照片
5. 按此鈕試聽效果
2. 選擇語言
3. 選擇人聲

Generate this video?
3 credits
Video length
00:32
Video name
New creative video
Credits
3 (20 left)
CANCEL
GENERATE
顯示 32 秒的影片會用掉你 3 個 Credits
7. 按此鈕產生影片

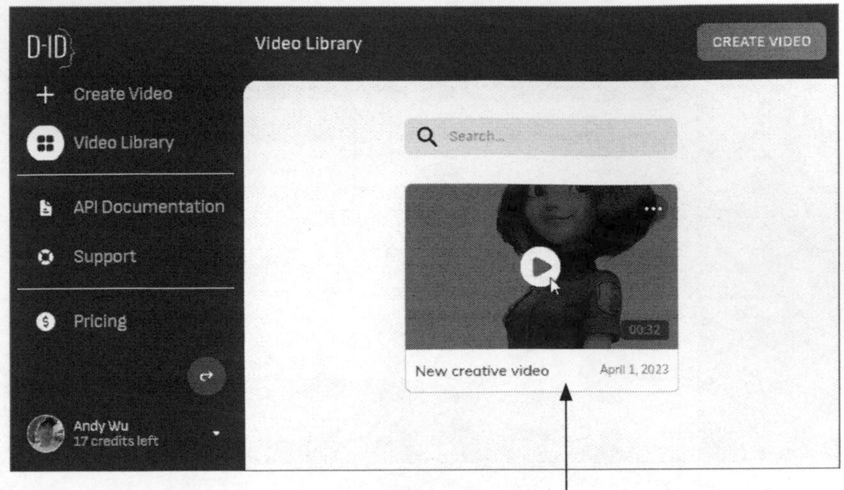


8. 影片完成囉！點選可觀看成果

9. 按下「播放」鈕即可看到維妙維肖的人物播報內容

10. 按此鈕下載影片

## 11-3-4　播報人物與剪映整合

當我們完成播報人物的匯出後，你可以將動態人物匯入到剪映軟體中做整合，並利用「自動去背」的功能完成去背處理。去背整合的技巧如下：

**1.** 開啟剪映軟體，按此鈕導入剛剛下載的人物影片

**3.** 拖曳四角的控制點調整畫面比例，並移到想要放置的位置

**2.** 將人物拖曳到時間軸中擺放

**4.** 從右側面板切換到「畫面 / 摳像」

**6.** 去除黑色背景，人物完美的與背景融合在一起

**5.** 點選「智能摳像」的選項

這麼簡單就完成影片的製作，各位也來嘗試看看喔！

# 12 Chapter

# 資訊科技中的 ChatGPT：多面向應用實例

- 12-1 ChatGPT 與程式語言
- 12-2 ChatGPT 與演算法
- 12-3 ChatGPT 與資料結構
- 12-4 ChatGPT 與遊戲設計
- 12-5 ChatGPT 與網路行銷
- 12-6 ChatGPT 與網頁設計
- 12-7 ChatGPT 與搜尋引擎最佳化（SEO）
- 12-8 ChatGPT 與 PowerBI 大數據
- 12-9 ChatGPT 與 VBA

本章將介紹 ChatGPT 在資訊科技的各種應用，包含了程式設計、網路行銷、資料處理以及一般應用等多個主題。每一個應用領域，我們都會以實例來示範如何透過 ChatGPT 來取得這個領域的應用。

# 12-1 ChatGPT 與程式語言

隨著技術的進步，AI 的運算能力已遠遠超過了傳統的程式設計方法。特別是當我們談及程式設計，AI，特別是像 ChatGPT 這類的語言模型，已經不只是輔助工具，而是成為一個強大的程式輔助編寫的利器。本章節將深入探討如何利用 ChatGPT 進行簡易的程式設計，以及如何複製 ChatGPT 幫忙寫的程式碼。

## 12-1-1 AI 撰寫 Python 程式

例如輸入「請用 Python 寫九九乘法表的程式」，按下「Enter」鍵正式向 ChatGPT 機器人詢問，就可以得到類似下圖的回答：

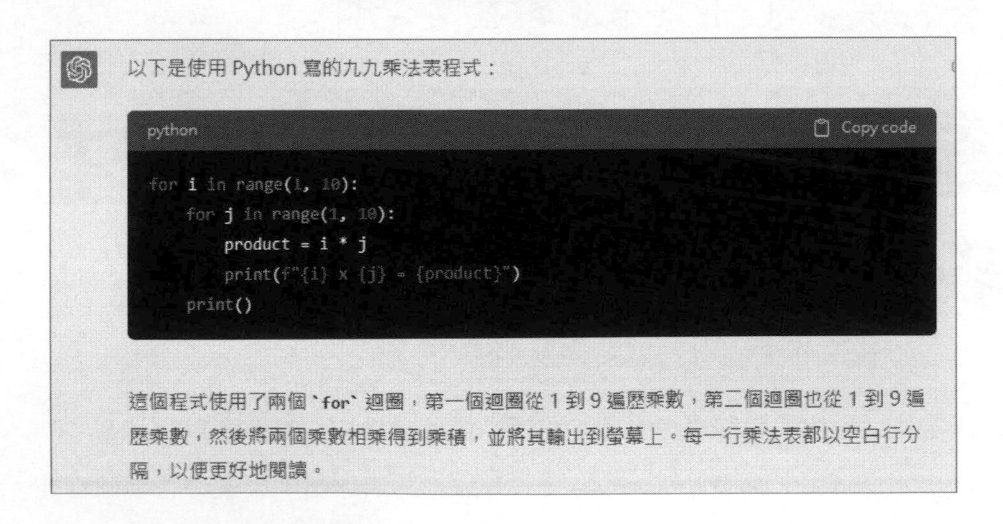

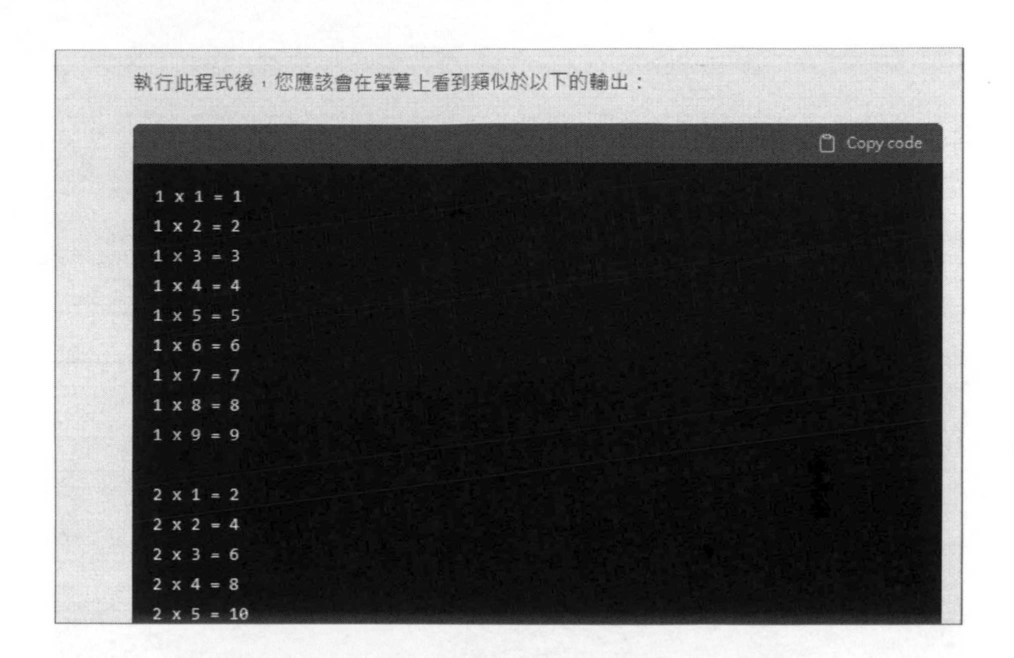


在回答的結果中不僅可以取得九九乘法表的程式碼，還會在該程式碼的下方解釋這支程式的設計邏輯，例如上圖程式碼下方的說明文字如下：

> 這個程式使用了兩個 for 迴圈，第一個迴圈從 1 到 9 遍歷乘數，第二個迴圈也從 1 到 9 遍歷乘數，然後將兩個乘數相乘得到乘積，並將其輸出到螢幕上。每一行乘法表都以空白行分隔，以便更好地閱讀。

我們還可以從 ChatGPT 的回答中看到執行此程式後，您應該會在螢幕上看到類似於以下的輸出：

```
Copy code

1 x 1 = 1
1 x 2 = 2
1 x 3 = 3
1 x 4 = 4
1 x 5 = 5
1 x 6 = 6
1 x 7 = 7
1 x 8 = 8
1 x 9 = 9

2 x 1 = 2
2 x 2 = 4
2 x 3 = 6
2 x 4 = 8
2 x 5 = 10
2 x 6 = 12
2 x 7 = 14
2 x 8 = 16
2 x 9 = 18

3 x 1 = 3
3 x 2 = 6
3 x 3 = 9
```

## 12-1-2 複製 ChatGPT 幫忙寫的程式碼

如果可以要取得這支程式碼，還可以按下回答視窗右上角的「Copy code」鈕，就可以將 ChatGPT 所幫忙撰寫的程式，複製貼上到 Python 的 IDLE 的程式碼編輯器，如下圖所示：

*untitled*

File Edit Format Run Options Window Help

```
for i in range(1, 10):
    for j in range(1, 10):
        product = i * j
        print(f"{i} x {j} = {product}")
    print()
```

Ln: 6 Col: 0

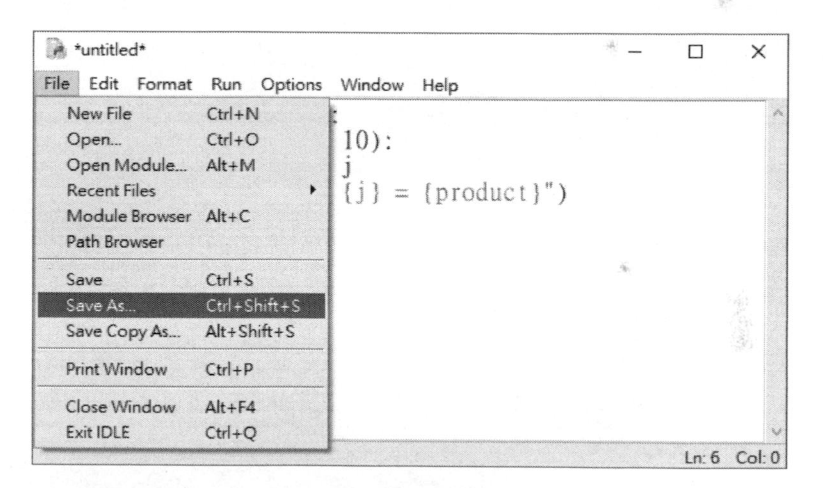


99table.py - C:/Users/User/Desktop/博碩_CGPT/範例檔/99table.py (...

File Edit Format Run Options Window Help

Run Module F5

Run... Customized Shift+F5

Check Module Alt+X

Python Shell

```
for i in ran
    for j in
        prod
        prin                    duct}")
    print()
```

Ln: 6 Col: 0

```
IDLE Shell 3.11.0
File  Edit  Shell  Debug  Options  Window  Help
>>>
============= RESTART: C:/Users/User/Desktop/博碩_CGPT/範例檔/99table.py ============
1 x 1 = 1
1 x 2 = 2
1 x 3 = 3
1 x 4 = 4
1 x 5 = 5
1 x 6 = 6
1 x 7 = 7
1 x 8 = 8
1 x 9 = 9

2 x 1 = 2
2 x 2 = 4
2 x 3 = 6
2 x 4 = 8
2 x 5 = 10
2 x 6 = 12
2 x 7 = 14
2 x 8 = 16
2 x 9 = 18

3 x 1 = 3
3 x 2 = 6
3 x 3 = 9
3 x 4 = 12
3 x 5 = 15
3 x 6 = 18
3 x 7 = 21
3 x 8 = 24
3 x 9 = 27

4 x 1 = 4
4 x 2 = 8
4 x 3 = 12
4 x 4 = 16
4 x 5 = 20
4 x 6 = 24
4 x 7 = 28
4 x 8 = 32
4 x 9 = 36
                                                              Ln: 95  Col: 0
```

# 12-2 ChatGPT 與演算法

演算法在計算機科學中扮演著至關重要的角色，並有各式各樣的形式和用途。在本節內，我們會探索幾種經常遇到的演算法，並深入了解它們在各個領域中的使用方式。

## 12-2-1 常見的演算法分類

- **排序演算法**：排序演算法專注於將元素按某種順序排列。例子如：氣泡排序、插入排序和快速排序。它們常被運用於資料庫、搜尋引擎和資料分析，以優化資料操作。
- **搜尋演算法**：這些演算法專門在資料集中尋找特定元素。線性搜尋、二分搜尋和雜湊表是一些常見的例子，主要應用在資料庫、網路搜尋和遊戲中。
- **圖形理論演算法**：圖形理論相關的演算法處理圖形結構問題，如搜尋、最短路徑等。它們在網路設計、交通系統和社交網路分析中都是不可或缺的。
- **優化演算法**：這類演算法主要在找到最佳解答或近似解。其中，遺傳演算法和螞蟻演算法等是眾所周知的例子，常見於人工智慧和供應鏈領域。
- **分治演算法**：分治策略是將問題切分成較小、較易管理的部分。合併排序和快速排序是其代表，特別在大數據和並行計算中表現卓越。

## 12-2-2 ChatGPT 在優化演算法中的實際應用

ChatGPT 在優化演算法中有多種實際應用。例如 ChatGPT 可以用作求解複雜問題的輔助工具。當我們面對問題時，我們可以與 ChatGPT 進行對話，描述問題的背景和要求，然後 ChatGPT 可以提供可能的解決方案或相關的演算法，幫助我們找到解決方案的線索。

**提示詞（Prompt）**

我想從隨機 100 個數字中挑出出現次數最高的 3 個數字，請問有何方法可以幫忙做到

### ChatGPT 回答畫面

要從隨機100個數字中挑出出現次數最高的3個數字，您可以使用一個字典 (或稱哈希表) 來紀錄每個數字出現的次數，然後按照次數將數字排序，最後挑出前3個。以下是一個Python的方法：

python　Copy code

```python
def top_3_frequent(nums):
    # 使用字典紀錄每個數字的出現次數
    freq_dict = {}
    for num in nums:
        if num in freq_dict:
            freq_dict[num] += 1
        else:
            freq_dict[num] = 1

    # 根據次數排序並取前三
    sorted_items = sorted(freq_dict.items(), key=lambda x: x[1], reverse=Tru
    return [item[0] for item in sorted_items[:3]]

# 生成100個隨機數字的示例
import random
random_nums = [random.randint(1, 100) for _ in range(100)]

print(top_3_frequent(random_nums))
```

這個方法先使用一個字典`freq_dict`來記錄每個數字在`random_nums`中的出現次數。然後，我們使用`sorted`函數按照次數對這些數字進行排序，並選擇次數最多的前三個數字。

注意：這種方法假設有三個或更多的獨特數字。如果有多個數字具有相同的出現次數且都在前三名，此方法只會返回其中的一部分。如果需要處理這種情況，您可能需要進一步修改上述代碼。

另外 ChatGPT 能協助我們評估和選擇最佳的演算法。面對特定問題時，它可以比較多種演算法並找出最適合的解決方案。

### 提示詞（Prompt）

如果待排序的數字正好由大到小，如果希望能由小到大排序，這種情況下哪一種排序法較有效率

### ChatGPT 回答畫面

當待排序的數字已經由大到小排列時，這表示該序列已經是一個完全倒序的序列。在這種情況下，不同的排序算法的表現會有所不同。

1. **泡泡排序 (Bubble Sort)**: 這個算法會在每次迭代中交換相鄰的元素。在完全倒序的序列中，泡泡排序將需要最大的交換次數。效率非常低。
2. **選擇排序 (Selection Sort)**: 在每次迭代中，選擇排序會從未排序的部分選擇最小（或最大）的元素。在這種情況下，它的效率與其他情況相同，因為它總是執行相同的操作數。
3. **插入排序 (Insertion Sort)**: 這個算法在這種情況下表現得很好。因為每次當它嘗試插入下一個元素時，它會立即在最前面找到其位置。所以，當數據完全倒序時，插入排序會比平常更快。
4. **快速排序 (Quick Sort)**: 快速排序的效率在很大程度上取決於它選擇的樞紐元素（pivot）。如果它始終選擇最小或最大的元素作為樞紐，那麼其效率將非常低。但如果它使用一個好的策略來選擇樞紐（如"中位數的中位數"策略或隨機選擇樞紐），它可以保持相對好的效率。
5. **合併排序 (Merge Sort)**: 這種算法的效率對於輸入的排序順序不敏感，因為它始終以相同的方式分解和合併序列。對於完全倒序的序列，它的效率與其他情況相當。
6. **堆排序 (Heap Sort)**: 堆排序的效率也與輸入的初始順序無關。

總之，對於完全倒序的序列，**插入排序**在這裡是特例，它的效率相對較高。但如果數據集非常大，像合併排序或堆排序這樣的分治法排序算法仍然是更好的選擇，因為它們具有O(n log n)的時間複雜度，而插入排序在最差情況下是O(n^2)。

# 12-3 ChatGPT 與資料結構

資料結構在計算機科學和軟體開發中使用廣泛，對於理解 ChatGPT 在資料結構操作中的應用非常重要。

## 12-3-1 ChatGPT 在資料結構插入操作中的應用

在資料結構中，插入操作是指將新的元素加入到已有的資料結構中的過程。這個過程需要考慮到不同資料結構的特性和限制，以確保插入操作的正確性和效率。

ChatGPT 可以透過與使用者的對話，理解使用者的插入需求並生成相應的指令。例如，在陣列中插入元素，ChatGPT 可以根據使用者提供的元素值和位置，生成插入指令並將元素放置在指定位置。在鏈結串列中插入節點，ChatGPT 可以請求使用者提供節點的資料和插入位置，然後生成將節點插入到指定位置的指令。

### 提示詞（Prompt）

請示範在鏈結串列中插入節點，程式可以請求使用者提供節點的資料和插入位置，然後生成將節點插入到指定位置的指令。

### ChatGPT 回答畫面

（此輸出結果只擷取部份畫面）

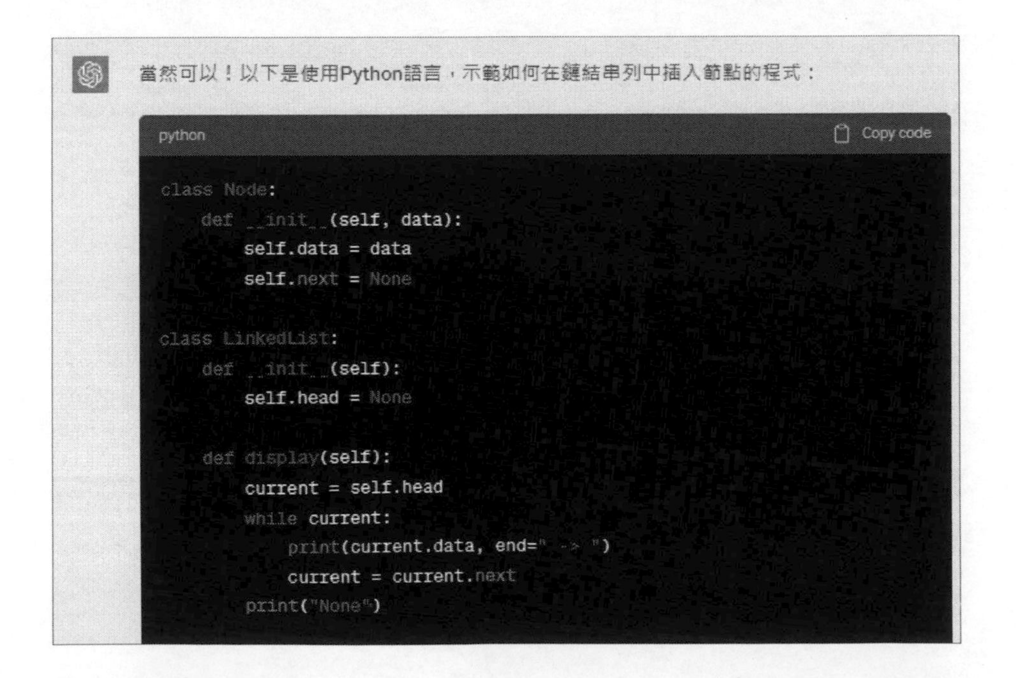

```python
    def insert(self, data, position):
        new_node = Node(data)

        # 插入在開頭
        if position == 0:
            new_node.next = self.head
            self.head = new_node
            return

        current = self.head
```

## 12-3-2 ChatGPT 在陣列中的應用範例

陣列是一種常見且重要的資料結構，它能夠在連續的記憶體空間中儲存相同資料型別的元素。例如陣列元素搜尋，ChatGPT 能夠透過與使用者的對話，理解使用者的搜尋需求並生成相應的指令。例如，當使用者提供目標元素的值時，ChatGPT 能夠幫助使用者找到該元素在陣列中的位置。

### 提示詞（Prompt）

當使用者提供目標元素的值時，請示範如何進行陣列元素搜尋。

### ChatGPT 回答畫面

（此輸出結果只擷取部份畫面）

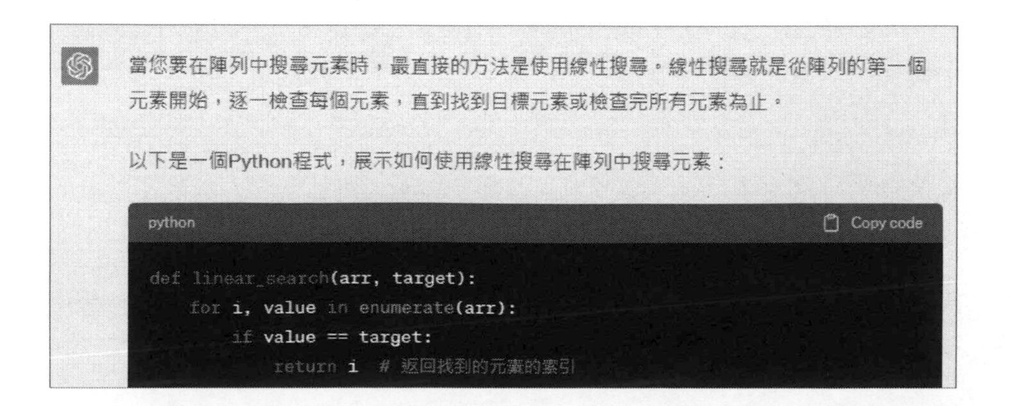

```
    return -1  # 如果沒找到，返回-1

if __name__ == "__main__":
    # 示範陣列
    array = [10, 20, 30, 40, 50, 60, 70, 80, 90, 100]

    # 請求使用者輸入目標元素的值
    target = int(input("Enter the value you want to search for: "))

    # 搜尋
    index = linear_search(array, target)

    if index != -1:
        print(f"{target} found at index {index}.")
    else:
        print(f"{target} not found in the array.")
```

# 12-4 ChatGPT 與遊戲設計

前面章節提到我們可以利用 ChatGPT 撰寫 Python 程式，這個小節中，我們將更進一步來發揮 ChatGPT 不可思議的能力，就請 ChatGPT 直接為使用者開發小遊戲來玩。

## 12-4-1 請 ChatGPT 自我推薦以小遊戲

如果各位想要請 ChatGPT 開發哪一款遊戲拿不定主意時，這時不妨就來問問 ChatGPT 可以幫助各位開發哪些小遊戲，話不多說，我們就直接來問 ChatGPT 吧！

輸入問題：請列出 3 款不需要用到圖形技巧，只需純文字介面的小遊戲的名稱，而且這幾款遊戲你可以提供完整的 Python 程式碼給我參考。

### 回答內容

## 12-4-2 猜數字遊戲

這是一款猜數字遊戲。系統會先產生一個隨機數值，然後要求玩家進行猜測。每當玩家輸入一個數字，遊戲會根據這個數值和正確答案給予提示，指引玩家與正確數值的距離。這個猜測過程將持續，直到玩家猜中正確數字。

舉例：若系統隨機產生的數字是 7，玩家首先猜 4，系統可能會提示「太小了」；接著玩家再猜 9，系統則可能回應「太大了」。透過這些提示，玩家逐步接近答案，直至猜出正確的數字 7。

## 輸入問題

請以 Python 生成一個猜數字遊戲。

## 回答內容

以下是這個遊戲的Python程式碼：

python　Copy code

```python
import random

def guess_number_game():
    # 1. 電腦隨機選擇一個1到100之間的數字。
    number_to_guess = random.randint(1, 100)

    attempts = 0

    print("Welcome to the Guess Number Game!")
    print("I have selected a number between 1 and 100, inclusive.")
    print("Try to guess it!")

    while True:
        # 2. 使用者嘗試猜這個數字。
        try:
            guess = int(input("Enter your guess: "))
        except ValueError:
            print("Please enter a valid number.")
            continue

        attempts += 1

        # 3. 電腦給出提示。
        if guess < number_to_guess:
            print("Too low!")
        elif guess > number_to_guess:
            print("Too high!")
        else:
            print(f"Congratulations! You've guessed the number in {attempts}
            break

if __name__ == "__main__":
    guess_number_game()
```

# 12-5 ChatGPT 與網路行銷

ChatGPT 結合了多年的資訊科技成果，將過去電影中的想像轉化為現實。它擁有出色的自然語言生成和學習能力，能迅速且正確地回答我們的問題。在數位行銷的浪潮中，ChatGPT 特別對電商文案撰寫有巨大助益，如產製品牌內容、線上客服、商品推薦等。現在，讓我們探索 ChatGPT 在日常生活和數位行銷中的主要應用：

## 12-5-1 AI 客服

ChatGPT 在客服行業中具有非常大的應用潛力，品牌商家可以使用 ChatGPT 開發聊天機器人。對於一些知名企業或品牌，客服中心的運作成本非常高，ChatGPT 可以擔任自動客服機器人，藉以回答常見的客戶問題，並提供有關購買、退貨和其他查詢的服務，達到節省成本來創造行銷機會來優化客戶體驗，協助行銷與客服人員提供更加自然且精準的回覆，能有效引導消費者完成購買流程，提高客戶關係管理的效率（CRM），不僅業績提升成交量，也建立起消費者資料庫，利於日後推播個人化廣告與產品。雖然 ChatGPT 可以成為有價值的附加工具，但不應將其完全作為客戶服務的替代品，畢竟相比 ChatGPT 客觀理性的冰冷回答，真實人員服務能針對「顧客的需求」展現具有溫度的同理與貼心，是 AI 客服無法完全取代真人的關鍵。

緯創資通推出 ChatGPT 客服機器人

## 12-5-2 語言翻譯

ChatGPT 可以幫助我們進行不同語言之間的翻譯，對於需要大量人工翻譯的跨境電商產業而言，ChatGPT 可以應用於語系翻譯和自動調整產品描述與說明，使得不同語言之間的溝通變得更加容易和順暢，並且大大減少翻譯人力成本，為使用者帶來更好的閱讀體驗。

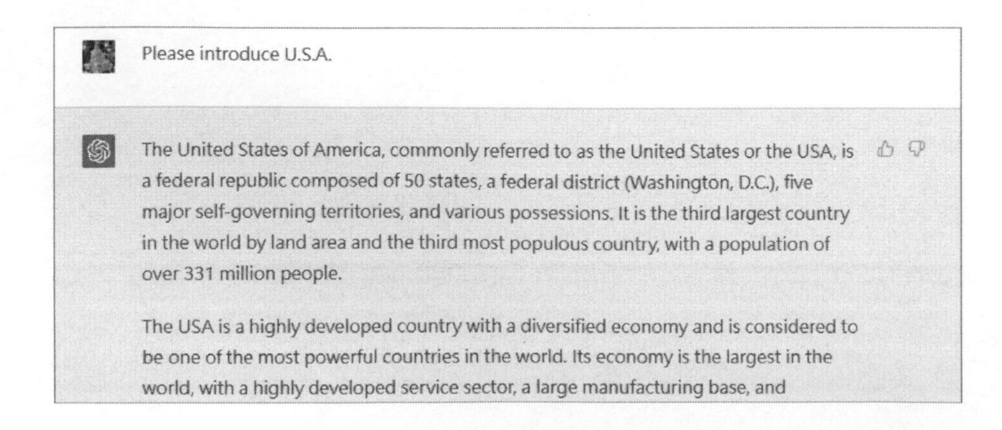

abundant natural resources. The USA is a founding member of the United Nations, World Bank, International Monetary Fund, and World Trade Organization.

The country is known for its cultural diversity, with a population composed of people from all over the world. The USA is also home to many iconic landmarks and destinations, such as the Statue of Liberty, the Grand Canyon, Hollywood, the Golden Gate Bridge, and the White House, among others. Its diverse and influential popular culture has had a major impact on the world, with American music, movies, and TV shows being popular across the globe.

The USA is a constitutional federal democracy, with a government composed of three branches: the executive, legislative, and judicial branches. The country has a long history of political and social activism, including movements for civil rights, women's rights, LGBTQ rights, and environmentalism.

接著只要輸入類似「請將我剛才問的問題的英文的回答內容翻譯成中文」，就會將剛才的英文回答內容翻譯成中文，請參考下圖：

請將我剛才問的問題的英文的回答內容翻譯成中文

好的，以下是對於美國（U.S.A.）的英文回答的翻譯：

美利堅合眾國（United States of America），簡稱美國（United States或USA），是一個聯邦共和國，由50個州、一個聯邦區（華盛頓特區）、五個自治領土和各種屬地組成。美國是世界上第三大的國家，其土地面積和人口數都居世界第三位，擁有超過3.31億人口。

美國是一個高度發達的國家，擁有多元化的經濟體系，被認為是世界上最強大的國家之一。其經濟體系是全球最大的，擁有高度發達的服務業和龐大的製造業基礎，並擁有豐富的自然資源。美國是聯合國、世界銀行、國際貨幣基金組織和世界貿易組織的創始成員。

美國因其文化多樣性而著名，其人口來自世界各地。美國也擁有許多標誌性的地標和旅遊勝地，如自由女神像、大峽谷、好萊塢、金門大橋和白宮等。其多元且有影響力的流行文化對全球產生了巨大影響，美國的音樂、電影和電視節目在全球都很受歡迎。

美國是一個憲法聯邦民主國家，政府由三個部門組成：行政、立法和司法。該國具有悠久的政治和社會行動的歷史，包括民權運動、婦女權利、LGBTQ權利和環保主義等運動。

## 12-5-3 行銷內容創作

ChatGPT 在電子商務領域中也具有重要的應用價值，隨著網路行銷管道的模式愈來愈多，為了提高消費者體驗，店家需要將商品訊息做出清晰明確的描述，因此快速產出素材與文案的壓力愈來愈大，由於 ChatGPT 的核心應用就是文書處理，可以應用於自動生成商品描述與產品介紹，不但能寫論文、劇本和小說，還能為店家和品牌分擔行銷活動的工作量，進一步提高電商平台的營收。

例如產品描述是市場行銷的一個重要部分，ChatGPT 可以根據客戶的喜好、過交易行為、興趣、偏好、和需求，幫助行銷團隊確定目標受眾的偏好、興趣和痛點，生成更符合受眾的產品文案與提高消費者關注度，甚至協助大量生成創意雛形，還可以開發對應的市場行銷活動方案、符合社群平台所需的貼文與撰寫 YouTube 影片腳本，進而提高廣告的點擊率和轉換率，還具備自動摘要的能要，可以將長文摘要出文章重點：

請以至少600字介紹台灣

台灣是一個美麗的島嶼，位於東亞的中心地帶，北臨東海，東鄰太平洋，西接台灣海峽，南隔巴士海峽與菲律賓相望。台灣地理位置獨特，緯度介於北緯20°45'~25°56'之間，面積約有36,000平方公里，是世界上第38大的國家。

台灣擁有豐富的人文歷史，是一個多元文化的國家。先民們在台灣島上居住已有萬餘年歷史，歷經荷蘭、西班牙、清朝、日治時期等不同的政權統治，每個時期都留下了獨特的文化遺產，使得台灣文化綜合了多種不同文化的元素。

台灣的氣候溫和，四季分明，植被豐富，有各種不同的自然風光，如高山、海岸、溪流、森林、湖泊等等。其中，太魯閣、日月潭、阿里山等地區是著名的旅遊勝地，吸引了大量國內外遊客前來旅遊。

此外，台灣也是一個經濟發達的國家。自20世紀80年代開始，台灣的經濟快速發展，成為了亞洲四小龍之一。現在，台灣擁有高度發達的科技產業、製造業、金融業等，也是全球最大的積體電路製造商之一。台灣的經濟成就得益於政府的積極政策，也得益於勤奮的台灣人民。

> 台灣的人民熱情好客，友善而有禮。華人文化中講究的"以人為本"和"和氣生財"在台灣得到了充分體現。台灣的飲食文化豐富多彩，有許多美食是讓人流連忘返的，如台北的小吃、台南的小吃、台中的豆花、嘉義的瘦肉粥等等。此外，台灣也是茶葉生產和茶文化的重要地區，台灣茶

各位只要輸入類似「請將我剛才問的問題的回答內容摘要重點」，就會將剛才的回答內容摘要成條列重點，請參考下圖：

請將我剛才問的問題的回答內容摘要重點

摘要重點：

- 台灣位於東亞中心地帶，緯度介於北緯20°45'~25°56'之間，面積約有36,000平方公里，是世界上第38大的國家。
- 台灣有豐富的人文歷史和多元文化，歷經荷蘭、西班牙、清朝、日治時期等不同的政權統治，每個時期都留下了獨特的文化遺產，使得台灣文化綜合了多種不同文化的元素。
- 台灣的氣候溫和，四季分明，植被豐富，有各種不同的自然風光，如高山、海岸、溪流、森林、湖泊等等。太魯閣、日月潭、阿里山等地區是著名的旅遊勝地。
- 台灣是一個經濟發達的國家，擁有高度發達的科技產業、製造業、金融業等，也是全球最大的積體電路製造商之一。台灣的經濟成就得益於政府的積極政策，也得益於勤奮的台灣人民。
- 台灣人民熱情好客，友善而有禮。台灣的飲食文化豐富多彩，有許多美食是讓人流連忘返的。台灣也是茶葉生產和茶文化的重要地區。

## 12-6 ChatGPT 與網頁設計

我們可以利用 ChatGPT 來撰寫 JavaScript 程式。JavaScript 是一種在網頁開發中極為主要的程式語言，因其具備將網頁變得更有互動性和動態效果的能力。作為網頁技術的核心，JavaScript 不僅能塑造網頁的內容和架構，還能深度參與使用者的互動過程。

舉例來說：當使用者在網頁上點擊一個按鈕時，JavaScript 可以用於觸發一系列的事件，如顯示彈出視窗、動態更改頁面內容或與伺服器交換資料，進一步豐富網頁的互動性。

## 12-6-1 使用 JavaScript 進行網頁程式

在本小節中，我們將利用 ChatGPT，來探索使用 JavaScript 進行網頁程式設計的過程。例如想要請 ChatGPT 寫出 1 累加到 100 的程式，只需要輸入「請用 JavaScript 寫 1 累加到 100 可以在瀏覽器執行的程式」，按下「Enter」鍵向 ChatGPT 機器人詢問。

你可以將上述程式碼保存為一個 .html 檔案，然後用瀏覽器打開它。當你打開這個 HTML 頁面時，你將看到從 1 加到 100 的結果。

# 12-7 ChatGPT 與搜尋引擎最佳化（SEO）

在 SEO 領域，ChatGPT 已受到了專家的矚目。其在搜尋引擎優化上的應用範圍相當廣大，特別是在優化網站內容以吸引流量和提升排名上。ChatGPT 的強大能力能迅速產生優化的 SEO 內容，成為網站行銷的得力助手。以下是一些使用 ChatGPT 強化 SEO 的方式：

1. 基於 SEO 關鍵字，使用 ChatGPT 產生吸引人的部落格文章。
2. 利用 ChatGPT 撰寫吸引的銷售頁面描述，提升銷售轉換。
3. 快速生成精確的產品描述，幫助潛在顧客決策。
4. 製作深入的指南或教學，展現你的專業知識。
5. 使用 ChatGPT 製作吸引的社交媒體貼文，增加參與度。
6. 建立有價值的影片內容，提升品牌形象。

利用 ChatGPT 不只能夠節省編寫時間，還可確保內容達到 SEO 的標準，助你在搜尋引擎中取得更高的排名。此外，ChatGPT 也可助於問題集生成、關鍵字建議、文案調整和技術問題解答。

## 12-7-1 SEO 常見問題集

讓我們利用 ChatGPT 來建立一套實用的 SEO 問題集。借助其智能生成，這套問題集不僅涵蓋多種主題，還為網站主和行銷人員解答 SEO 中的困惑，進而助其提升網站排名和流量。

### 提問

請列出 10 個關於實用網頁 SEO 常見問題集。

### ChatGPT 回答畫面

（此輸出結果只擷取部份畫面）

當然可以！以下是10個關於實用網頁SEO的常見問題：

1. **什麼是SEO，為什麼它如此重要？**
   - SEO是一系列策略，旨在提高網站在搜尋引擎上的可見性和排名。一個好的SEO策略可以增加網站流量，提高品牌知名度。
2. **我應該如何選擇合適的關鍵字？**
   - 使用關鍵字研究工具（例如Google Keyword Planner或Ahrefs）可以幫助你找到具有高搜尋量且與你內容相關的關鍵字。
3. **什麼是回鏈，為什麼它們很重要？**
   - 回鏈是其他網站連接到你網站的連結。高品質的回鏈可以提高你的網站排名。
4. **什麼是內部連結，我應該如何正確地使用它們？**
   - 內部連結是一個網站內部的不同頁面之間的連結。它們有助於提高網站結構，並分散頁面權重。
5. **為什麼網站速度對SEO很重要？**
   - 載入速度慢的網站可能會導致較差的用戶體驗，進而影響搜尋引擎排名。
6. **我該如何使我的網站適用於手機？**
   - 確保使用響應式設計，並 regulerly 檢測你的網站在不同的設備上的顯示效果。
7. **什麼是元標籤，它們在SEO中的作用是什麼？**
   - 元標籤，如Meta標題和描述，提供網頁內容的簡短描述。它們對於搜尋引擎結果頁面（SERP）的點擊率很重要。
8. **為什麼我需要一個網站地圖？**
   - 網站地圖幫助搜尋引擎更容易地索引你的網站，特別是對於大型和複雜的網站。
9. **重複內容會影響我的網站排名嗎？**
   - 是的，搜尋引擎通常不喜歡重複的內容，因為它可能會導致使用者體驗下降。

接著各位如果對任何一個問題感興趣，還可以進一步提問：

**提問**

我應該如何選擇合適的關鍵字？

選擇合適的關鍵字是SEO策略中的核心部分。以下是一個選擇合適關鍵字的步驟和建議：

1. **理解你的目標市場**：首先要清楚你的目標受眾是誰，他們可能會使用哪些詞彙和語句來尋找你的產品或服務。
2. **開始基礎的關鍵字列舉**：基於你對目標市場的了解，列出可能的關鍵字和詞組。請同事或朋友參與，他們可能會有你沒想到的建議。
3. **使用關鍵字研究工具**：工具如Google Keyword Planner, SEMrush, Ahrefs, Ubersuggest等可以提供詳細的搜索量、競爭度和其他相關的關鍵字。
4. **分析搜索意圖**：當用戶在搜索框中輸入某個關鍵字時，他們是希望找到什麼？例如，"如何做蛋糕"和"蛋糕店"有不同的搜索意圖。
5. **評估關鍵字競爭度**：一些高搜索量的關鍵字可能具有很高的競爭度，這意味著你需要更多的努力來獲得好的排名。對於新網站或小型業務，選擇一些低競爭度的長尾關鍵字可能更有利。
6. **檢查當前的排名**：如果你的網站已經對某些關鍵字有好的排名，考慮加強這些關鍵字，使其達到前幾名。
7. **考慮地理位置**：如果你的業務具有地理限制（例如，只在某地區運營），則應該考慮包括地理位置關鍵字，如"紐約髮型店"。
8. **持續監控和調整**：SEO是一個持續的過程。隨著時間的推移，你應該定期檢查關鍵字的表現並根據需要進行調整。
9. **避免關鍵字填充**：確保你的內容自然地使用關鍵字，不要過度使用或人為地填充，這可能會被搜尋引擎認為是垃圾郵件。
10. **結合長尾關鍵字**：這些通常包含三個或更多詞彙的關鍵字短語，雖然搜索量較低，但它們通常有更具體的意圖且競爭度較低。

選擇合適的關鍵字需要時間和研究，但它是確保SEO成功的關鍵步驟。

## 12-7-2 SEO 關鍵字研究

關鍵字研究是 SEO 策略的基石。它涉及解讀使用者搜尋意圖、分析資料和競爭，且需要持續更新。例如，我們可用 ChatGPT 來生成關鍵字建議。

**▶提問**

請幫我生成一個包含 10 個關鍵字清單，這些關鍵字與「速記法」有關

**▶ChatGPT 回答畫面**

當然可以！以下是一個關於「速記法」的10個關鍵字清單：

1. 速記技巧
2. 速記法基礎
3. 如何學習速記
4. 速記符號
5. 速記練習
6. 速記筆記法
7. 速記法教程
8. 速記書籍推薦
9. 數位速記工具
10. 速記與打字比較

這些關鍵字均涉及「速記法」的不同層面和方面，可以用於網站內容、部落格文章或其他相關的資料中。

## 12-7-3 生成 SEO 的吸睛標題

對 SEO 來說，標題至關重要，它決定了使用者對網頁的初印象和是否願意點擊。現在，我們用 ChatGPT 生成一個吸引且遵循 SEO 的標題，以「油漆式速記法」為主，期望該標題能增加我們的曝光和點擊率，並凸顯其特色與價值。

**▶提問**

請給我五個較會引人感興趣文章標題並符合 SEO 規範，與關鍵詞「油漆式速記法」相關

**ChatGPT 回答畫面**

當然可以！以下是五個關於「油漆式速記法」的文章標題，旨在吸引讀者並符合SEO規範：

1. 「油漆式速記法」入門：轉化您的筆記技巧
2. 如何利用「油漆式速記法」快速記錄會議要點？
3. 油漆式速記法與其他速記技術的比較與對比
4. 提升筆記效率：實用的「油漆式速記法」教程
5. 從新手到專家：「油漆式速記法」的五大筆記技巧

這些標題旨在提供具體的價值或答案，吸引那些對「油漆式速記法」有興趣或想學習的人。

# 12-8 ChatGPT 與 Power BI 大數據

本小節將介紹如何透過 ChatGPT 來輔助 Power BI 的資料視覺化任務。我們將探討如何向 ChatGPT 詢問可用的資料視覺化輔助建議，如何根據資料屬性挑選最合適的圖表類型，如何尋找練習資料視覺化的合適資料集，以及如何詢問 Power BI 資料視覺化工具適用的情境。

## 12-8-1 詢問 ChatGPT 能提供哪些資料視覺化的輔助建議

在進行 Power BI 的資料視覺化任務時，我們經常需要面對各種資料和圖表的挑戰。ChatGPT 可以幫助我們更快、更準確地獲得有關 Power BI 資料視覺化的輔助建議。本小節我們將介紹如何使用 ChatGPT 來請求有關 Power BI 中可用的視覺化類型、圖表設計、資料處理和視覺化技巧的建議。例如我們可以直接詢問 ChatGPT 有哪些可用的資料視覺化的輔助建議？

**輸入問題**

是否能提供有哪些可用的資料視覺化的輔助建議

**ChatGPT 回答畫面**

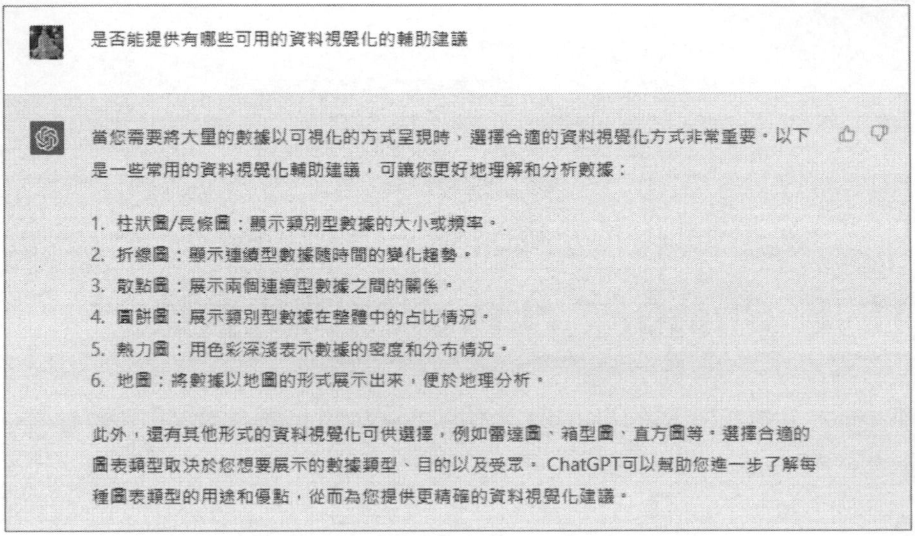

是否能提供有哪些可用的資料視覺化的輔助建議

當您需要將大量的數據以可視化的方式呈現時，選擇合適的資料視覺化方式非常重要。以下是一些常用的資料視覺化輔助建議，可讓您更好地理解和分析數據：

1. 柱狀圖/長條圖：顯示類別型數據的大小或頻率。
2. 折線圖：顯示連續型數據隨時間的變化趨勢。
3. 散點圖：展示兩個連續型數據之間的關係。
4. 圓餅圖：展示類別型數據在整體中的占比情況。
5. 熱力圖：用色彩深淺表示數據的密度和分布情況。
6. 地圖：將數據以地圖的形式展示出來，便於地理分析。

此外，還有其他形式的資料視覺化可供選擇，例如雷達圖、箱型圖、直方圖等。選擇合適的圖表類型取決於您想要展示的數據類型、目的以及受眾。ChatGPT可以幫助您進一步了解每種圖表類型的用途和優點，從而為您提供更精確的資料視覺化建議。

## 12-8-2 如何根據資料屬性挑選合適的視覺化圖表

在進行 Power BI 的資料視覺化任務時，我們經常需要根據不同的資料屬性選擇最適合的視覺化圖表，以便更好地展示資料和傳達資料洞察。但是如果選擇不恰當的圖表類型可能會導致資料洞察難以理解或無法傳達，這會對分析和報告的有效性產生負面影響。

本小節將介紹如何根據資料屬性挑選合適的視覺化圖表。我們將探討如何使用 ChatGPT 來詢問有關 Power BI 中不同圖表類型的建議。透過本節的學習，您將學會如何選擇最佳的視覺化方式，讓您的資料洞察更容易被理解和傳達，進而提高分析和報告的效果。

## 輸入問題

如果要比較台北部門與高雄部門的業績表現，使用哪一種圖表比較合適？

## ChatGPT 回答畫面

如果要比較台北部門與高雄部門的業績表現，使用哪一種圖表比較合適？

若要比較台北部門與高雄部門的業績表現，可以使用直條圖或折線圖。使用直條圖能夠直觀地比較兩個部門的總銷售額或營收等指標，並且能夠明確地顯示兩個部門之間的差異；而折線圖可以更清楚地展示趨勢變化，以便更深入地了解業績表現的趨勢。選擇何種圖表，還需視數據的種類和比較的目的而定。

## 輸入問題

如果想要呈現氣候的變化，哪一種圖比較合適呢？

## ChatGPT 回答畫面

如果想要呈現氣候的變化，哪一種圖比較合適呢？

若想要呈現氣候的變化，可以使用折線圖或熱力圖。折線圖能夠清晰地展示時間序列數據，例如溫度或降雨量的變化趨勢，使人們更容易地了解氣候變化的情況。另外，熱力圖可以顯示各地區溫度或降雨量的分佈情況，讓人們更直觀地了解不同地區之間的差異。不過，選擇何種圖表，還需視數據的特性和比較的目的而定。

▶輸入問題

如果想要呈現世界棒球經典賽的比賽結果，哪一種圖比較合適呢？

▶ChatGPT 回答畫面

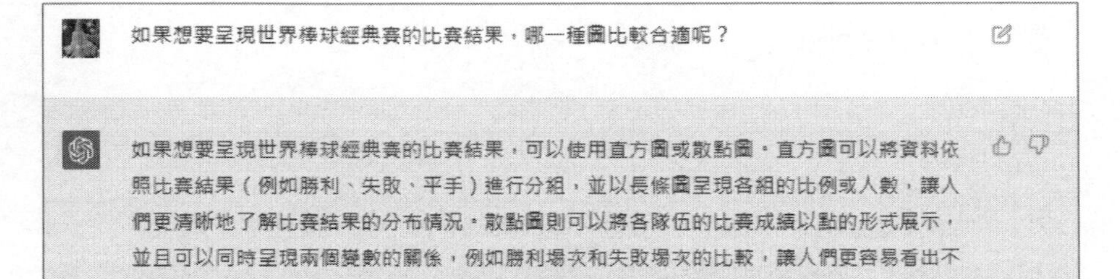


## 12-8-3　尋求練習資料視覺化的合適資料集

要熟練掌握 Power BI 的資料視覺化技能，練習是必不可少的。然而，要找到適合練習的資料集可能並不容易，特別是對於初學者來說。透過本小節的學習，您將學會如何尋找和選擇最適合的練習資料集，進而提高您的資料視覺化技能。

▶輸入問題

我想練習 Power BI 資料視覺化的各種圖表，可否實際提供一個具備多種資料欄位的資料集範本，方便我在 Power BI 練習資料視覺化的功能

▶ChatGPT 回答畫面

我想練習Power BI資料視覺化的各種圖表，可否實際提供一個具備多種資料欄位的資料集範本，方便我在Power BI練習資料視覺化的功能

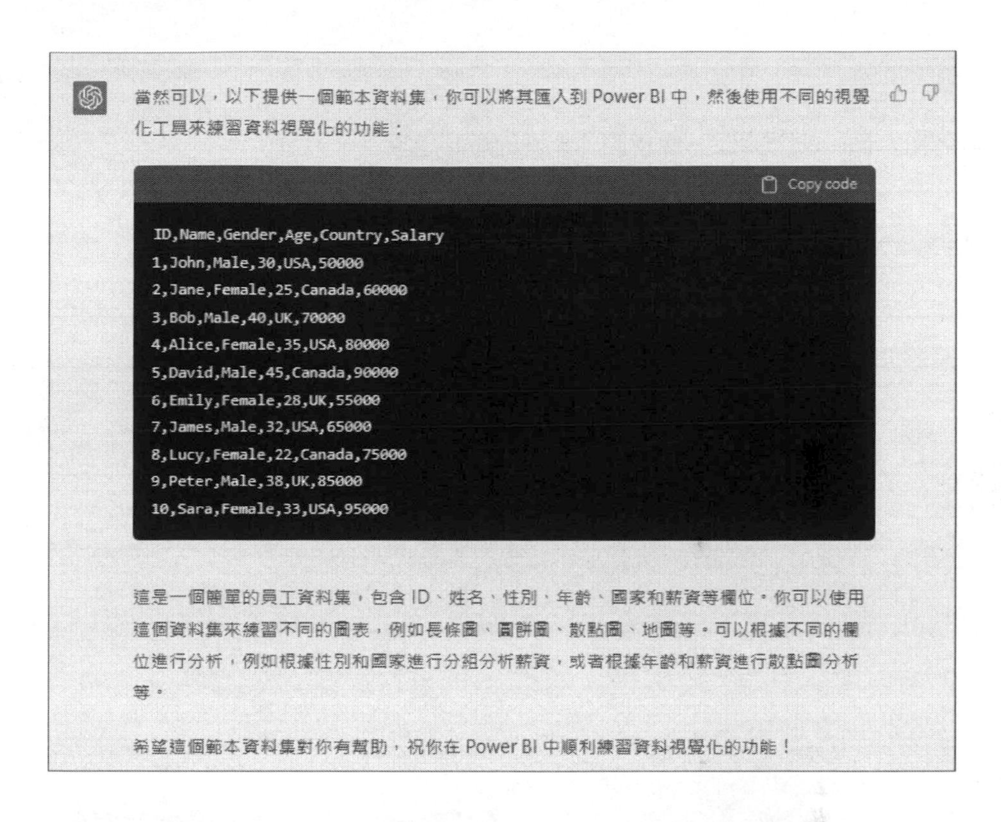
當然可以，以下提供一個範本資料集，你可以將其匯入到 Power BI 中，然後使用不同的視覺化工具來練習資料視覺化的功能：

```
ID,Name,Gender,Age,Country,Salary
1,John,Male,30,USA,50000
2,Jane,Female,25,Canada,60000
3,Bob,Male,40,UK,70000
4,Alice,Female,35,USA,80000
5,David,Male,45,Canada,90000
6,Emily,Female,28,UK,55000
7,James,Male,32,USA,65000
8,Lucy,Female,22,Canada,75000
9,Peter,Male,38,UK,85000
10,Sara,Female,33,USA,95000
```

這是一個簡單的員工資料集，包含 ID、姓名、性別、年齡、國家和薪資等欄位。你可以使用這個資料集來練習不同的圖表，例如長條圖、圓餅圖、散點圖、地圖等。可以根據不同的欄位進行分析，例如根據性別和國家進行分組分析薪資，或者根據年齡和薪資進行散點圖分析等。

希望這個範本資料集對你有幫助，祝你在 Power BI 中順利練習資料視覺化的功能！

如果要取得這些練習資料，可以按下「Copy code」鈕，再複製到 Excel 或其它資料來源的文件中，接著就可以將這個練習的資料集匯入 Power BI，去練習實作常用圖表的設計工作。

## 12-8-4 請 ChatGPT 回答圖表的設計建議

在 Power BI 中，圖表的設計是非常重要的，因為它能夠讓資料更加直觀地展示出來。然而，對於沒有經驗的使用者來說，圖表的設計可能會成為一個挑戰。在這種情況下，ChatGPT 可以幫助您獲得更好的圖表設計建議。

本小節將介紹如何藉助 ChatGPT 提出有關圖表設計的問題。例如，如何選擇適合的圖表類型？在回答這些問題時，ChatGPT 將根據 Power BI 的知識庫提供最佳的建議，這將有助於提高您的圖表設計技能，使您的資料分析和報告更加精確、有說服力。

**輸入問題**

可否用繁體中文告訴我，使用漏斗圖表的設計建議

**ChatGPT 回答畫面**

可否用繁體中文告訴我，使用漏斗圖表的設計建議

當你需要呈現一個流程中的步驟數據，例如網站註冊流程中的用戶轉換率，這時漏斗圖表可以非常有效地呈現這些數據。以下是一些使用漏斗圖表的設計建議：

1. 確定關鍵步驟：在設計漏斗圖表之前，請確保已經確定了整個流程中的關鍵步驟。如果漏斗中有任何步驟被省略或漏掉，那麼整個圖表的可信度就會受到影響。
2. 定義衡量指標：對於每個步驟，需要定義一個衡量指標來表示轉換率。例如，如果你想要分析註冊流程的轉換率，那麼你可以將每個步驟的轉化率定義為「轉換量/訪問量」。
3. 按順序排列步驟：在漏斗圖表中，步驟應按照流程順序進行排列，並且需要顯示每個步驟的轉換率。在進行漏斗圖表設計時，建議使用不同的顏色或圖示來區分每個步驟，以使圖表更加易於理解。
4. 強調重點：對於最關鍵的步驟，建議使用不同的顏色或圖示進行強調。這樣可以吸引讀者的注意力，讓他們更加關注流程中最關鍵的部分。
5. 監控轉換率：使用漏斗圖表可以方便地監控每個步驟的轉換率。如果發現某個步驟的轉換率低於預期，可以立即對流程進行調整，以提高整個流程的效率。

希望這些設計建議對你有所幫助，讓你在使用漏斗圖表時更加得心應手。

## 12-8-5 詢問 Power BI 資料視覺化工具適用的情境

在 Power BI 中，資料視覺化工具是用來展示資料和洞察的重要工具。然而，不同的資料視覺化工具適用的情境可能不同，這也意味著在使用這些工具時需要根據不同的情況做出不同的選擇。

在本小節中，我們將介紹如何透過 ChatGPT 詢問 Power BI 資料視覺化工具適用的情境，以幫助您做出更好的決策。您可以向 ChatGPT 提出與資料視覺化工具相關的問題，例如什麼情況下使用柱狀圖比較合適？什麼情況下使用散點圖比較

合適？在回答這些問題時，ChatGPT 會根據 Power BI 的知識庫和您提供的相關資訊，提供最佳的建議。

### 輸入問題

請問在哪些情境適合使用哪一套資料視覺化工具軟體呢？

### ChatGPT 回答畫面

請問在哪些情境適合使用哪一套資料視覺化工具軟體呢？

選擇資料視覺化工具軟體時，需要考慮以下因素：

1. 目的：首先，要考慮你想要達到的目的是什麼？你是要呈現數據報告、分析、洞察或者展示數據趨勢等等？不同的目的需要不同的工具，例如：

- 要製作精美的報告，可以使用Microsoft PowerPoint、Prezi、Canva等工具。
- 要進行數據分析，可以使用Tableau、Power BI、Google Data Studio等工具。
- 要展示數據趨勢，可以使用Chartio、Domo等工具。

2. 數據：不同的工具有不同的數據處理能力和格式支援，需要根據你的數據來選擇合適的工具。例如：

- 如果你的數據量較小，可以使用Excel等軟體進行數據分析和報告。
- 如果你的數據較大，需要處理實時數據，可以使用Spark等大數據處理工具。
- 如果你的數據需要與其他應用程式或系統進行整合，可以使用API或Webhook進行數據整合。

3. 使用者：最後，需要考慮使用者的需求和技能。例如，如果你的團隊已經熟悉Excel，那麼使用Excel進行數據分析和報告可能更為方便和高效。如果你的團隊需要編寫自定義代碼，那麼使用Python或R進行數據分析可能更為適合。

總之，在選擇資料視覺化工具軟體時，需要根據你的目的、數據和使用者需求來進行評估和比較。

## 12-8-6 查詢函數語法

函數是 Power BI 中非常重要的元素之一，因為它們可以幫助使用者在報表中執行各種計算，洞察資料。在這一小節中，我們將探討如何使用 ChatGPT 來查詢 Power BI 函數語法，以幫助您更有效地使用 Power BI。接著請各位參考底下的範例說明：

### 輸入問題

請問 Power BI 有哪些實用的函數

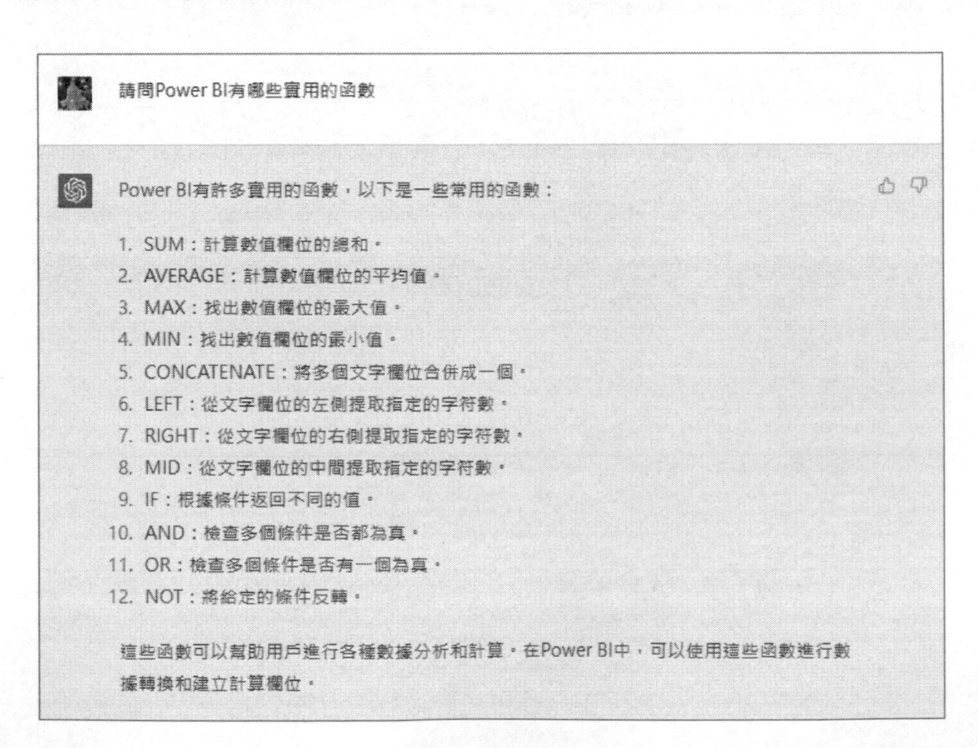

**輸入問題**

Power BI concatenate 函數語法是什麼？

**ChatGPT 回答畫面**

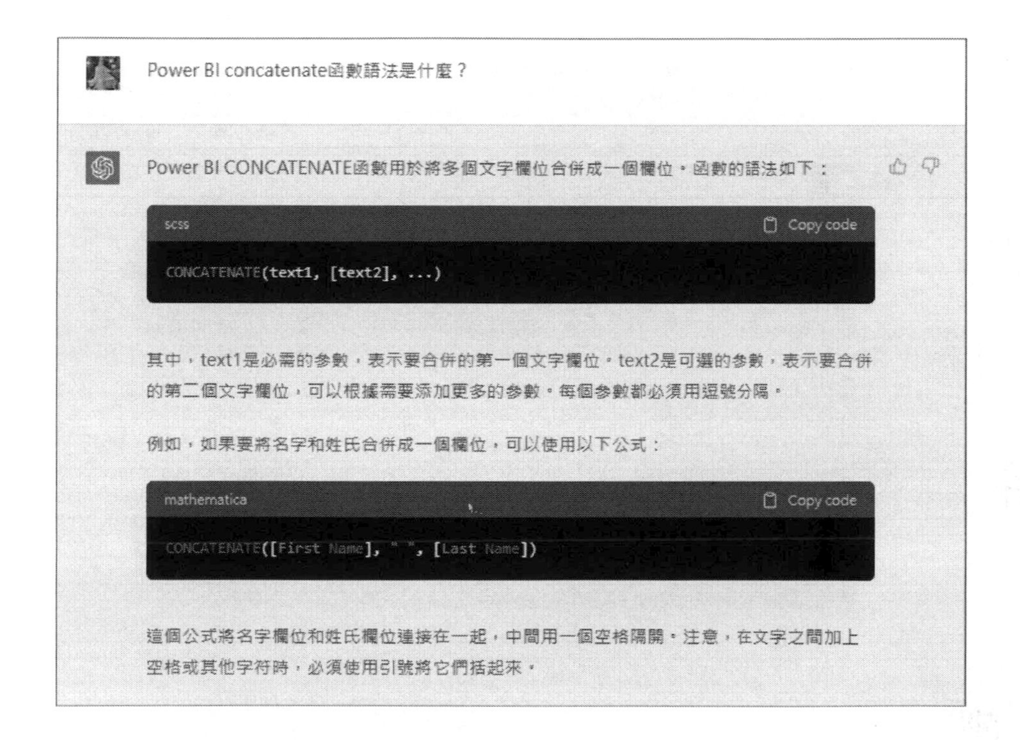


## 12-8-7 給定任務直接提供程式碼的建議

在使用 Power BI 時，您可能會遇到各種任務和挑戰，需要相應的程式碼來解決。本小節將示範如何使用 ChatGPT 來獲取有關 Power BI 程式碼的建議，並幫助您更快、更準確地完成任務。

### 輸入問題

我如何能在 Power BI 計算全班數學科目的平均及排名

### ChatGPT 回答畫面

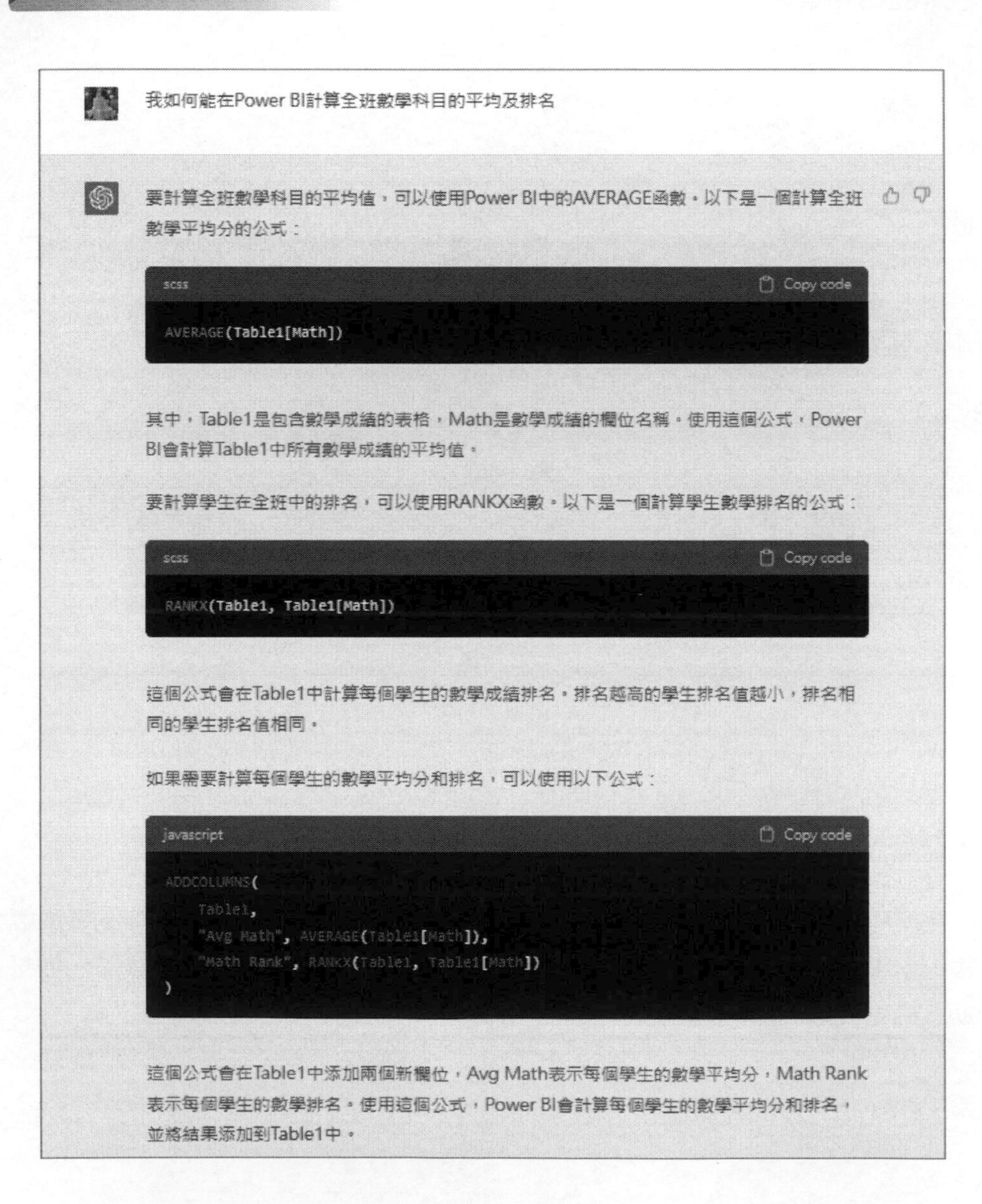

# 12-9 ChatGPT 與 VBA

在這個數位化的時代，自動化與效率成為辦公室的關鍵字。而在 Excel 這個幾乎每個辦公室都會使用的工具中，VBA（Visual Basic for Applications）被譽為一把魔法棒，能讓重複瑣碎的工作自動化。但如何將最新的 AI 技術與 VBA 結合，使其發揮更大的潛能呢？在本章節中，我們將探索如何使用 ChatGPT 協助撰寫 VBA 代碼，實現從拆分工作表到變更工作表的背景色等功能，讓您的辦公室工作更加輕鬆高效。

## 12-9-1 寫 VBA 代碼 - 將工作表拆成不同的活頁簿檔案

**輸入問題**

生成 VBA 代碼，將 Excel 工作表拆成不同的活頁簿檔案，並以該工作表名稱作為活頁簿的檔案名稱，並儲存在同一路徑

**ChatGPT 回答畫面**

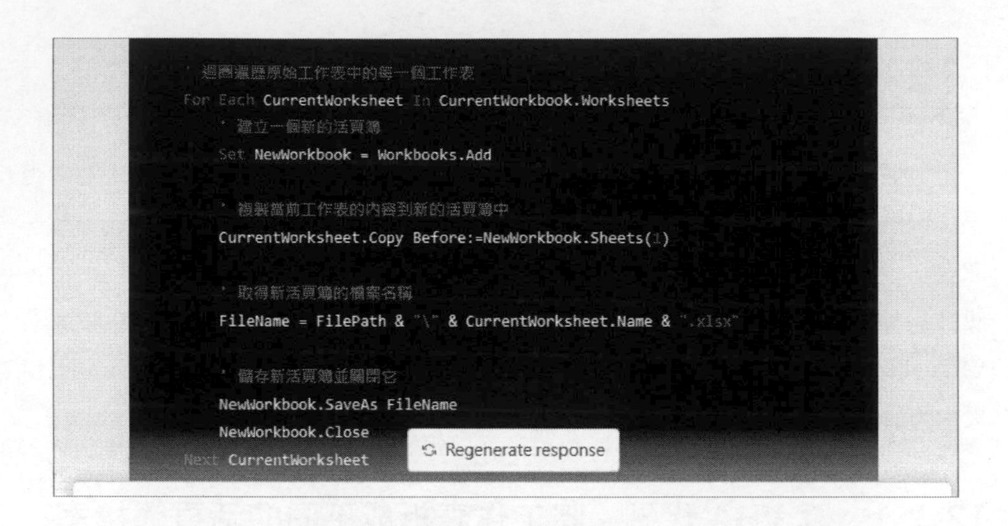


接著請按上圖中的「Copy Code」鈕，就可以將這個 VBA 程式碼複製下來。接著請各位開啟想要實作這段 VBA 程式碼的 Excel 活頁簿檔案。例如筆者圖中的「業績表」Excel 活頁簿檔案。

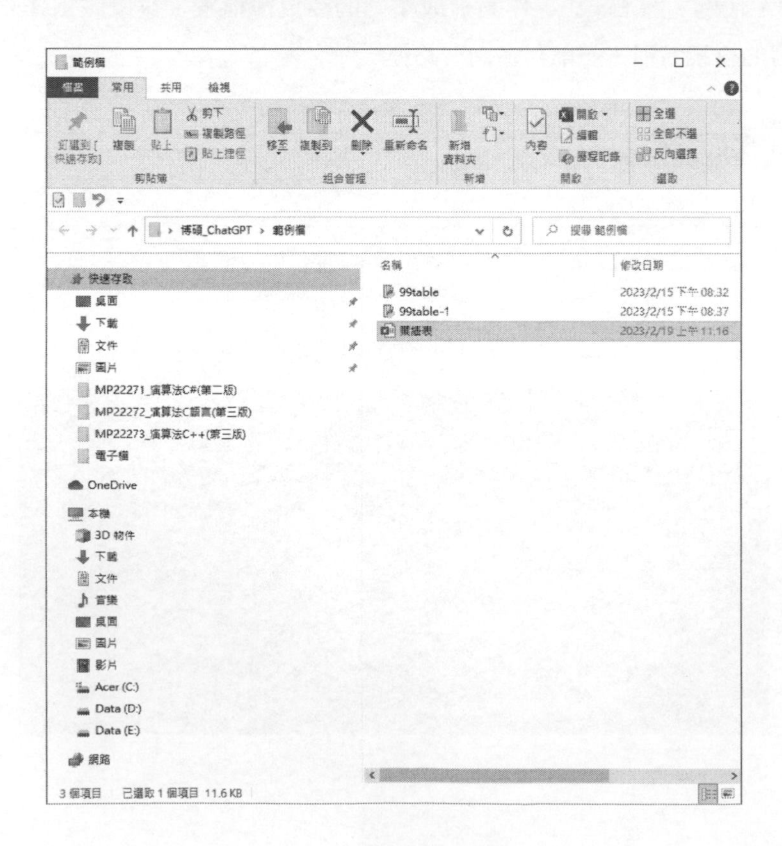

開啟這個 Excel 活頁簿檔案，我們可以看到它包含了兩個工作表：「銷售業績」及「產品銷售排行」，而我們的任務就是希望可以透過 ChatGPT 產生的 VBA 代程式碼，分別將這兩個工作表以不同的活頁簿檔案名稱儲存起來，並以該工作表名稱作為該拆分後的活頁簿檔案名稱。

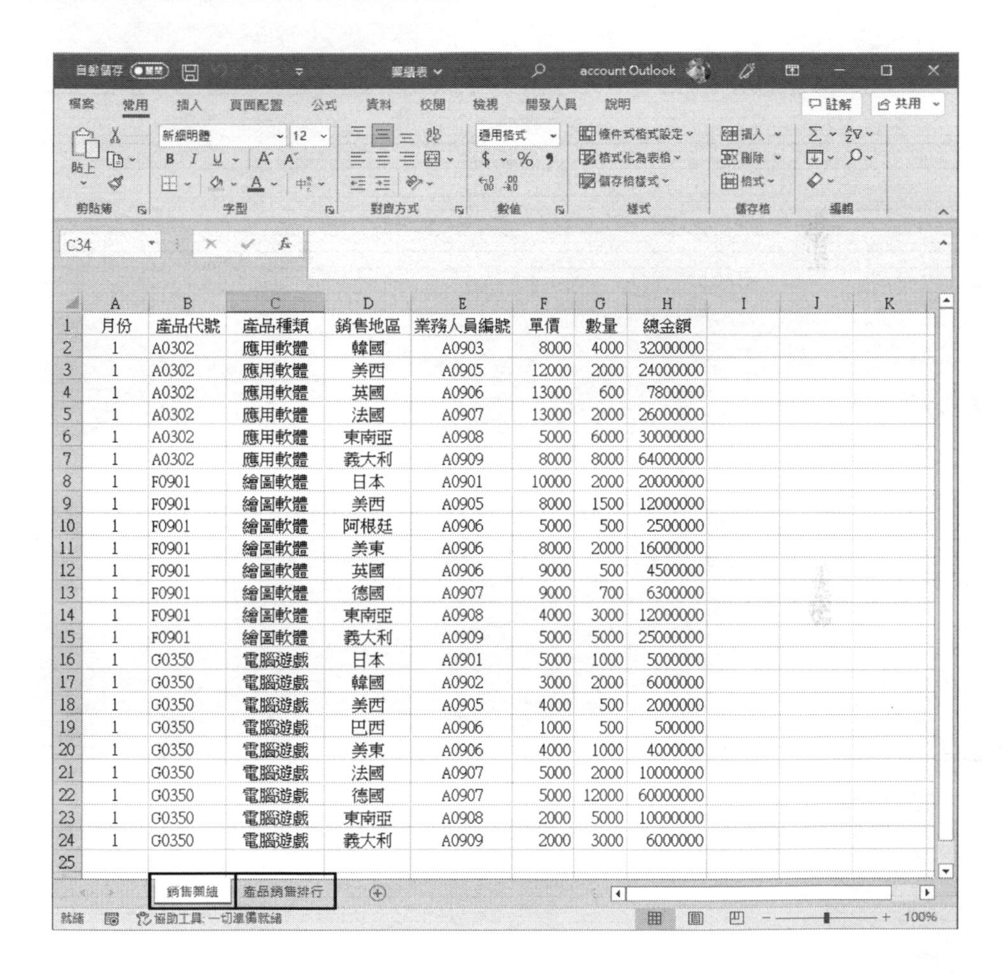

| 月份 | 產品代號 | 產品種類 | 銷售地區 | 業務人員編號 | 單價 | 數量 | 總金額 |
|---|---|---|---|---|---|---|---|
| 1 | A0302 | 應用軟體 | 韓國 | A0903 | 8000 | 4000 | 32000000 |
| 1 | A0302 | 應用軟體 | 美西 | A0905 | 12000 | 2000 | 24000000 |
| 1 | A0302 | 應用軟體 | 英國 | A0906 | 13000 | 600 | 7800000 |
| 1 | A0302 | 應用軟體 | 法國 | A0907 | 13000 | 2000 | 26000000 |
| 1 | A0302 | 應用軟體 | 東南亞 | A0908 | 5000 | 6000 | 30000000 |
| 1 | A0302 | 應用軟體 | 義大利 | A0909 | 8000 | 8000 | 64000000 |
| 1 | F0901 | 繪圖軟體 | 日本 | A0901 | 10000 | 2000 | 20000000 |
| 1 | F0901 | 繪圖軟體 | 美西 | A0905 | 8000 | 1500 | 12000000 |
| 1 | F0901 | 繪圖軟體 | 阿根廷 | A0906 | 5000 | 500 | 2500000 |
| 1 | F0901 | 繪圖軟體 | 美東 | A0906 | 8000 | 2000 | 16000000 |
| 1 | F0901 | 繪圖軟體 | 英國 | A0906 | 9000 | 500 | 4500000 |
| 1 | F0901 | 繪圖軟體 | 德國 | A0907 | 9000 | 700 | 6300000 |
| 1 | F0901 | 繪圖軟體 | 東南亞 | A0908 | 4000 | 3000 | 12000000 |
| 1 | F0901 | 繪圖軟體 | 義大利 | A0909 | 5000 | 5000 | 25000000 |
| 1 | G0350 | 電腦遊戲 | 日本 | A0901 | 5000 | 1000 | 5000000 |
| 1 | G0350 | 電腦遊戲 | 韓國 | A0902 | 3000 | 2000 | 6000000 |
| 1 | G0350 | 電腦遊戲 | 美西 | A0905 | 4000 | 500 | 2000000 |
| 1 | G0350 | 電腦遊戲 | 巴西 | A0906 | 1000 | 500 | 500000 |
| 1 | G0350 | 電腦遊戲 | 美東 | A0906 | 4000 | 1000 | 4000000 |
| 1 | G0350 | 電腦遊戲 | 法國 | A0907 | 5000 | 2000 | 10000000 |
| 1 | G0350 | 電腦遊戲 | 德國 | A0907 | 5000 | 12000 | 60000000 |
| 1 | G0350 | 電腦遊戲 | 東南亞 | A0908 | 2000 | 5000 | 10000000 |
| 1 | G0350 | 電腦遊戲 | 義大利 | A0909 | 2000 | 3000 | 6000000 |

首先請各位按下「Alt+F11」快速鍵，可以開啟撰寫 VBA 程式碼的編輯環境，如下圖所示：

接著依上圖指示位置的指令，可以在這個 Excel 檔案中新增一個 VBA 模組，接著執行「編輯 / 貼上」指令或按「Ctrl+V」快速錄，就可以將剛才複製的代碼貼上 VBA 程式碼的編輯器。

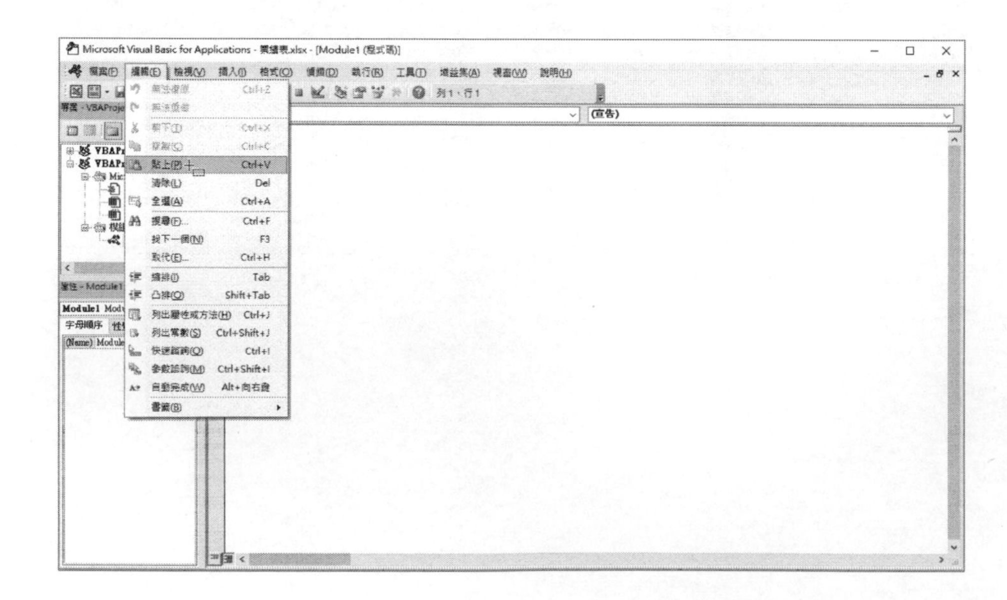

程式貼上後就可以按下工作列上「執行」鈕，如下圖所示的位置：

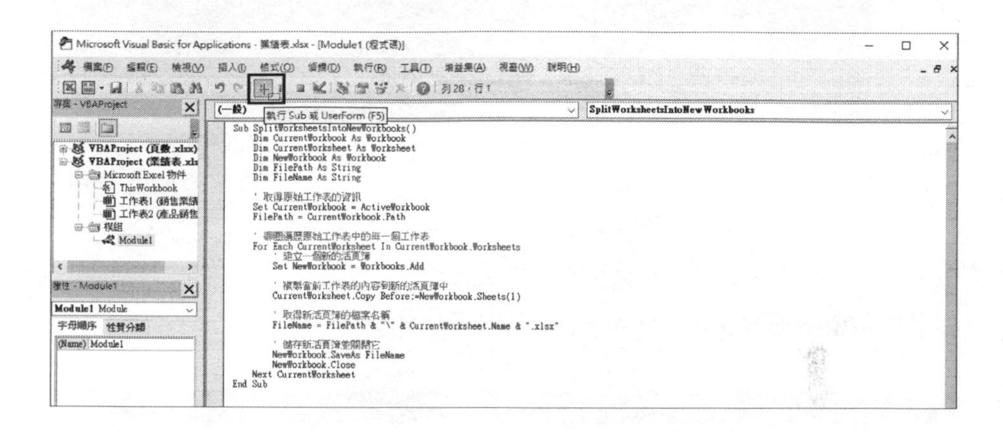


完成這段 VBA 程式碼的執行工作後，各位就可以在原先的資料夾中，找到兩個新的 Excel 活頁簿檔案。

## 12-9-2 寫 VBA 代碼 - 將工作表背景色變更為黃色

### 輸入問題

生成 VBA 代碼，將 Excel 檔案第一張工作表目前有資料的儲存格範圍的背景色變更為黃色

### ChatGPT 回答畫面

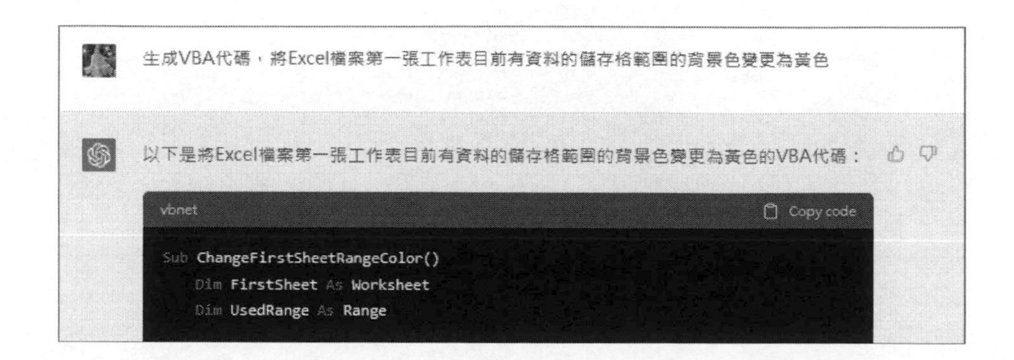

```
    Set FirstSheet = ActiveWorkbook.Sheets(1)
    Set UsedRange = FirstSheet.UsedRange

    UsedRange.Interior.Color = RGB(255, 255, 0)
End Sub
```

這個VBA代碼將選擇當前工作簿的第一張工作表，找到目前有資料的儲存格範圍，並將該範圍的背景色設為黃色(RGB(255, 255, 0))。

接著開啟要變更背景的工作表，如下圖所示：

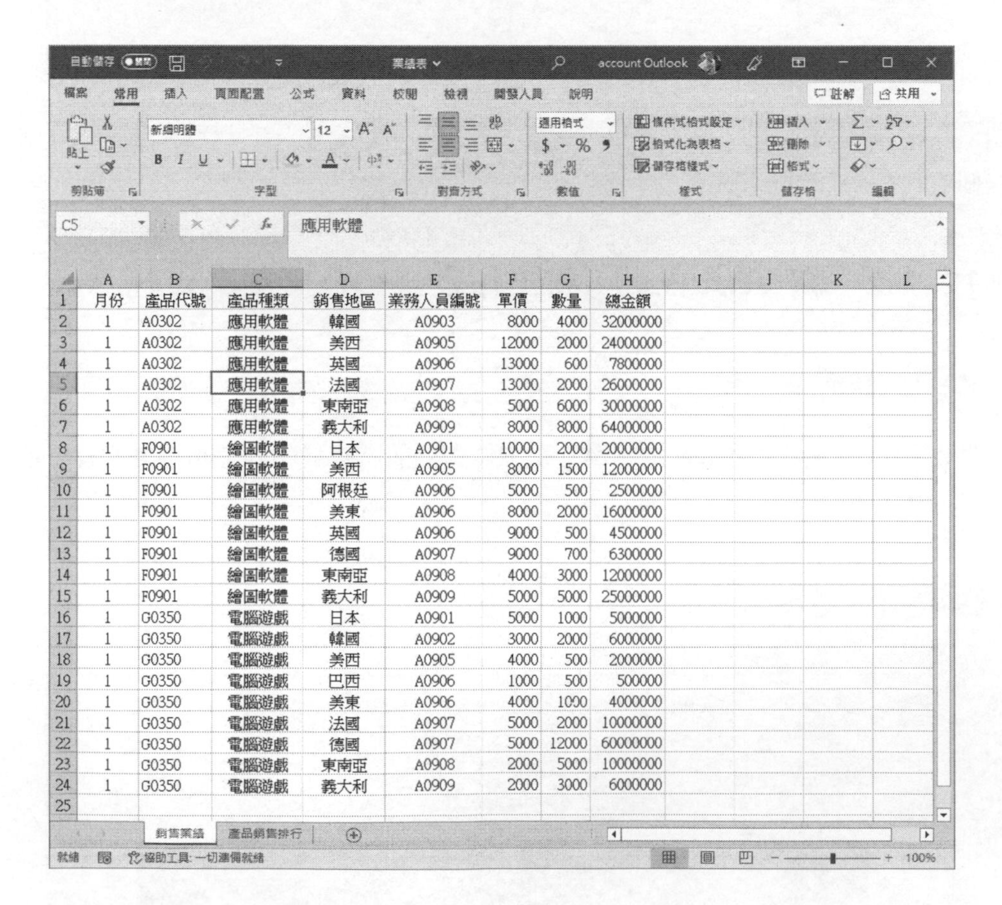

| 月份 | 產品代號 | 產品種類 | 銷售地區 | 業務人員編號 | 單價 | 數量 | 總金額 |
|---|---|---|---|---|---|---|---|
| 1 | A0302 | 應用軟體 | 韓國 | A0903 | 8000 | 4000 | 32000000 |
| 1 | A0302 | 應用軟體 | 美西 | A0905 | 12000 | 2000 | 24000000 |
| 1 | A0302 | 應用軟體 | 英國 | A0906 | 13000 | 600 | 7800000 |
| 1 | A0302 | 應用軟體 | 法國 | A0907 | 13000 | 2000 | 26000000 |
| 1 | A0302 | 應用軟體 | 東南亞 | A0908 | 5000 | 6000 | 30000000 |
| 1 | A0302 | 應用軟體 | 義大利 | A0909 | 8000 | 8000 | 64000000 |
| 1 | F0901 | 繪圖軟體 | 日本 | A0901 | 10000 | 2000 | 20000000 |
| 1 | F0901 | 繪圖軟體 | 美西 | A0905 | 8000 | 1500 | 12000000 |
| 1 | F0901 | 繪圖軟體 | 阿根廷 | A0906 | 5000 | 500 | 2500000 |
| 1 | F0901 | 繪圖軟體 | 美東 | A0906 | 8000 | 2000 | 16000000 |
| 1 | F0901 | 繪圖軟體 | 英國 | A0906 | 9000 | 500 | 4500000 |
| 1 | F0901 | 繪圖軟體 | 德國 | A0907 | 9000 | 700 | 6300000 |
| 1 | F0901 | 繪圖軟體 | 東南亞 | A0908 | 4000 | 3000 | 12000000 |
| 1 | F0901 | 繪圖軟體 | 義大利 | A0909 | 5000 | 5000 | 25000000 |
| 1 | G0350 | 電腦遊戲 | 日本 | A0901 | 5000 | 1000 | 5000000 |
| 1 | G0350 | 電腦遊戲 | 韓國 | A0902 | 3000 | 2000 | 6000000 |
| 1 | G0350 | 電腦遊戲 | 美西 | A0905 | 4000 | 500 | 2000000 |
| 1 | G0350 | 電腦遊戲 | 巴西 | A0906 | 1000 | 500 | 500000 |
| 1 | G0350 | 電腦遊戲 | 美東 | A0906 | 4000 | 1000 | 4000000 |
| 1 | G0350 | 電腦遊戲 | 法國 | A0907 | 5000 | 2000 | 10000000 |
| 1 | G0350 | 電腦遊戲 | 德國 | A0907 | 5000 | 12000 | 60000000 |
| 1 | G0350 | 電腦遊戲 | 東南亞 | A0908 | 2000 | 5000 | 10000000 |
| 1 | G0350 | 電腦遊戲 | 義大利 | A0909 | 2000 | 3000 | 6000000 |

再按下「Alt+F11」快速鍵，可以開啟撰寫 VBA 程式碼的編輯環境，如下圖所示：

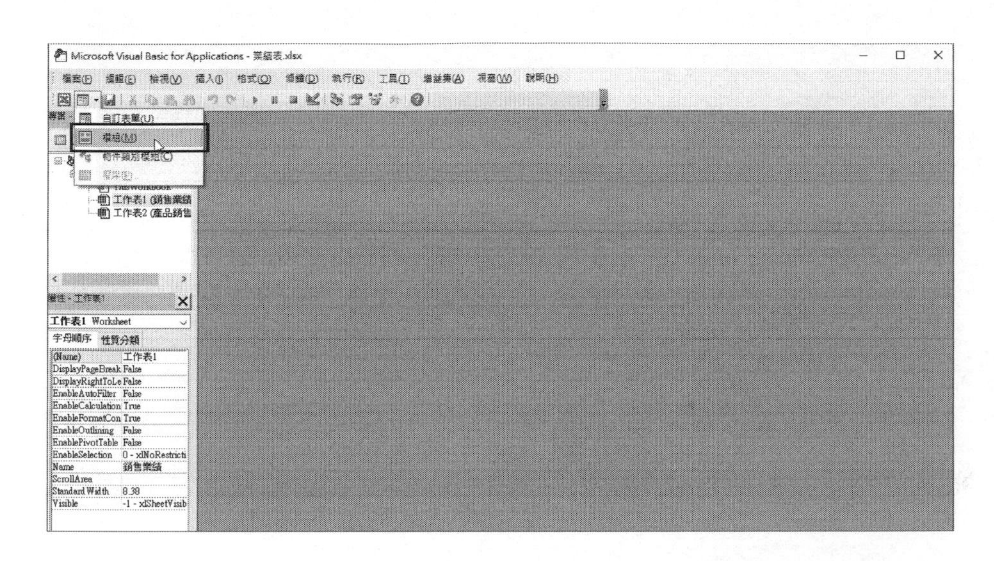


接著依上圖指示位置的指令，可以在這個 Excel 檔案中新增一個 VBA 模組，接著執行「編輯 / 貼上」指令或按「Ctrl+V」快速鍵，就可以將剛才複製的代碼貼上 VBA 程式碼的編輯器。程式貼上後，就可以按下工作列上「執行」鈕，如下圖所示的位置：

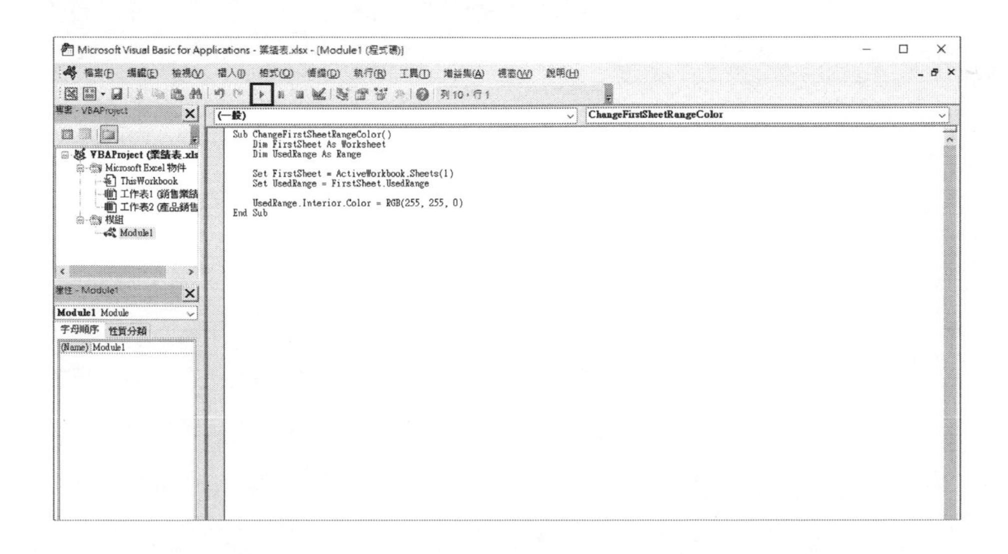

完成這段 VBA 程式碼的執行工作後，就已經將這個 Excel 檔案第一張工作表目前有資料的儲存格範圍的背景色變更為黃色。如下圖所示：

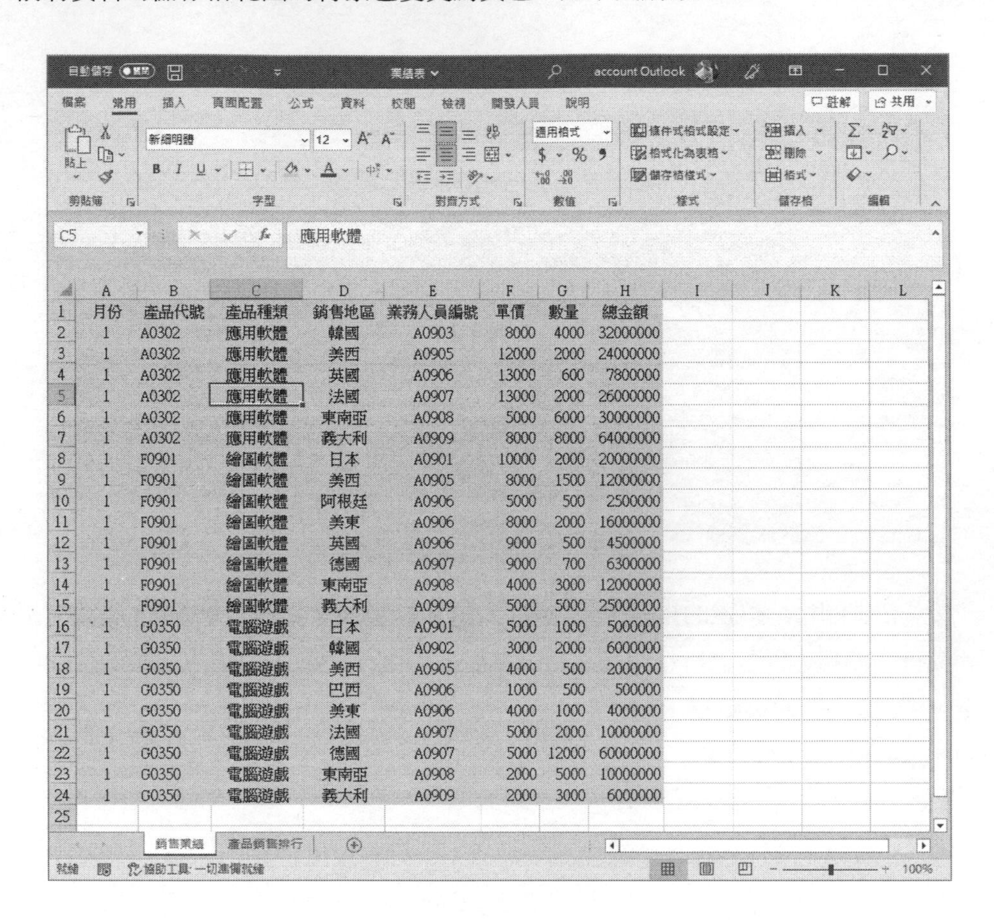

| 月份 | 產品代號 | 產品種類 | 銷售地區 | 業務人員編號 | 單價 | 數量 | 總金額 |
|---|---|---|---|---|---|---|---|
| 1 | A0302 | 應用軟體 | 韓國 | A0903 | 8000 | 4000 | 32000000 |
| 1 | A0302 | 應用軟體 | 美西 | A0905 | 12000 | 2000 | 24000000 |
| 1 | A0302 | 應用軟體 | 英國 | A0906 | 13000 | 600 | 7800000 |
| 1 | A0302 | 應用軟體 | 法國 | A0907 | 13000 | 2000 | 26000000 |
| 1 | A0302 | 應用軟體 | 東南亞 | A0908 | 5000 | 6000 | 30000000 |
| 1 | A0302 | 應用軟體 | 義大利 | A0909 | 8000 | 8000 | 64000000 |
| 1 | F0901 | 繪圖軟體 | 日本 | A0901 | 10000 | 2000 | 20000000 |
| 1 | F0901 | 繪圖軟體 | 美西 | A0905 | 8000 | 1500 | 12000000 |
| 1 | F0901 | 繪圖軟體 | 阿根廷 | A0906 | 5000 | 500 | 2500000 |
| 1 | F0901 | 繪圖軟體 | 美東 | A0906 | 8000 | 2000 | 16000000 |
| 1 | F0901 | 繪圖軟體 | 英國 | A0906 | 9000 | 500 | 4500000 |
| 1 | F0901 | 繪圖軟體 | 德國 | A0907 | 9000 | 700 | 6300000 |
| 1 | F0901 | 繪圖軟體 | 東南亞 | A0908 | 4000 | 3000 | 12000000 |
| 1 | F0901 | 繪圖軟體 | 義大利 | A0909 | 5000 | 5000 | 25000000 |
| 1 | G0350 | 電腦遊戲 | 日本 | A0901 | 5000 | 1000 | 5000000 |
| 1 | G0350 | 電腦遊戲 | 韓國 | A0902 | 3000 | 2000 | 6000000 |
| 1 | G0350 | 電腦遊戲 | 美西 | A0905 | 4000 | 500 | 2000000 |
| 1 | G0350 | 電腦遊戲 | 巴西 | A0906 | 1000 | 500 | 500000 |
| 1 | G0350 | 電腦遊戲 | 美東 | A0906 | 4000 | 1000 | 4000000 |
| 1 | G0350 | 電腦遊戲 | 法國 | A0907 | 5000 | 2000 | 10000000 |
| 1 | G0350 | 電腦遊戲 | 德國 | A0907 | 5000 | 12000 | 60000000 |
| 1 | G0350 | 電腦遊戲 | 東南亞 | A0908 | 2000 | 5000 | 10000000 |
| 1 | G0350 | 電腦遊戲 | 義大利 | A0909 | 2000 | 3000 | 6000000 |

博碩文化

博碩文化